D1797088

Aktuelle Forschung in der Bodenmechanik 2015

Springer

Tom Schanz · Achim Hettler (Hrsg.)

Aktuelle Forschung in der Bodenmechanik 2015

Tagungsband zur 2. Deutschen Bodenmechanik Tagung, Bochum

Herausgeber
Tom Schanz
Fakultät für Bau- und
Umweltingenieurwissenschaften
Ruhr-Universität Bochum
Bochum, Deutschland

Achim Hettler
Fakultät Architektur und Bauingenieurwesen
TU Dortmund
Dortmund, Deutschland

ISBN 978-3-662-45990-4 ISBN 978-3-662-45991-1 (eBook)
DOI 10.1007/978-3-662-45991-1

Die Deutsche Nationalbibliothek verzeichnet diese Publikation in der Deutschen Nationalbibliografie; detaillierte bibliografische Daten sind im Internet über http://dnb.d-nb.de abrufbar.

Springer Vieweg

Gedruckt auf säurefreiem und chlorfrei gebleichtem Papier

Springer Berlin Heidelberg ist Teil der Fachverlagsgruppe Springer Science+Business Media
(www.springer.com)

Vorwort

Als wir vor nunmehr zwei Jahren die 1. Deutsche Bodenmechanik Tagung konzipierten, waren wir uns des Risikos eines solchen Tuns durchaus bewusst. Gab es doch bereits eine Vielzahl nationaler und internationaler Tagungen, von denen insbesondere die nationalen Konferenzen auch sehr gut von der deutschen Geotechnikszene wahrgenommen werden. Überdies stellte sich die Frage, ob die deutsche Bodenmechanik überhaupt genug Aufmerksamkeit findet oder es sich hierbei vor allem um eine interne Angelegenheit der Forschungseinrichtungen handelt. Die große, positive Resonanz, die wir erfahren durften, bestärkte uns jedoch auf unserem Weg und führte schlussendlich zu der Entscheidung, die zweite Tagung am 19. Mai 2015 an der Ruhr-Universität Bochum zu realisieren.

An unserem inhaltlichen Konzept haben wir wenig geändert. Mit den diesjährigen Schwerpunktthemen „Stoffgesetze und Materialverhalten" und „Boden als Mehrphasensystem" werden zwei ebenso klassische wie aktuelle Themengebiete beleuchtet. Sie spiegeln in der Vielfalt der Einzelvorträge das breite Spektrum von aktuellen, theoretischen und experimentellen Fragestellungen der Bodenmechanik wider. Der Themenblock „Anwendungsbezogene Herausforderungen in der Bodenmechanik" schlägt die Brücke zur Anwendung der bodenmechanischen Forschung in der Geotechnik. Wir sind darüber hinaus sehr froh, mit Heinz Brandl und Andrew N. Schofield zwei herausragende, internationale Fachkollegen für eine *invited lecture* gewinnen zu können. Bei den weiteren Vorträgen sind wir unserer Linie treu geblieben, repräsentativ aus der deutschen Bodenmechanik und ihren Standorten sowohl etablierte Kollegen als auch jüngere Wissenschaftler einzuladen. So werden die verschiedenen Themenschwerpunkte immer von einem erfahrenen Kollegen als Mentor begleitet. Bei den jüngeren Kollegen handelt es sich um Wissenschaftler bzw. Geotechniker, die uns durch ihre Publikationen und/oder Vortragstätigkeit besonders aufgefallen sind. Alles in allem ergibt sich mit diesem Tagungsband im Idealfall eine Art Almanach der deutschen Bodenmechanik, der deren Vielfalt und Qualität nachhaltig dokumentiert.

Bleibt der Wunsch der beiden Initiatoren, dass die jüngeren Kollegen in Zukunft vermehrt den Schritt an die internationale Öffentlichkeit „wagen", um die deutsche Bodenmechanik auch im Ausland nachhaltig zu vertreten. Dies betrifft neben Tagungsteilnahmen vor allem die Publikationstätigkeit in internationalen Fachzeitschriften. Aus eigener Erfahrung können wir feststellen, dass das Wagnis als solches gar nicht existiert und die Belohnung in Form vom Austausch mit internationalen Bodenmechanikern sehr anregend, stimulierend ist und letztendlich auch die Qualität der eigenen Arbeit fördert.

Zum Schluss möchten wir uns ganz herzlich, quasi stellvertretend und in alphabetischer Reihenfolge bei folgenden „guten Geistern" bedanken, ohne deren exzellente Arbeit die Tagung und der Tagungsband nicht möglich gewesen wären: Herrn Achim v. Blumenthal, MSc. und Frau Dipl.-Ing. Nina Müthing (Tagungsorganisation, Programm und Tagungsband), Herrn Christoph Schmüdderich, BSc. (Druckvorlage des Tagungsbandes) sowie Frau Doris Traas (Durchführung der Tagung).

Der DGGT danken wir für die erneute Übernahme der Schirmherrschaft für diese Tagung und dem Springer-Verlag für die gewohnt gute Zusammenarbeit und Qualität des Tagungsbandes.

Bochum & Dortmund
im Frühjahr 2015

Tom Schanz
Achim Hettler

Inhaltsverzeichnis

Curriculum Vitae Heinz Brandl

Em.O.Univ.-Prof. Dipl.-Ing. Dr. techn. Dr.h.c.mult. Heinz Brandl, Technische Universität Wien, Institut für Geotechnik

Heinz Brandl studierte von 1958 bis 1963 Bauingenieurwesen an der Technischen Universität Wien (Dipl.-Ing.) und erwarb 1966 den Dr. techn. Von 1963 bis 1972 war er Assistent am Institut für Grundbau und Bodenmechanik der TU Wien, ab 1969 Leiter des Erdbaulaboratoriums. Nach der Habilitation zum Universitätsdozenten im Jahre 1971 folgte eine vielseitige freiberufliche Tätigkeit im In- und Ausland. 1977 reihte ihn die Technische Universität Graz primo loco als O.Univ.-Prof. für Grundbau, Boden- und Felsmechanik (inkl. Tunnelbau); 1981 übernahm er das 1928 von Prof. Dr. Karl Terzaghi gegründete Institut für Grundbau und Bodenmechanik der Technischen Universität Wien. Seit 1.10.2008 ist er Professor Emeritus am nunmehrigen Institut für Geotechnik der TU Wien und weiterhin aktiv.

Prof. Brandls berufliche Tätigkeit, die sich bislang auf 98 Länder erstreckt, umfasst eine Vielzahl von wissenschaftlichen Projekten, Innovationen und herausragenden Ingenieurleistungen auf dem gesamten Gebiet der Geotechnik, z.B. Bauwerksfundierungen, Bauwerksunterfangungen und -sanierungen, tiefe Baugruben, Dammbau und Kraftwerksbau, Schutzbauten gegen Naturkatastrophen, Hangsicherungen, Straßen- und Eisenbahnbau, Tunnel- und U-Bahnbau, Brückenbau, Industrieanlagen, Hochhäuser, Abfalldeponien und Altlastensanierungen, Umweltgeotechnik, Geokunststoffe, Geothermie etc.

Wasserbau und Hochwasserschutz bilden seit jeher einen besonderen Schwerpunkt im weiten beruflichen Spektrum von Prof. Brandl. Für Planung und Bau von Verkehrswegen (insbesondere Autobahnen) entlang steiler, instabiler Hänge entwickelte er in den 1970er Jahren die „semi-empirische Dimensionierung mit kalkuliertem Risiko“. Mit dieser Planungsphilosophie konnten seit Jahrzehnten technisch-wirtschaftlich optimale Lösungen gefunden werden, und zwar nicht nur in Österreich, sondern u.a. beim Bau des ca. 700 km langen Egnatia Highways in Griechenland etc. Seit Anfang der 1970er Jahre wirkte er international als Pionier für Geokunststoffe im Bauwesen und für die „Umwelt-Geotechnik“; ab 1985 folgte die Geothermie.

Etwa 550 wissenschaftliche Publikationen, die teilweise in 18 Sprachen erschienen (darunter 21 Bücher und philosophische Beiträge), nahezu 550 Fachvorträge (überwiegend „Keynote Lectures“) in allen Kontinenten unterstreichen seine fachliche Vielseitigkeit. Besonders hervorzuheben sind die Millennium Lecture (Melbourne 2000) beim gemeinsamen Weltkongress von ISSMGE, ISRM und IAEG, die Rankine Lecture (London 2001), die M. Rocha Lecture (Lissabon 2008), die Giroud Lecture (Brasilien 2010) beim Weltkongress der IGS, die De Beer Lecture (Gent 2011), die CW Lovell Lecture (USA 2011) und die 75th Anniversary of ISSMGE Lecture bei der Europäischen Konferenz der ISSMGE (Athen 2011). Er war auch 1. Szechy Lecturer (Ungarn), 1. Nonveiller Lecturer (Kroatien), Suklej Lecturer (Slowenien). Daneben ist er seit 1968 immer wieder als Vorsitzender, Forumssprecher sowie Diskussionsleiter und als Mitglied in Advisory Boards, Scientific Boards etc. bei internationalen Konferenzen tätig. Schließlich wirkt er im Editorial Board international renommierter Fachzeitschriften und als Peer Reviewer für Fachjournale sowie internationale Konferenzen.

Prof. Brandl ist Past-Präsident für Europa der International Society for Soil Mechanics and Geotechnical Engineering (ISSMGE), Mitglied der Königlichen Akademie der Wissenschaften, Literatur und Künste Belgiens, der New York Academy of Science, Mitglied zahlreicher nationaler sowie internationaler Fachgremien; seit 1972 ist er Vorsitzender des Österreichischen Nationalkomitees für Bodenmechanik und Geotechnik der ISSMGE und seit 2003 Präsident des im Jahre 1848 gegründeten Österreichischen Ingenieur- und Architekten-Vereins. Schon in den Zeiten des Eisernen Vorhanges setzte sich Prof. Brandl intensiv für eine Zusammenführung der Ingenieurkollegen aus Ost und West ein und ist bis heute der Motor der Donau-Europäischen Konferenzen für Geotechnik. Von seinen zahlreichen in- und ausländischen Ehrungen seien herausgegriffen: 9 Ehrendoktorate, Honorarprofessor der Staatsuniversität Perm, Wilhelm Exner-Medaille, Österreichisches Ehrenkreuz für Wissenschaft und Kunst, 1. Klasse. Beim Weltkongress der ISSMGE 2013 wurde ihm als ersten Wissenschaftler des deutschen Sprachraumes die „Kevin Nash Gold Medal“ verliehen. Im September 2014 ernannte ihn die Deutsche Gesellschaft für Geotechnik als ersten Ausländer zum Ehrenmitglied.

Kapitel 1
Vom Grundbau zur Bodenmechanik – von der Bodenmechanik zur Geotechnik

Heinz Brandl

Zusammenfassung Anlässlich des 90jährigen Jubiläums der modernen Bodenmechanik wird zunächst auf einige historische Aspekte zu deren Entwicklung seit K. Terzaghi's „Erdbaumechanik" [22] eingegangen. Bereits vorher existierte jedoch der weitgehend empirische Grundbau mit den Schwerpunkten zum Wasserbau und Verkehrswegebau. Die heutige „Geotechnik" entwickelte sich als Sammelbegriff mit einer Vielfalt von Aufgabenstellungen, die zunehmend eine interdisziplinäre Betrachtungsweise erfordern. In der Öffentlichkeit ist sie jedoch kaum bekannt und dies, obwohl die Geotechnik in der Praxis zu den Ingenieurwissenschaften mit den größten Risken und einer entsprechend hohen Verantwortung zählt.

1.1 Einleitung

Im Jahre 2015 jährt sich zum 90. Mal die Erscheinung des fundamentalen Buches „Erdbaumechanik auf bodenphysikalischer Grundlage" von K. Terzaghi (Abb. 1.1). Dieses Standardwerk wird weltweit als Geburt der modernen „Bodenmechanik" angesehen. Kurz danach wurde an der Technische Hochschule Wien (heute TU Wien) das erste Universitätsinstitut für Grundbau und Bodenmechanik (damals mit der Beifügung Wasserbau II) gegründet, und ab 1929 fungierte K. Terzaghi dort als Ordinarius. Vor der „Bodenmechanik" existierte allerdings der Grundbau, und „Erdbau" wurde an der TU Wien (gegründet 1815) bereits in der Anfangsphase gelehrt, ebenso Geologie. So prägte der o.ö.Professor Hochstetter in seiner Inaugurationsrede 1874 über „Geologie und Eisenbahnbau" zum ersten Mal den Begriff „Ingenieurgeologie".

Em.O.Univ.-Prof. Dipl.-Ing. Dr. techn. Dr.h.c.mult. Heinz Brandl
Institut für Geotechnik, Technische Universität Wien, Karlsplatz 13/220-2, 1040 Wien, E-mail: heinz.brandl@tuwien.ac.at

Abb. 1.1: Terzaghi's „Erdbaumechanik" [22], die Geburt der modernen „Bodenmechanik".

Neben dem Erdbau war der „Grundbau" bis Anfang des 20. Jahrhunderts primär dem Wasserbau und dem Verkehrswegebau gewidmet - aber auch der Wasserversorgung (z.B. die hunderte Kilometer langen Wiener Hochquellen-Wasserleitungen aus den Gebirgsregionen); später allerdings fanden ingenieurmäßig dimensionierte Bauwerksfundierungen zusehends Beachtung. Dies zeigte sich auch an der Namensgebung der ISSMFE im Jahre 1936 - „International Society for Soil Mechanics and Foundation Engineering". Die Änderung auf ISSMGE - „International Society for Soil Mechanics and Geotechnical Engineering" beim Internationalen Kongress in Hamburg, 1997 symbolisiert die zunehmende Hinwendung zur „Geotechnik".

Da der folgende Beitrag für die 2. Deutsche Bodenmechanik Tagung verfasst wurde, wird auf den historischen Grundbau nicht näher eingegangen, sondern primär auf die Bodenmechanik (in Verbindung mit K. Terzaghi) und dann auf die heutige Geotechnik.

1.2 Historische Bemerkungen zur Bodenmechanik

Mit K. Terzaghi's Berufung an die Technische Hochschule in Wien wurde diese sofort internationales Zentrum der Bodenmechanik und zum „Mekka der an Erd- und Grundbau interessierten Ingenieure" (Casagrande, 1964). Eine Bodenmechanik ohne Labor- und Feldversuche war für Terzaghi undenkbar, weshalb er umgehend ein

„Erdbaulaboratorium" einrichtete. Dieses diente als Vorbild bei der Errichtung ähnlicher Institute in vielen Staaten der Welt und war ebenso wie die Vorlesungen Terzaghis ab Beginn der 30er Jahre ein Anziehungspunkt für Studenten, Ingenieure und Wissenschaftler aus fast allen Erdteilen, und es entwickelte sich in den folgenden Jahren rasch zum geistigen Mittelpunkt aller an der Bodenmechanik interessierten Kreise der ganzen Welt. Im Wiener Laboratorium wurden in diesem Zeitraum zahlreiche Standard-Versuchsverfahren für die Untersuchung von Böden entwickelt, die auch heute noch in der ganzen Welt in Gebrauch stehen (Abb. 1.2). Terzaghi machte damals u. a. die grundlegende Entdeckung, dass der Auftrieb in Beton und Ton beinahe gleichermaßen voll wirksam ist wie im Sand (wofür er zunächst regelrecht angefeindet wurde).

Bei der Fülle an neuen Erkenntnissen, welche K. Terzaghi und seine Mitarbeiter damals in Wien erarbeiteten (z. B. Abb. 1.3), konnte ein geistiges Aufeinanderprallen mit nahe verwandten Wissenschaften nicht ausbleiben. Zahlreiche Streitschriften aus jener Zeit geben beredtes Zeugnis von den zum Teil sehr heftig geführten Kontroversen. Besonders scharf waren die Auseinandersetzungen mit Prof. P. Fillunger, dem Ordinarius für Elastizitätstheorie an der Technischen Hochschule Wien. Einige Passagen aus dessen Buch sollen aufzeigen, wie sehr die junge Bodenmechanik von manchen Theoretikern damals angefochten wurde:

So wird in der Einleitung der aus 47 Druckseiten bestehenden Streitschrift von P. Fillunger [12] besonders die Theorie der Setzung von Tonschichten nach K. Terzag-

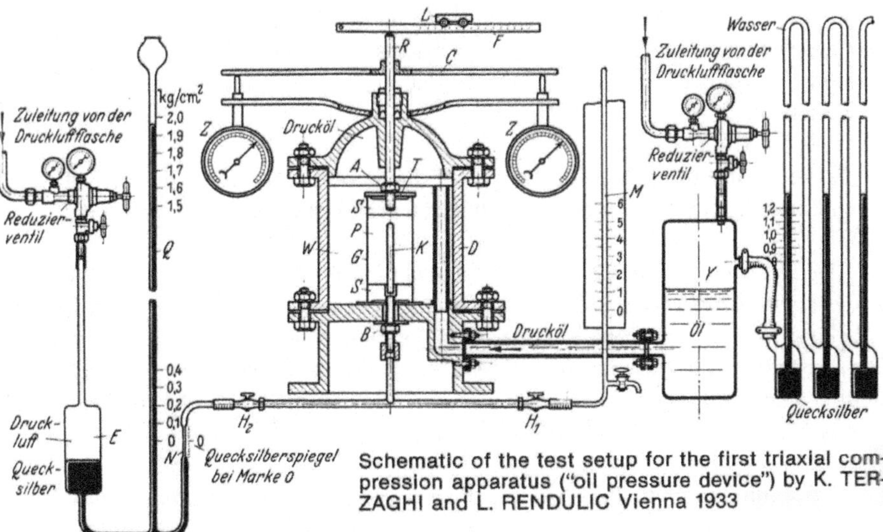

Abb. 1.2: Erster Triaxialapparat („Öldruckapparat") mit Porenwasserdruckmessung im Erdbaulaboratorium der TH Wien, 1933 (Terzaghi/Renculic).

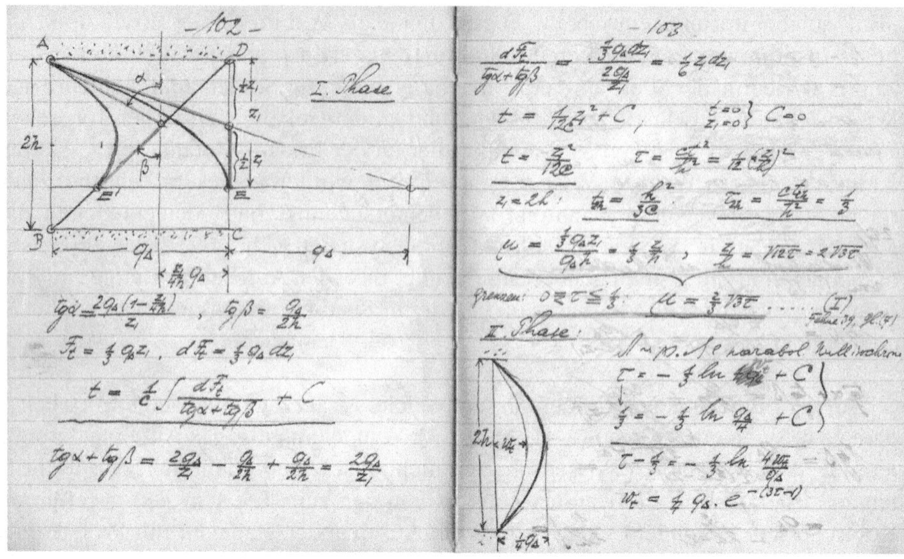

Abb. 1.3: Aus dem Notizbuch zur Entwicklung der Konsolidationstheorie von K.Terzaghi und O.K.Fröhlich (Wien 1933/35)

hi / O.K. Fröhlich (Abb. 1.4) kritisiert: „*Es sollen die Setzungen, die erfahrungsgemäß bei fast allen Bauwerken auftreten, aufgrund von Bodenuntersuchungen, Laboratoriumsversuchen und Rechnungen ermittelt werden, so daß man sogar zu einer Angabe der zulässigen Baugrundbelastung gelangen könnte, die nicht auf reiner Erfahrung beruht?!*" Derartige Forschungsziele Terzaghis, die heute bereits zur Routine im Bauwesen gehören, wurden damals noch als unerreichbare Anmaßung gewertet.

In dieser Streitschrift werden nicht nur die theoretischen Belange der Erdbaumechanik in Frage gestellt, sondern auch deren praktische Anwendbarkeit [12]:

„*Wendet man sich jedoch an einen Fachmann für Erdbaumechanik, dann allerdings kann zweierlei eintreten: entweder man hört von ihm das, was jeder erfahrene, ältere Ingenieur mit weitaus größerer Autorität uns ebenfalls versichern könnte, oder - etwas Irreführendes und Falsches. Wie könnte es auch anders sein, wo doch die Theorie einen Unsinn und die erforderlichen Laboratoriumsversuche eine Unmöglichkeit darstellen.*"

Und schließlich: „*Es ließe sich noch gar vieles über die Erdbaumechanik berichten, denn wo immer man ihre Bücher aufschlägt, findet man Seltsames.*"

Die Auseinandersetzung zwischen den TH Wien Professoren P. Fillunger und K. Terzaghi war nicht nur menschlich eine Tragödie sondern bildete aus heutiger Sicht

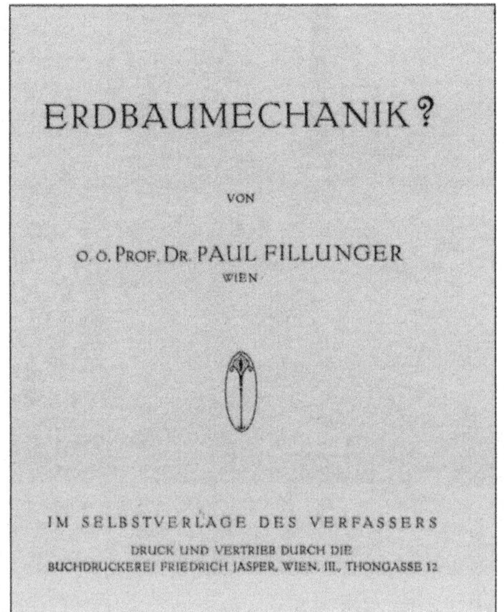
ERDBAUMECHANIK?

VON

O. Ö. PROF. DR. PAUL FILLUNGER
WIEN

IM SELBSTVERLAGE DES VERFASSERS
DRUCK UND VERTRIEB DURCH DIE
BUCHDRUCKEREI FRIEDRICH JASPER, WIEN, III., THONGASSE 12

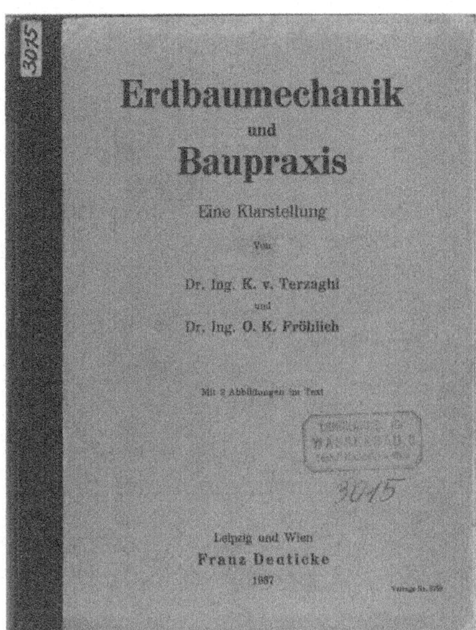
Erdbaumechanik
und
Baupraxis
Eine Klarstellung
Von
Dr. Ing. K. v. Terzaghi
und
Dr. Ing. O. K. Fröhlich

Leipzig und Wien
Franz Deuticke

Abb. 1.4: Streitschrift (P. Fillunger) gegen K. Terzaghi's „Erdbaumechanik“ und dessen Antwort (1936).

auch einen unersetzlichen Verlust für die Wissenschaft. P. Fillunger hatte sich ab 1913 intensiv mit porösen Medien beschäftigt, und im Jahre 1936 entwickelte er das heute anerkannte Konzept der flüssigkeitsgesättigten porösen Festpartikel-Medien. Als Pionier auf dem Gebiet der porösen Mehrphasensysteme hatte er bereits 1915 das Prinzip der effektiven Spannungen ausformuliert. Eine enge Zusammenarbeit der beiden Kontrahenten wäre daher für die Wissenschaft außerordentlich fruchtbar gewesen. Heute beschäftigt sich sogar ein eigener Wissenschaftszweig mit dieser Thematik, nämlich die „Poromechanics“.

Zu den damaligen Studenten K. Terzaghis gehörten viele namhafte Persönlichkeiten, vor allem des europäischen Raumes. A. Casagrande stellte anlässlich seiner Festansprache bei der 6. Europäischen Konferenz für Bodenmechanik und Grundbau in Wien, 1976, über jene Zeit fest: *„Es ist keine Frage, daß während der 9 Jahre von 1929 - 1938 sich Wien rasch zum führenden Zentrum für Bodenmechanik in der Welt entwickelt hat.“* Und weiter: *„Ich fasse zusammen, daß in dieser Zeitspanne Terzaghi sein Wissen und seine Erfahrung an mehr Personen weitergegeben hat als in allen übrigen Schaffensperioden seines Lebens.“*

Die Geschichte der Wiener Reichsbrücke über die Donau in Wien zwischen 1934 und 1985 demonstriert sehr anschaulich die Entwicklung der Bodenmechanik und des Spezialtiefbaus. Darüber hinaus besteht ein enger Zusammenhang mit Prof. Karl Terzaghi's Tätigkeit in Wien, weshalb kurz auf dieses Projekt eingegangen wird.

Abb. 1.5: Einsturz der Wiener Reichsbrücke über die Donau (1976).

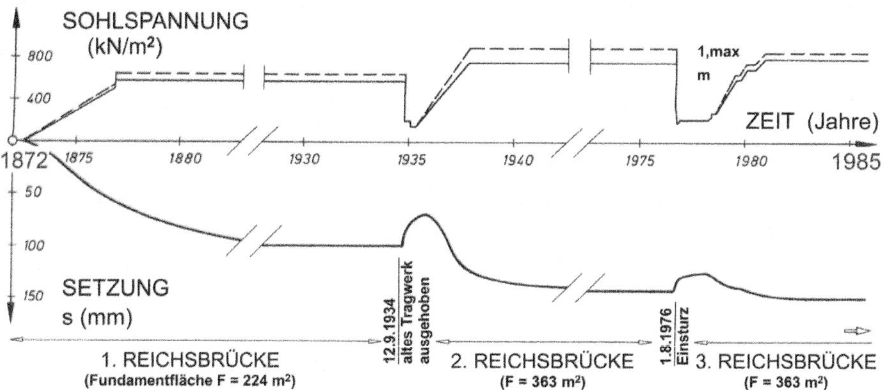

Abb. 1.6: Wiener Reichsbrücke, Pfeiler XX: Zeit-Setzungsverlauf (teilweise rekonstruiert) in Verbindung mit den Baumaßnahmen. Fundament seit 1872 in Verwendung. Beachtenswert sind die Hebungen bei Entlastung (1934, 1976).

Die 1. Reichsbrücke („Kronprinz Rudolf - Brücke") wurde in den Jahren 1872 bis 1876 errichtet. Der Bau erfolgte nicht im Fluss, sondern in einem trocken gelegten Seitenarm; die Donau wurde an dieser Stelle erst nachträglich reguliert und dann unter der Brücke durchgeleitet. Die Fundierung der Strompfeiler erfolgte auf Caissons, eine Technologie, die bis in die 50er Jahre des 20. Jahrhunderts für Flussbrücken üblich war.

Im Jahre 1934 musste der Brückenteil über den Strom abgetragen und zur Gänze erneuert werden. Für die Fundierung des neuen Tragwerkes (373 m lange Hängebrücke) war Prof. K. Terzaghi zuständig. Im Jahre 1976 stürzte das Stromtragwerk der 2. Reichsbrücke plötzlich und völlig unerwartet ein (Abb. 1.5). Bei der Bergung des Brückenwracks spielten bodenmechanische Gesichtspunkte eine wesentliche Rolle, da die schweren Bauteile unter Zuhilfenahme von Elementen des Spezialtiefbaues aus dem Strom gezogen wurden. Das Fundament des Pfeilers XX der Reichsbrücke wurde beim Wiederaufbau 1977 neuerlich verwendet. Damit konnte ein zeitlicher Last-Setzungsverlauf von über 100 Jahren rekonstruiert werden. Die Abb. 1.6 zeigt auch die Hebungen infolge der Entlastungsphasen, was die Theorien von K. Terzaghi und O.K. Fröhlich recht gut bestätigte.

Im Rahmen der ersten internationalen Konferenz der ISSMFE im Jahre 1936 an der Harvard University, Cambridge, MA. präsentierte A.S. Keverling Buisman (1890 - 1944) eine Kriechtheorie zum Setzungsverhalten feinkörniger weicher Böden. A.S.K. Buisman war Professor für angewandte Mechanik der (heutigen) Technischen Universität Delft, hatte 1934 das Holländische Erdbaulaborato-

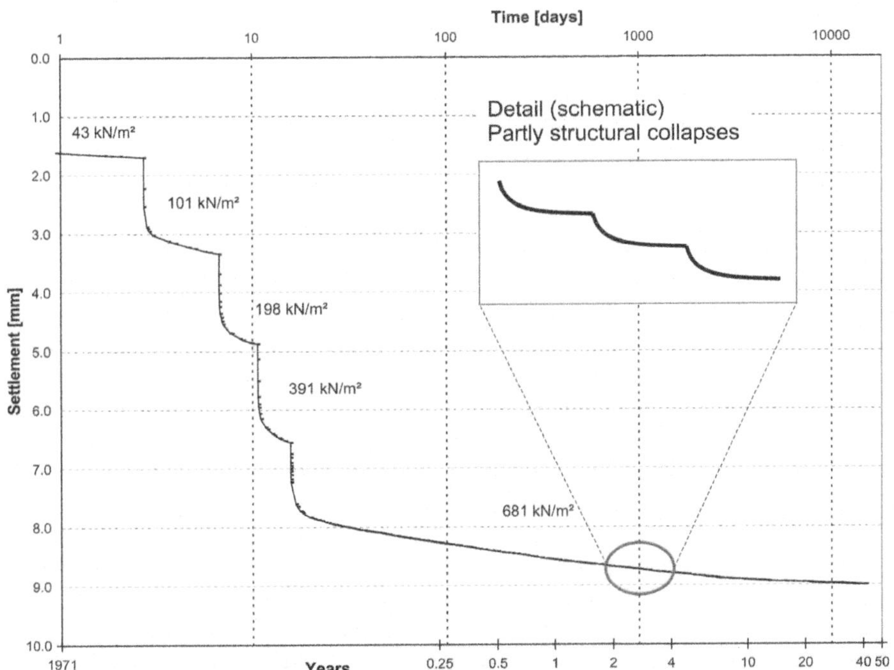

Abb. 1.7: Langzeit-Ödometerversuch über 42 Jahre (1971 - 2013): Zeit-Setzungskurve für einen weichen (organischen) tonigen Schluff (w_n = 130 %, w_L = 92 %, I_p = 32 %). Laststufen und Schema von teilweisen mikrostrukturellen Brüchen.

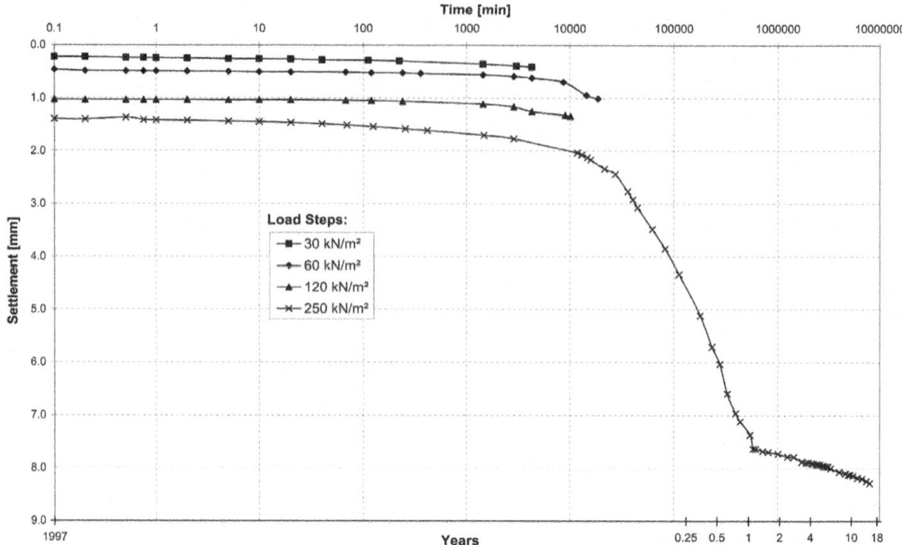

Abb. 1.8: Langzeit-Ödometerversuch über 16 Jahre an Klärschlamm (mit 22 % CaO vorbehandelt und teilentwässert). Zeit-Setzungskurven für verschiedene Laststufen.

rium gegründet und gilt als Begründer der Bodenmechanik in den Niederlanden. Seine Kriechtheorie baute auf einer logarithmischen Formel und der Aussage auf, dass Kriechen niemals enden würde. Dies wurde von K. Terzaghi (als „Conference Chairman") und den meisten Konferenzteilnehmern vehement in Frage gestellt. Langzeit-Ödometerversuche des Autors, die zwischen 10 und 42 Jahren dauerten (z.B. Abb. 1.7) bestätigten jedoch Buisman's Theorie (Brandl [7]); auch physikalische Analysen/Berechnungen unterstützen dieses Konzept. Es zeigte sich, dass nach der primären Setzungsphase („klassische" Konsolidation nach K. Terzaghi) und einer mehr oder weniger ausgeprägten Übergangsphase ein weitgehend linear mit dem Logarithmus der Zeit andauerndes Kriechen eintritt, das nach mikro-strukturellen Brüchen langfristig verflacht, aber nicht endet. In der Praxis sind jedoch diese Restverformungen nicht mehr relevant, wie vergleichende Baustellenmessungen - ebenfalls über Jahrzehnte - zeigten (Brandl [7]).

Diese Beobachtungen wurden übrigens auch bei anderen Dreiphasensystemen gemacht, z.B. bei vorbehandelten Klärschlämmen. Hier waren die Langzeitverformungen primär zwecks Optimierung von temporären bzw. endgültigen Deponie-Oberflächenabdichtungen von Interesse (Brandl [7]). Ödometerversuche von 10 bis 20 Jahren Versuchsdauer ergaben ein Kriechverhalten, das trotz intensiver Vorbehandlung mit CaO (und Vorentwässerung) zusätzlich von chemisch-physikalischen sowie restlichen organischen Effekten beeinflusst war (z.B. Abb. 1.8).

K. Terzaghi's Gleitflächenfiguren und die daraus abgeleiteten Tragfähigkeitsbeiwerte zur Berechnung des Grundbuches unter Flachfundamenten wurden jahrzehntelang international angewendet - und zwar durchaus erfolgreich, z. T. sogar für Tiefgründungen. Da K. Terzaghi wiederholt in Russland tätig war, berücksichtigte er bei seinen theoretischen Betrachtungen auch die früheren Untersuchungen von W.I. Kurdümov, Vorstand des Institutes für Grundbau an der Universität für Eisenbahnwesen in St. Petersburg (Abb. 1.9); dessen Pionierleistungen sind außerhalb von Russland kaum bekannt. Ausgehend von den Arbeiten von Boussinesq, Scheffler, Mohr, Winkler und Rankine untersuchte Prof. Ing. Kurdümov bereits 1889 weltweit erstmalig die Brucherscheinungen im Untergrund unter einem Fundament experimentell und hielt diese fotografisch fest. Gleitkurven und Spannungsellipsen wurden sowohl bei einseitigen als auch beidseitigen Grundbruch untersucht.

In Deutschland fotografierte A. Scheidig im Jahre 1926 die Bewegung von Sandkörnern unter Fundamenten - publiziert im Standardwerk „Baugrund und Bauwerk" von F. Kögler und A. Scheidig [18].

Auch O.K. Fröhlich, Mitarbeiter und Nachfolger von K. Terzaghi in Wien wirkte schon frühzeitig in Russland und berücksichtigte daher ebenfalls Kurdümov's Erkenntnisse in seinem Standardwerk „Die Druckverteilung im Baugrunde" [14]. In diesem Zusammenhang sei hervorgehoben, dass die international führende Literatur zur Bodenmechanik in der ersten Hälfte des 20. Jahrhunderts vorwiegend in deutscher Sprache erschien, was nicht nur auf die deutschsprachigen Pioniere dieser Wissenschaft zurückzuführen war, sondern auch dem damaligen Trend bei naturwissenschaftlichen Publikationen entsprach (Abb. 1.10). Beispielhaft seien die grundlegenden Veröffentlichungen von J. Hvorslev [15], Dänemark und I. Jaky [16],

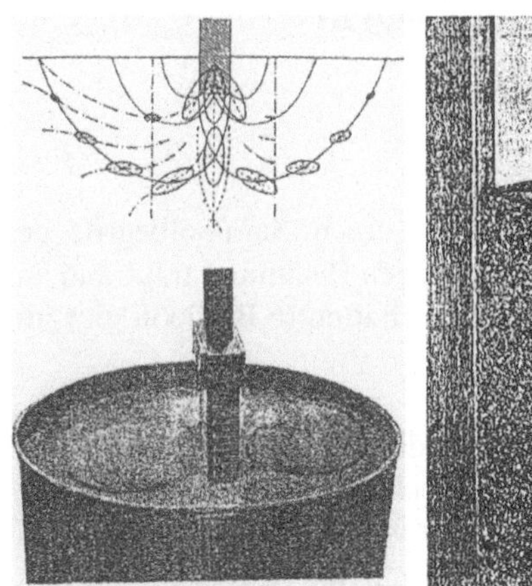

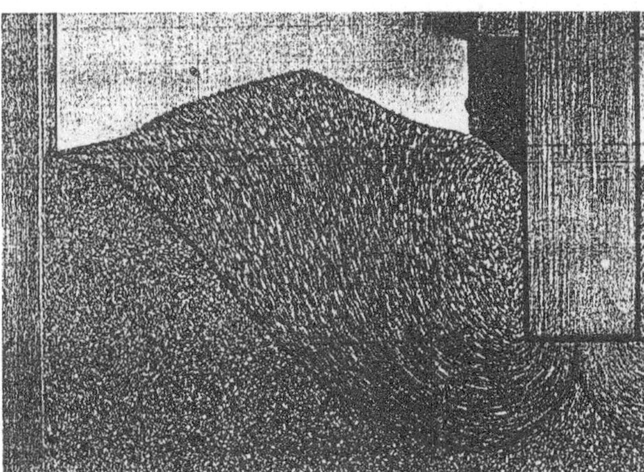

Abb. 1.9: Gleitkurven, Spannungsellipsen und Fotografie bei beidseitigem Grundbruch bereits im Jahre 1889 [19]. Die Bewegung der Sandkörner und die Gleitkurven sind sehr deutlich erkennbar.

Ungarn erwähnt. Die 1930er Jahre trugen überhaupt außerordentlich zur Entwicklung der Bodenmechanik bei; dies gilt auch für die Pionierarbeiten zur Bodendynamik (H. Lorenz [17]).

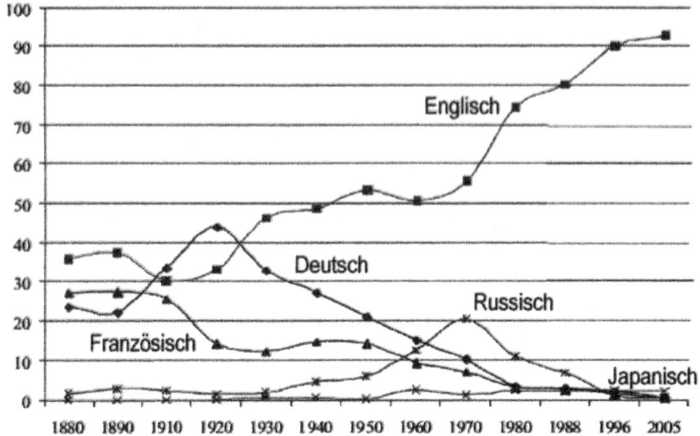

Abb. 1.10: Sprachanteile an den naturwissenschaftlichen Publikationen weltweit 1880 - 2005 in Prozent (Mittelwerte unterschiedlicher Disziplinen aus Datenbanken verschiedener Länder. Analysen von Tsunoda 1983; Ammon/Abdulkadir Topal/Vanessa Gawrisch).

1.3 Geotechnik - ein zeitgemäßer Sammelbegriff

1.3.1 Historisches

Seit Ende des 20. Jahrhunderts wurde „Geotechnik" zu einem Sammelbegriff, der einerseits den zunehmend vielseitigen Aufgabenstellungen Rechnung trägt und anderseits die Grenzbereiche zu nahe stehenden Wissenschaften (z.B. Geologie) immer weiter werden lässt.

Der Terminus „Geotechnik" geht zurück auf den Endbericht einer „Geotechnical Investigation" durch die Swedish State Railways Geotechnical Commission (1914 - 1922). Seit ca. 80 Jahren wurden immer wieder alternative Bezeichnungen für „Soil Mechanics and Foundation Engineering" (nach K. Terzaghi und A. Casagrande) diskutiert. Sie begannen stets mit der Silbe „Geo-", um die intensive Wechselwirkung mit der Geologie zu unterstreichen: Geoengineering, Geomechanics, Geotechnics, Geotechnical Engineering, Geotechnology.

Mittlerweile zählen Ingenieurgeologie, Felsmechanik und Tunnelbau ebenso zur „Geotechnik“ wie Geokunststoff-Themen, Umweltgeotechnik (inkl. Abfallmanagement), Geothermie etc. Dabei bestehen meist enge Vernetzungen bzw. fließende Übergänge, etwa zwischen Bodenmechanik und Felsmechanik: So entstand in geologischen Zeiträumen aus weichen Tonen durch Kompression, Metamorphose etc. Tonschiefer bzw. Schiefer, und wenn die Gesteine tektonisch zerstört werden bzw. verwittern, entsteht letztlich wieder „Ton“. Eine Grenze zwischen Boden- und Felsmechanik besteht daher bestenfalls hypothetisch, nicht jedoch in der Praxis. Übrigens wurde in den 1930er Jahren auch über einen Terminus „Tonmechanik“ diskutiert.

Bei komplexen geotechnischen Fragestellungen ist eine Zusammenarbeit zwischen Geologen und Bauingenieuren zweifellos von Vorteil (siehe bereits Redlich, Terzaghi, Kampe, 1929). Abzulehnen ist hingegen die Durchführung von komplexen bodenmechanischen Berechnungen nur auf Basis kommerziell vertriebener Computerprogramme durch „Geotechniker“ ohne entsprechende Ausbildung.

Mit Bezug zur 2. Deutschen Bodenmechanik Tagung wird im Folgenden primär auf den auf der Bodenmechanik basierenden Teil der Geotechnik eingegangen.

Nicht von ungefähr nannte K. Terzaghi sein fundamentales Buch „Erdbaumechanik“, und die heutige „Deutsche Gesellschaft für Geotechnik“ hieß bis 1994 „Deutsche Gesellschaft für Erd- und Grundbau“. Dem Erdbau kam daher von Beginn an höchste Bedeutung zu, doch wurden etwa seit den 1970er Jahren die Anforderungen an den Spezialtiefbau immer höher und vielseitiger. Bei dessen Entwicklung sind vier Hauptkomponenten zu unterscheiden, die in enger Wechselwirkung stehen:

- Die Entwicklung der Berechnungs- und Bemessungsgrundlagen für Tiefbauelemente.
- Die Entwicklung der Baugeräte und Technologien zur Herstellung von Tiefbauelementen, wobei sich zwei Innovationen besonders auswirkten:
  - Einsatz der Hydraulik zur Übertragung hoher Kräfte (ab 1960er Jahre),
  - Einsatz der Elektronik zur automatischen Steuerung von Geräten (ab 1980er Jahre).
- Die Entwicklung der Messtechnik, vor allem der in-situ Messtechnik, die für die Bauausführung, das Langzeit-Monitoring, die Verifizierung der bodenmechanischen Berechnungen und für die Forschung unerlässlich geworden ist.
- Zunehmende Robustheit der elektronischen Systeme für den Baustelleneinsatz.
- Nahezu unbegrenzte Kapazitäten und Reichweiten von Datenübertragungen und deren Speicherung
- Geotechnisches Risikomanagement.

Die Entwicklung der „Geotechnik“ seit Gründung der ISSMFE heute ISSMGE (International Society for Soil Mechanics and Geotechnical Engineering) im Jahre

1936 kann als allmählicher Übergang „ von der Revolution zur Evolution“ charakterisiert werden (Brandl [6]; Abb. 1.11). Der nunmehrige Zustand ist demnach primär durch schrittweise Verbesserungen gekennzeichnet, wie in Abb. 1.11 an den beiden Fotos von Schlitzwandgeräten beispielhaft dargestellt.

Folgende Faktoren haben das Einsatzgebiet und den Arbeitsumfang des Spezialtiefbaus vor allem in den letzten 30 Jahren überproportional ansteigen lassen:

- Zusammenwachsen der Wirtschaftsräume.
- Verbesserung der Infrastruktur.
- Steigende Qualitätsanforderungen an Bauwerke.
- Sinkende Verfügbarkeit von gutem Baugrund.
- Beengte Platzverhältnisse in dicht verbauten Zonen.
- Statisch sensible Entwürfe bzw. architektonisch anspruchsvolle Konstruktionen und sonstige Sonderwünsche von Bauherren.
- Zunehmende Erhaltung und Restaurierung alter Bausubstanz.

ADVANCES IN GEOTECHNICAL ENGINEERING 1936 – 2011
(from Revolution to Evolution)

REVOLUTIONARY: 1936 – 1980

Theory and Testing
- Soil Mechanics of Terzaghi and contemporaries
- Centrifuge testing
- Numerical modelling and calculation (Finite Element Method etc.)

Technology
- Tunnelling (NATM)
- Deep soil improvement
- Geosynthetics
- Prestressed ground anchors
- Slurry executed piles, walls →
- Jet grouting
- Trenchless Technology
- Energy foundations
- Electronics

Society
- Foundation of ISSMFE in 1936

EVOLUTIONARY: 1980 – 2011

- Sophisticated calculation methods
- Improvement of technologies and site equipment
- Improvement of lab and field testing
- Improvement of measuring, site monitoring
- Sophisticated risk management

Abb. 1.11: Entwicklung der „Geotechnik“: „Von der Revolution zur Evolution“ (Brandl [6]).

1.3.2 Risken in der Geotechnik und geotechnisches Risikomanagement

Geotechnik und Medizin haben Vieles gemeinsam; primär sind dies die Risken bei der Ausübung des Berufes und die „Beobachtungsmethode" (Observational Method). So wie die Mediziner die Reaktionen der Patienten auf Therapien oder chirurgische Eingriffe beobachten, so beobachtet der Geotechniker die Wechselwirkungen zwischen geotechnischen Maßnahmen bzw. Bauwerken und Untergrund. Ein wesentlicher Unterschied besteht allerdings darin, dass der Geotechniker seine Erfolge zumeist begräbt (Abb. 1.12), seine Misserfolge hingegen deutlich sichtbar werden.

Die Geotechnik ist mit wesentlich höheren beruflichen Risiken behaftet als die meisten anderen Sparten der Technik. Besonders kritisch wird es bei Annäherung an den Bruchzustand (z.B. Abb. 1.13, 1.14), womit in der Praxis immer wieder zu rechnen ist (z.B. bei Rutschhängen, Hochwasserschutzdämmen, Unfällen - und generell bei unzureichenden Untergrunderkundungen). In Abwandlung eines Zitates von W. Shakespeare kann allerdings festgestellt werden: *„Die sichtbaren Gefahren bereiten weniger Schrecken als die im Untergrund lauernden"*.

Kalkuliertes Risiko und Restrisiko müssen sorgfältig abgewogen werden, da der geologisch-geotechnische Baustoff größtenteils der natürliche Untergrund ist und dieser auch bei sorgfältigster Erkundung stets Überraschungen liefern kann. Der

Abb. 1.12: Tauernautobahn Liesertal (Österreich): 80 % der Baukosten stecken im Untergrund (Fundierungen, tiefreichende Sicherungen der labilen Hänge).

Untergrund ist eben kein künstliches Material, sondern heterogen sowie anisotrop, und seine Eigenschaften können sich (klein-)räumig und zeitlich ändern.

Vor allem das Bauen in rutschgefährdeten Hängen, in tiefreichend weichem, heterogenen Untergrund, in städtischen Ballungszentren, in Erdbebenzonen etc. inkludiert zwangsläufig ein erhöhtes kalkuliertes Risiko. Letzteres ist unvermeidbar, liegt im geotechnisch serösen Rahmen und unterscheidet sich sehr deutlich vom unseriösen „Geopoker", auch wenn die Übergangszone manchmal verschwommen und keineswegs quantifizierbar ist. Andererseits können aber viele Projekte bei Überlagerung aller ungünstigsten Parameter (Boden-, Felskennwerte, Grundwasser- bzw. Strömungsverhältnisse, Erdbeben etc.) „zu Tode gerechnet" werden (Abb. 1.15). Dies betrifft vor allem Infrastrukturbauwerke in Hanglage, Stützbauwerke in Rutschhängen etc.

Bei geotechnische Projekten liegt nicht nur im Baustoff (Boden, Fels) sondern auch im statischen System eine wesentlich größere Problematik als etwa im konstruktiven Ingenieurbau. Gerade im Grund- bzw. Erdbau, wo die Materialeigenschaften ohnehin stärker streuen als bei künstlichen Baustoffen, wird aber noch dazu mit kleineren Sicherheitsfaktoren gerechnet, weil ansonsten viele Bauwerke aus wirtschaftlichen Gründen undurchführbar wären. Vor allem im Bauzustand sind die (lokalen) Sicherheiten manchmal dermaßen niedrig, dass sie mit konventionellen Berechnungsmethoden kaum mehr nachgewiesen werden können.

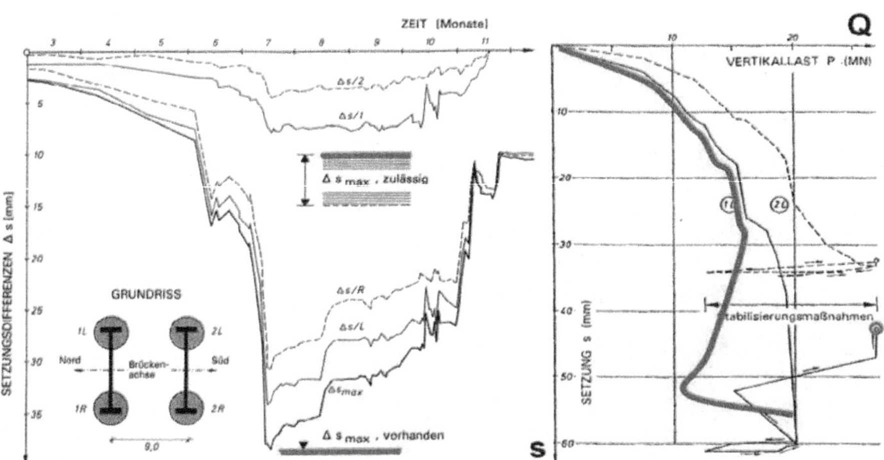

Abb. 1.13: Schiefstellung eines Hauptpfeilers eines 1,1 km langen Talüberganges nahe dem Versagen. Zulässige Setzungsdifferenz zwischen den 4 Fundierungsbrunnen des Doppelpfeilers um 350 % überschritten, Last-Setzungsverlauf zweier Brunnen bodenmechanisch bereits im „Bruchzustand". Erfolgreiche Rückdrehung.

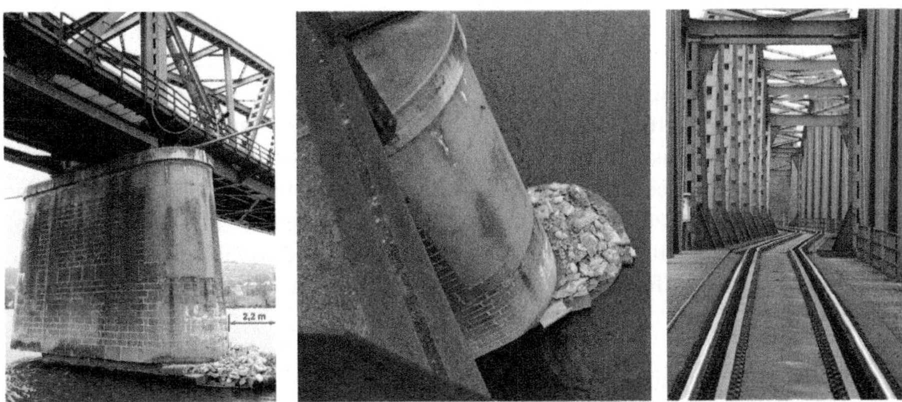

Abb. 1.14: Schiffsanprall an einen Strompfeiler der Eisenbahnbrücke Krems über die Donau. Strompfeiler 2,2 m horizontal abgeschert. Tragwerk mehrfach geknickt.

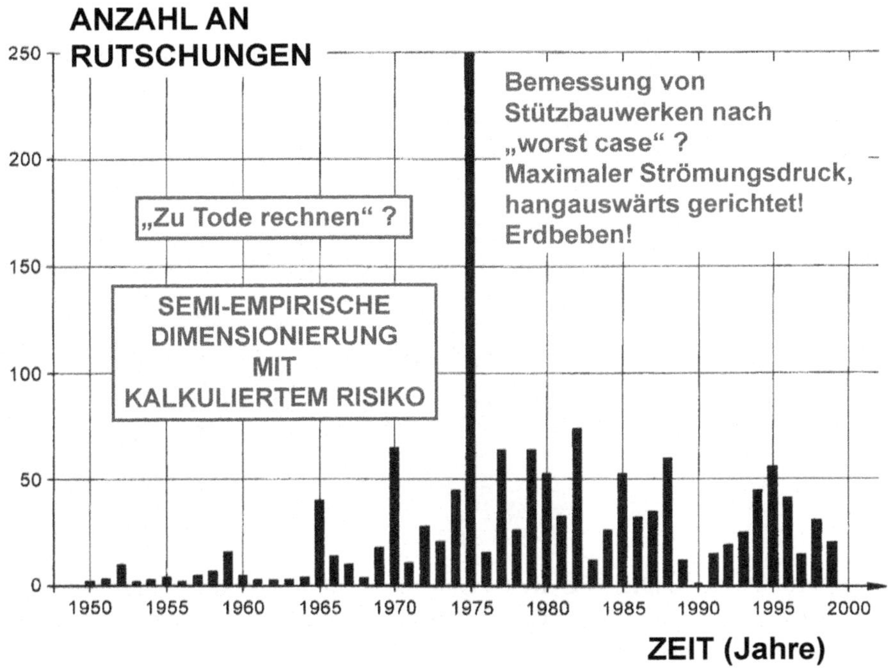

Abb. 1.15: Anzahl der in Niederösterreich registrierten Hangrutschungen im Zeitraum 1950 - 2000. Markanter statistischer „Ausreißer“ im Jahre 1975 (ebenso damals im Land Salzburg).

Das kalkulierte geotechnische Risiko steht in engem Zusammenhang mit der „Beobachtungsmethode“ bzw. der „semi-empirischen Dimensionierung“ (Brandl [2]). Je höher das übernommene Risiko bzw. das Gefährdungspotential ist, desto intensiver und sorgfältiger muss an der Baustelle gemessen und rückgerechnet werden. Dabei ist theoretisch fundiert vorzugehen, denn „wer (zu-)viel misst, misst viel Mist“. Ein wesentliches Grundprinzip der Beobachtungsmethode liegt demnach darin, dass Prognosen erstellt werden und der geotechnische Entwurf stets Möglichkeiten von Adaptierungen und Verstärkungen aufweist („Active design“ oder „Interactive design“). Andernfalls würde aus einer seriösen Ingenieurtätigkeit letztlich ein „Geopoker“.

Mit der Beobachtungsmethode wird häufig ein niedriges Sicherheitsniveau, somit ein erhöhtes Risiko assoziiert. Diese Einschätzung ist in verallgemeinernder Form unrichtig. Vielmehr erlauben es die Messkontrollen eher, an einen angestrebten Sicherheitsfaktor heranzugehen, als bei einem starren Entwurf ohne nennenswerte Adaptierungsmöglichkeit („fully engineered design“). Letzterer bedingt häufig eine kostenaufwendige Überdimensionierung, kann aber ebenso gravierende Unsicherheiten inkludieren, die in Ermangelung von Messungen gar nicht bekannt sind. Letztlich „steht“ ein Objekt äußerlich gleichermaßen scheinbar „sicher“, unabhängig davon, ob ein spezifischer Sicherheitsfaktor F = 1,05 oder F = 1,50 beträgt.

Eine „absolute“ oder „hundertprozentige“ Sicherheit ist in der Geotechnik in vielen Fällen nicht erzielbar, nicht finanzierbar oder aus wirtschaftlichen Erwägungen gar nicht anzustreben. Dies betrifft vor allem Verkehrswege entlang instabiler Hänge, bei denen im Rahmen der „semi-empirischen Dimensionierung“,

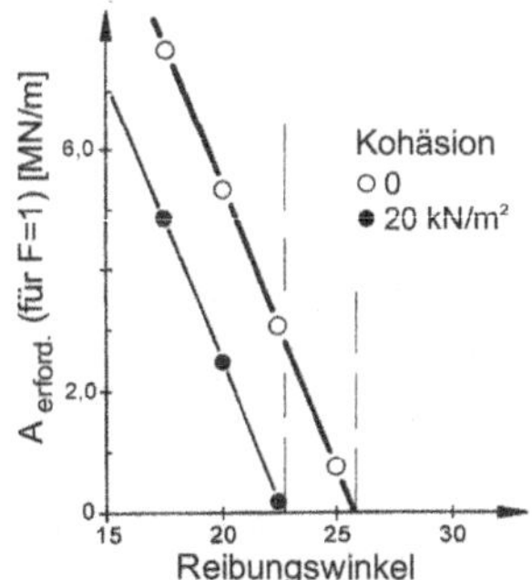

Abb. 1.16: Starker Einfluss des Reibungswinkels auf die Standsicherheit von hohen Stützbauwerken in rutschgefährdeten Hängen erschwert die Bemessung und Sicherheitsbewertung (Beispiel). Bei Änderung des Reibungswinkels um nur $\Delta\varphi = 1°$ ergab sich eine Änderung der erforderlichen Ankerkräfte um $\Delta A = 1000$ kN/m, um das Grenzgleichgewicht (F = 1) zu erreichen. Tatsächlich streute der Reibungswinkel in einer Bandbreite von $\Delta\varphi = 15°$, und der Restscherwinkel konnte noch weiter absinken.

zwangsläufig ein erhöhtes kalkuliertes Risiko zu übernehmen ist (Brandl [4]) - z.B. Abb. 1.16. Verfeinerte Berechnungsverfahren täuschen in der Regel eine Genauigkeit vor, die in der Praxis nicht gegeben ist - insbesondere bei kleinräumig wechselhaften Untergrund- und Strömungsverhältnissen. Außerdem wäre es volkswirtschaftlich nicht vertretbar, bei derartigen Hängen gleich von Beginn an die aufwendigsten Stützsysteme zu errichten oder Böschungen übertrieben flach anzulegen. Bei solchen Verkehrswegen werden bewusst eventuelle Ergänzungsarbeiten und (vertretbare) Schäden in Kauf genommen. Wie die Erfahrung lehrt, kommt diese Vorgangsweise per saldo wesentlich billiger als die von vorneherein als vermeintlich „absolut sicher" dimensionierte Lösung. Bereits K. Terzaghi kritisierte einmal, dass eine Straße, die keinerlei Schäden aufweist (Fahrbahn, Böschungen, Dämme) überdimensioniert sei, und daher Volksvermögen vergeudet würde. Es gelingt allerdings nur in Ausnahmefällen, dass die Medien diese ökonomische und verantwortungsvolle Planungsphilosophie als positiv darstellen.

In vielen Fällen ist der Geotechniker sogar persönlich physischen Risiken ausgesetzt: Sei es bei der Dammverteidigung im Rahmen von Katastrophenhochwässern, bei Verbrüchen während des Tunnelvortriebes oder bei der Beurteilung kritischer (Fels-)Böschungen.

Unabhängig von der Definition von Risiko und „Sicherheit" (bzw. Sicherheitsfaktoren) ist das Restrisiko in der Geotechnik naturbedingt höher als in den übrigen Sparten des (Bau-)Ingenieurwesens. Dazu sollte sich der Geotechniker auch öffentlich bekennen - und zwar durchaus im eigensten Interesse: Bauherren und sonstige Entscheidungsträger, Politiker, Medien, Juristen etc. sollten diesbezüglich besser aufgeklärt werden, als dies bislang der Fall war.

1.4 Theorie und Praxis

Die Kluft oder zumindest (konkurrenzierende) Reibung zwischen Theorie und Praxis besteht seit den antiken griechischen Denkschulen. Andererseits betrachteten Sokrates, Platon und Aristoteles „*techne*" als eine der Grundformen menschlicher Begabung (Wendeling-Schröder, U. [24]). Neben Erkenntnis, Einsicht, Weisheit und Intuition bedeutete diese Begabung zugleich praktisches Können. Ihr „Technik"-Verständnis verband also Theorie und Praxis.

Das Universalgenie Leonardo da Vinci kritisierte einmal die reinen Theoretiker: „*Man sagt, dass durch Erfahrung angeeignetes Wissen sei nur mechanisch, während die Wissenschaft stets im Geist beginnt und endet. Doch scheint mir, dass jene Wissenschaften, die nicht aus der Erfahrung geboren wurden, der Mutter aller Wahrheiten, eingebildet und voll von Missverständnissen sind*".

Leonardo da Vinci glaubte nur seinen experimentellen Erfahrungen - „*was sich der experimentellen Demonstration nicht unterwerfen lässt, ist keine echte Wissenschaft*".

Auch J.W. Goethe ging auf diese Thematik ein, wenn er Mephistopheles in Faust II den „gelehrten Herrn" kritisieren lässt: „*Was ihr nicht rechnet, glaubt ihr sei nicht wahr*" und weiter „*Das ist eine von den alten Sünden, sie meinen Rechnen, das sei Erfinden*" - Abb. 1.17. K. Terzaghi meinte einmal, „*der Bodenmechanik droht die größte Gefahr, wenn die reinen Mathematiker über sie herfallen*".

Höchstleistungen in der Geotechnik, somit auch im Spezialtiefbau erfordern daher eine innige Verflechtung von Theorie und Praxis, denn „*Theorie ohne jede Praxis ist grau, aber Praxis ohne jede Theorie ist gräulich*". Wenn z.B. jemand 20 Berufsjahre aufweist, aber nach einem Jahr immer nur routinemäßig das Gleiche tut, hat er praktisch nur ein Jahr echte Berufserfahrung (allerdings das 20 Mal).

Gerade in der Geotechnik kommt der Baustellenerfahrung besondere Bedeutung zu, und zwar vom Beginn der Untergrunderkundung an über die Planungs- und Bauphase(n) bis zum späteren Langzeit-Monitoring. K. Terzaghi formulierte dies schon früh treffend: „*Capacity of judgement can be gained only by years of contact with field conditions*". Jahre später beklagte sein einstiger Mitarbeiter R. Peck (1912 - 2008) in der Publikation „*Where has all the judgement gone!*" [20] das mangelnde Urteilsvermögen jener, denen die Verflechtung von Theorie und Praxis fehlt. Der „white collar engineer", dessen Tätigkeit sich nahezu ausschließlich im Büro abspielt, ist kein Geotechniker im Sinne Terzaghi's.

J.W. Goethe (1749 – 1832)
Mephisto in Faust II:
„Das ist eine von den alten Sünden, Sie meinen Rechnen, das sei Erfinden."

I. Kant (1724 – 1804)
„Es gibt nichts Praktikableres als eine gute Theorie"

Abb. 1.17: J.W. Goethe zur Diskussion „reine Mathematik versus Erfindergeist" und I. Kant's Weitsicht zu „Theorie und Praxis"

Die ständig wachsende Kapazität moderner Computer fördert natürlich numerische Berechnungsmethoden auch in der Geotechnik in ungeahntem Ausmaß. Letztlich sind sie aber nur eines von mehreren Standbeinen der Geotechnik (und sollten immer wieder mit konventionellen, analytischen Methoden überprüft werden). Bereits 1987 stellte John B. Burland in seiner J.K. Nash lecture fest: „*It is both arrogant and dangerous to believe that ground engineering can be carried out solely on the basis of numbers given from site investigation coupled with codes of practice. It is necessary to study case histories, learn about local experience, examine the soil and visit the site*“.

Bedauerlicherweise ist diese Prognose zu einem hohen Prozentsatz Wirklichkeit geworden, und zwar nicht nur in der Geotechnik, sondern auch in den anderen Sparten des (Bau-) Ingenieurwesens.

Es nützt allerdings nichts, wenn eine richtige Theorie falsch angewendet wird: „*Gefährlicher als eine falsche Theorie ist eine richtige in falschen Händen*“ (Gabriel Laub). Dies ist in der Geotechnik vor allem dann zu beobachten, wenn fachunkundige Ingenieure oder Personen anderer Fachrichtungen kommerzielle Rechenprogramme ohne ausreichende theoretische (sowie praktische) Kenntnisse anwenden.

Den reinen Praktikern als Gegenpol zu den reinen Theoretikern sei ein Zitat I. Kants (1724 - 1804) entgegen gehalten: „*Es gibt nichts Praktikableres als eine gute Theorie.*“ (Abb. 1.17).

Kant hat übrigens zur reinen und praktischen Vernunft die Urteilskraft gestellt und diese Trias sehr wohl begründet. Damit war Kant seiner Zeit weit voraus, wie frühere Ansichten über das Bauwesen bezeugen. So vermerkte Thomas Tredgold, ein hoch anerkannter britischer Ingenieur im Jahre 1822: „*The stability of a building is inversely proportional to the science of the builder*“. Als 1858 W.J.M. Rankine sein herausragendes Manual of Applied Mechanics veröffentlichte, hoffte er damit die Kluft zwischen Theorie und Praxis zu überbrücken. Doch bis zum Jahre 1872 weigerte sich der Autor des renommierten Civil Engineer Pocketbook das Werk Rankine's oder anderer Exponenten theoretischer Arbeiten zu zitieren, denn sie seien „*but little more than striking instances of how completely the most simple facts may be buried out of sight under heaps of mathematical rubbish*“ (Florman [13]).

Erfahrung muss keineswegs auch Fachwissen bedeuten, oder wie es Prof. J. Atkinson von der London City University formulierte (2004): „*Often an expert can be experienced but not knowledgeable.*“ Weiters kritisierte er in diesem Zusammenhang eine Fehlentwicklung, die sich in den letzten Jahren in Deutschland und Österreich ebenfalls abzeichnet: „*Two-thirds of ground engineering has been carried out by non-geotechnical engineers*“.

Geotechnik in ihrer Gesamtheit ist Theorie und Praxis, Wissenschaft und (Ingenieur)-Kunst in einem. Letzteres erscheint teilweise widersprüchlich, denn Ingenieure müssen ein Problem einer Lösung zuführen, hingegen ätzt der Satiriker Karl Kraus (1874 - 1936): *„ist Künstler nur einer, der aus der Lösung ein Rätsel machen kann"*. Manchmal wird allerdings auch die Geotechnik zur „Kunst", nämlich dann, wenn es gilt „taugliche Schlussfolgerungen aus unzureichenden Bodenaufschlüssen zu ziehen". In diesem Zusammenhang meinte K. Terzaghi einmal ironisch: *„Am liebsten ist mir nur eine Bohrung je Projekt. Bei mehr Bohrungen wird es kompliziert"*. Diese Bemerkung ähnelt inhaltlich durchaus J.W. Goethe's Feststellung *„Mit dem Wissen wächst der Zweifel"*.

1.5 Summary

In 2015 it is just 90 years since the publication of K. Terzaghi's fundamental book "Erdbaumechanik auf bodenphysikalischer Grundlage" ("Earth Mechanics, based on Soil Physics") which worldwide is considered as birth of modern Soil Mechanics. However, Ground Engineering existed already before, though mainly based on experience and focusing on hydro-engineering, road and railway engineering. The today's "Geotechnical Engineering" has developed as an umbrella term for soil and rock mechanics, earthwork, engineering geology, tunnelling, environmental geotechnics, geophysics, geosynthetics engineering, etc.

The presented paper starts with a historical review regarding the early soil mechanics of K. Terzaghi and his contemporaries, but also mentioning the first photographs of ground failure tests in St. Petersburg, 1889 (Prof. Kurdümov - Fig. 1.9). Moreover, the disputes between K. Terzaghi und P. Fillunger (TU Vienna 1935 - 1937) und K. Terzaghi and A.S.K. Buisman (at the 1st ICSMFE at Harvard University, 1936) are discussed. The paper describes the results from a series of long-term oedometer tests by the author running up to 42 years and widely confirming Buisman's creeping theory (Figs. 1.7 and 1.8).

The chapter on Geotechnical Engineering ("Geotechnics") comprises three subchapters: Historical aspects, risk and risk management, and remarks on theory and practice. The advances in geotechnical engineering since the foundation of ISSMGE (then ISSMFE, 1936) may be characterized as "From Revolution to Evolution" (Fig. 1.11). This form of development still goes on very intensively, because the challenges for geotechnical engineering have increased dramatically for about three decades.

Literaturverzeichnis

1. Atkinson, J. (2004). Liability fears and over-reliance on standards are „stifling geotechnics". Ground Engineering, Vol. 37, Nr. 3.

2. Brandl, H. (1979): Design of high, flexible retaining structures in steeply inclined, un-stable slopes. Proc. 7th European Conference on Soil Mechanics and Foundation Engineering, Brighton.
3. Brandl, H. (1983). 100 Jahre Prof. Dr. Dr.h.c. Karl v. Terzaghi. Mitteilungen für Grundbau, Bodenmechanik und Felsbau, Heft 2. Technische Universität Wien.
4. Brandl, H. (2002). Risikomanagement und Beobachtungsmethode in der Geotechnik. 12. Donau-Europäische Konferenz „Geotechnisches Ingenieurwesen", Passau. Deutsche Gesellschaft für Geotechnik E.V. Proceedings.
5. Brandl, H. (2007). Die Entwicklung des Spezialtiefbaus ab Mitte des 20. Jahrhunderts. Festband 100 Jahre Österr.Vereinigung für Beton- und Bautechnik, Bd. 2, S. 73 - 124.
6. Brandl, H. (2011, 2013). 75th Anniversary of ISSMGE - The Past. Keynote Lecture. 15th European Conference of ISSMGE, Athens. Proc. (2011) and ISSMGE Bulletin, Vol. 7, Issue 5 (2013).
7. Brandl, H. (2013). Consolidation/Creeping of Soils and Pre-treated Sludge. Proc. of the 5th Biot Conference on Poromechanics, Vienna. American Society of Civil Engineers, pp. 1346 - 1357.
8. Brandl, H. (2013). Der Geotechnik-Ingenieur in der Gesellschaft: Image, Verantwortung, Herausforderungen. H. Lorenz Vorlesung - Heft Nr. 63 der Veröffentlichungen des Grundbauinstitutes der Technischen Universität Berlin.
9. Burland, J. P. (1987). Nash Lecture: The Teaching of Soil Mechanics - A personal view. 9th ECSMFE, Dublin 1987. Proc., Vol. 3.
10. Clayton, C.R.I. (2000). Money can't buy risk-free ground. Ground Eng., Vol. 33, Nr. 5.
11. Christow, Ch. (2003). St. Petersburg, 1889: Pioneering photographic survey of subsoil failure under footings. Proc. of the Intern. Geotechnical Conference „Reconstruction of Historical Cities and Geotechnical Engineering", Vol. 1, pp. 289 - 295.
12. Fillunger, P. (1936). Erdbaumechanik? Streitschrift im Selbstverlag des Verfassers; Buchdruckerei F. Jasper, Wien.
13. Florman, S.C. (1987): The Civilized Engineer. St. Martin's Griffin, New York.
14. Fröhlich, O.K. (1936). Die Druckverteilung im Baugrunde. Springer Verlag, Wien.
15. Hvorslev, J. (1937). Über die Festigkeitseigenschaften gestörter, bindiger Böden. Heft Nr. 45 der Ingeniorvidenskabelige Skrifter, Danmarks Naturvidenskabelige Samfund, Kopenhagen.
16. Jaky, I. (1938). Die klassische Erddrucktheorie mit besonderer Rücksicht auf die Stützwandbewegung. Intern. Verein. Brückenbau u. Hochbau (IVBH), Bd. 5, S. 187 - 220, Berlin.
17. Lorenz, H. (1934). Neue Ergebnisse der dynamischen Baugrundforschung. Zeitschrift VDI, H. 78, S. 370 - 385.
18. Kögler, F. & Scheidig, A. (1938). Baugrund und Bauwerk. Verlag von Wilhelm Ernst & Sohn, Berlin.
19. Kurdümov, W.I. (1891). Zur Frage des Widerstandes von Fundierungen. Fotographische Methode zur Untersuchung des Bruchprozesses einer Sandschicht unter der Wirkung einer örtlichen Belastung. Zweite öffentliche Vorlesung am 11.12.1889. (Buch in Russisch: St. Petersburg).
20. Peck, R. (1980). Where has all the judgement gone? Canadian Geotechnical Journal, pp. 584-590 und NGI-Publications No. 134, pp. 1-5, Oslo.
21. Poisel, R. & Kolenprat, B. (2015). Synergien in der Zusammenarbeit Geologen - Bauingenieur. 10. Österreichische Geotechniktagung, S. 173 - 183. Österreichischer Ingenieur- und Architekten-Verein (ÖIAV), Wien.
22. Terzaghi, K. (1925). Erdbaumechanik auf bodenphysikalischer Grundlage. Verlag Franz Deuticke, Leipzig und Wien.
23. Terzaghi, K. & Fröhlich, O.K. (1936). Theorie der Setzung von Tonschichten („Eine Einführung in die analytische Tonmechanik"). Verlag Franz Deuticke, Leipzig und Wien.
24. Wendeling-Schröder, U. (2000): Meihast, W.; Liedtke, R.: Der Ingenieur-Eid. Scientia nova - Verlag Neue Wissenschaft, Bretten.

Curriculum Vitae Andrew N. Schofield

Professor Andrew N. Schofield MA, PhD, FRS, FREng, Churchill College, Cambridge

Andrew Noel Schofield was born in Cambridge on 1 November 1930. He studied engineering and graduated from Christ's College Cambridge in 1951. He then worked in the Nyasaland Protectorate, Africa (now Malawi) office of Scott and Wilson Ltd. where he performed research on lateritic soils and low cost road construction. Returning to Cambridge University to work with Professor Kenneth H. Roscoe on his PhD, he completed his thesis titled "The development of lateral force during the displacement of sand by the vertical face of a rotating model foundation" in 1961. He became an Assistant Lecturer in 1961 and was elected Fellow of Churchill College, Cambridge in 1963.

With Ken Roscoe and Peter Wroth in 1958 he published "On the Yielding of Soils", which showed how plasticity theory and critical state soil mechanics could be used to describe the coupled volumetric and shear behavior of soils. Roscoe, Schofield & Wroth (1958) led to the development of a constitutive model known as "Cam Clay" which was formalized in the classic text by Schofield & Wroth (1968). Schofield was influenced by work on geotechnical centrifuge modeling by G.I. Pokrovsky in the USSR to study geotechnical engineering and soil mechanics problems. He developed a prototype geotechnical centrifuge in Cambridge and later adapted a centrifuge in the English Electric Company in Luton, UK to be used for geotechnical modelling in 1966.

He accepted a Chair at the Institute of Science and Technology in Manchester (UMIST) in 1968 and developed a 1.5 m radius geotechnical centrifuge there. Following Roscoe's untimely death in 1970, he returned to Cambridge in 1974 and was appointed as a Professor in the Cambridge University Engineering Department to lead the Soil Mechanics group. Working with a mechanical design engineer, Phillip Turner, he developed a 5 m radius geotechnical centrifuge at Cambridge University which continues to be heavily used in 2010. Professor Schofield retired from the University in 1997, but his continued work is evidenced by the publication of a book entitled "Disturbed soil properties and geotechnical design" in 2005.

Among his best-known and notable students are Malcolm D. Bolton who gave the 52th Rankine Lecture titled "Performance-based design in geotechnical engineering" in 2012 and 1st Schofield Lecture entitled "Centrifuge Modelling: Expecting the Unexpected" in 2013 as well as Robert Mair who gave the 46th Rankine Lecture titled "Tunnelling and geotechnics - new horizons" in 2006.

To mention but a few awards Andrew Schofield was honoured by the US Army Distinguished Civilian Service Award in 1979. He delivered the 20th Rankine Lecture titled "Cambridge geotechnical centrifuge operations" in 1980. He was elected as Fellow of the Royal Academy of Engineering in 1986 and Fellow of the Royal Society in 1992. In 1993 Schofield was awarded the James Alfred Ewing Gold Medal from the Institution of Civil Engineers.

based on Bruce Kutter, 2010

Selected literature

Schofield, Andrew N. and Wroth, Peter. "Critical state soil mechanics." (1968).

Schofield, Andrew. N. "Cambridge Centrifuge operations. Twentieth Rankine Lecture." Géotechnique 30 (1980): 227-268.

Schofield, Andrew N. "Disturbed soil properties and geotechnical design." Thomas Telford, 2005.

Teil I
Stoffgesetze und Materialverhalten

Kapitel 2
Lagrange-Euler Formulierungen in der Bodenmechanik

Stavros A. Savidis & Daniel Aubram

Zusammenfassung Bodenmechanische und geotechnische Problemstellungen werden häufig durch große Materialverformungen und andere damit einhergehende Phänomene gekennzeichnet. Bei deren Modellierung stoßen die klassische Bodenmechanik und die traditionelle Finite Elemente Methode basierend auf der Lagrange Formulierung an ihre Grenzen. In dem Beitrag werden die kontinuumsmechanischen Grundlagen einer verallgemeinerten Lagrange-Euler Formulierung vorgestellt. Anschließend werden ihre unterschiedlichen Ausprägungen im Rahmen der numerischen Umsetzung anhand von Anwendungsbeispielen diskutiert sowie das Potential dieser Simulationsmethoden in der Bodenmechanik und Geotechnik aufgezeigt.

2.1 Einleitung

Zahlreiche bodenmechanische und geotechnische Anfangsrandwertprobleme werden durch große lokale Materialverformungen gekennzeichnet. Beispiele sind Naturereignisse wie Rutschungen und Erdbeben-induzierte Verflüssigung sowie elementare geotechnische Herstellungsvorgänge wie Verdrängen bzw. Eindringen, Bearbeiten und Mischen (Abb. 2.1). Auch beim Verlust der Standsicherheit von Flachgründungen, Böschungen und Stützbauwerken treten mitunter Verschiebungsfelder auf, für die die weit verbreitete Annahme einer linearen Kinematik unzutreffend ist.

Univ.-Prof. Dr.-Ing. habil. Stavros A. Savidis
Fachgebiet Grundbau und Bodenmechanik – Degebo, Technische Universität Berlin, E-mail: savidis@tu-berlin.de

Dr.-Ing. Daniel Aubram
Fachgebiet Grundbau und Bodenmechanik – Degebo, Technische Universität Berlin, E-mail: daniel.aubram@tu-berlin.de

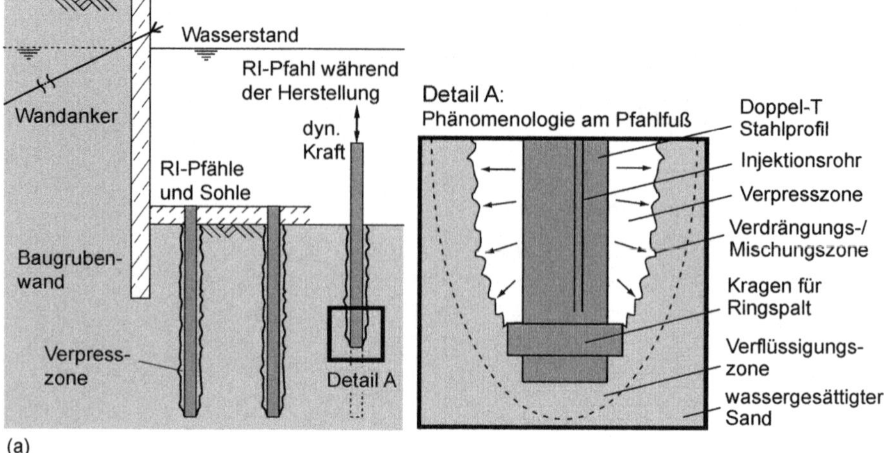

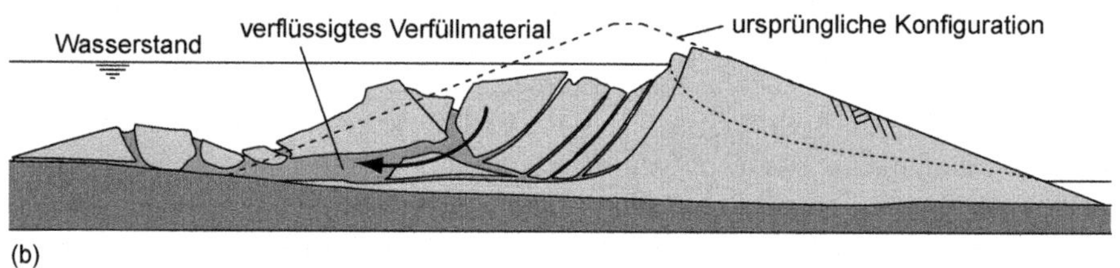

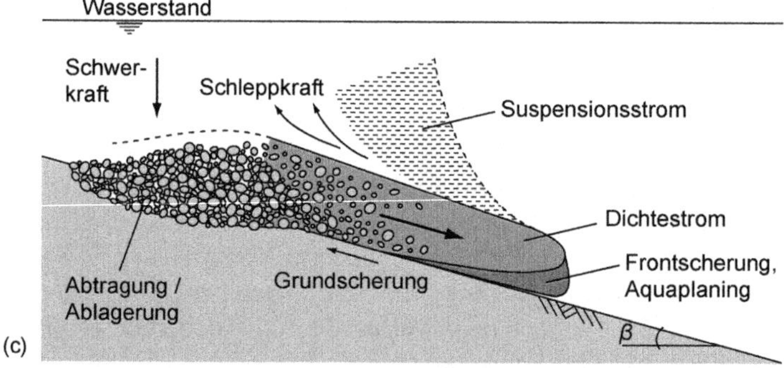

Abb. 2.1: Schematische Darstellung bodenmechanischer und geotechnischer Anfangsrandwertprobleme mit großen Verformungen und einhergehenden Phänomenen. (a) Herstellung von Rüttelinjektionspfählen (RI-Pfählen), (b) Verflüssigungsbedingtes Versagen eines Dammes unter Erdbebeneinwirkung (in Anlehnung an [33]), (c) Submarine Hangrutschung (in Anlehnung an [23]).

Die großen Verformungen gehen in der Regel einher mit der Entstehung und/oder der Veränderung von Kontaktflächen und freien Oberflächen, mit veränderlichen Kontaktbedingungen und mit der Interaktion des Korngerüsts mit den Porenfluiden. Das mechanische Verhalten des Korngerüsts selbst ist im Allgemeinen abhängig vom Spannungs- und Dichtezustand, der Materialgeschichte und der Dehnungsrate, um nur einige Einflussfaktoren zu nennen. Darüber hinaus können große Scherdehnungsraten oder Porenwasserüberdrücke (Verflüssigung) dazu führen, dass sich der Boden lokal wie ein Fluid und nicht mehr wie ein Festkörper verhält.

Für eine realitätsnahe Prognose der Bodenverformungen sowie des Trag- und Verformungsverhaltens von Grundbauwerken ist es unerlässlich, den lokalen Zustands des Bodens und somit die jüngste Belastungsgeschichte im Berechnungsmodell hinreichend genau abzubilden. Die mathematische Modellierung (z.B. Materialmodell für den Boden, Modell für Porenfluid-Kornstruktur-Kopplung) und die numerische Modellierung (z.B. Diskretisierungstechnik) der oben genannten Problemstellungen im Bereich großer Verformungen ist jedoch äußerst komplex. Die klassische Bodenmechanik und die traditionelle Finite Elemente Methode (FEM) basierend auf der Lagrange Formulierung stoßen hierbei an ihre Grenzen: entweder müssen sie sich auf bestimmte Aspekte im Bereich kleiner Verformungen beschränken oder sie bilden die beschriebenen Phänomene nur stark vereinfacht und daher unzureichend ab (Beispiel: Modellierung von Herstellungsvorgängen als „wished-in-place" oder „staged construction").

Üblicherweise wird für bodenmechanische Problemstellungen die sog. Lagrange Formulierung verwendet, bei der der Beobachter (bzw. das Berechnungsnetz) die Bewegung der Materialpartikel, also die Materialverformungen verfolgt. Die Berücksichtigung von inelastischen Materialien und instationären Materialrändern ist dadurch sehr einfach. In der numerischen Umsetzung mittels Lagrange FEM sind zu jeder Zeit die Netzknoten bestimmten Partikeln zugeordnet. Dadurch können große Bodenverformungen jedoch starke Elementverzerrungen hervorrufen, welche die Genauigkeit der Lösung reduzieren und unter Umständen zum Abbruch der Berechnung führen.

Um die Nachteile der traditionellen FEM zu überwinden, wurden in den letzten Jahren vielversprechende Simulationsmethoden aus dem Bereich der Computerphysik an bodenmechanische Probleme angepasst und erfolgreich angewendet. Hierzu zählen Diskrete Elemente Methoden [20, 29] und punktbasierte Methoden [10, 12], aber auch netzbasierte Verfahren wie die Coupled Eulerian-Lagrange (CEL) Methoden [16, 36] und Arbitrary Lagrangian-Eulerian (ALE) Methoden [14, 35, 31, 4, 2, 5]. Einen Überblick über die unterschiedlichen Herangehensweisen liefert [3].

Der vorliegende Beitrag beschäftigt sich mit der Verallgemeinerung der traditionellen Lagrange und Euler Formulierungen in der Kontinuumsmechanik (sog. ALE Formulierung) und ihrer Anwendung in der Bodenmechanik. In Abschnitt 2.2 werden zunächst einige grundlegende kontinuumsmechanische Begriffe und Zusammenhänge eingeführt. Anschließend wird die Modellierung des mechanischen Verhaltens von wassergesättigtem Boden, insbesondere Sand, diskutiert und die allgemeine Lagrange-Euler Darstellung der Gleichungen präsentiert. Abschnitt 2.3 stellt verschiedene Lagrange-Euler FE Methoden vor, und zwar vereinfachte bzw. Simplified ALE (SALE), Multi-Materielle ALE (MMALE) sowie CEL Methoden. Aspekte ihrer numerischen Implementierung werden in Abschnitt 2.4 skizziert. Der Beitrag endet mit Schlussfolgerungen und einem kurzen Ausblick im Abschnitt 2.5.

2.2 Kontinuumsmechanische Modellierung

2.2.1 Kinematik und Bilanzgleichungen

Kontinuumsmechanik unter Berücksichtigung großer Materialverformungen hat einen umfangreichen mathematischen und physikalischen Hintergrund. Die für die ALE Formulierung notwendige Einführung eines unabhängigen Bezugsgebiets erhöht die Komplexität zusätzlich. Hier werden nur einige grundlegende Beziehungen vorgestellt. Ausführliche Darstellungen befinden sich in [1, 2].

Die Bezugskonfiguration eines materiellen Körpers im umgebenden, nicht notwendigerweise Euklidischen Raum $\mathcal{S}$ ist eine Teilmenge $\mathcal{B} \subset \mathcal{S}$. Wir betrachten ausschließlich den Fall, dass $\mathcal{B}$ und $\mathcal{S}$ dieselbe Dimension haben. Materialpartikel in der Bezugskonfiguration werden mit $X \in \mathcal{B}$ und Raumpunkte allgemein mit $x \in \mathcal{S}$ bezeichnet. Die Bewegung des Körpers ist eine differenzierbare Abbildung $\varphi_t : \mathcal{B} \to \mathcal{S}$ parametrisiert durch die Zeit $t \in [0,T]$, mit $\varphi_t(\cdot) = \varphi(\cdot,t)$ bei festem t. Die Momentankonfiguration zum Zeitpunkt t ist daher $\varphi_t(\mathcal{B}) \subset \mathcal{S}$, und $x = \varphi(X,t)$ ist der aktuelle Ort des Partikels X (Abb. 2.2).

Im Rahmen der ALE Formulierung heißt eine weitere Teilmenge $\mathcal{R} \subset \mathcal{S}$ ein Referenzgebiet, falls differenzierbare Abbildungen $\Psi_t : \mathcal{R} \to \mathcal{B}$ und $\Phi_t : \mathcal{R} \to \varphi_t(\mathcal{B})$ für alle $t \in [0,T]$ derart existieren, dass

$$\varphi_t = \Phi_t \circ \Psi_t^{-1} \tag{2.1}$$

gilt. Hierin bezeichnet $\circ$ die Komposition (Verkettung). Die Geschwindigkeiten des Materials und des Referenzgebiets werden jeweils definiert durch $\mathbf{v}_t \stackrel{\text{def}}{=} (\partial \varphi_t / \partial t) \circ \varphi_t^{-1}$ und $\mathbf{w}_t \stackrel{\text{def}}{=} (\partial \Phi_t / \partial t) \circ \Phi_t^{-1}$, und ihre Differenz

$$\mathbf{c} \stackrel{\text{def}}{=} \mathbf{v} - \mathbf{w} \tag{2.2}$$

bezeichnet die Konvektivgeschwindigkeit. Die Konvektivgeschwindigkeit ist die von der aktuellen Konfiguration aus gemessene relative Geschwindigkeit zwischen

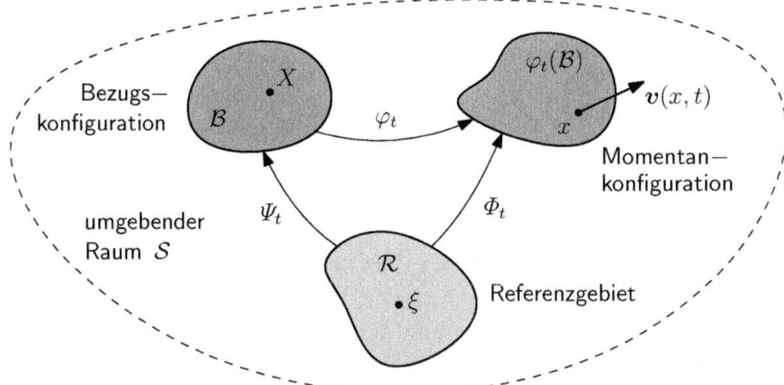

Abb. 2.2: Kontinua und Abbildungen der Lagrange, Euler und ALE Formulierungen: Bezugskonfiguration des Körpers $\mathcal{B}$ und seine Bewegung φ_t im umgebenden Raum $\mathcal{S}$, Referenzgebiet $\mathcal{R}$ und Relativbewegungen Φ_t, Ψ_t.

dem Körper und dem Referenzgebiet. Bei der Lagrange Formulierung ist $\mathbf{c} = \mathbf{0}$, während bei der Euler Formulierung $\mathbf{c} = \mathbf{v}$ gilt. Die ALE Formulierung ist daher eine Verallgemeinerung der klassischen Betrachtungsweisen.

Es seien nun $x \in \varphi_t(\mathcal{B})$ und $\xi \in \mathcal{R}$, und $q(x,t)$ sei ein zeitabhängiges Tensorfeld (Cauchy Spannung, Massendichte, etc.) in räumlicher bzw. Euler Darstellung. Dann liefert die totale Zeitableitung seiner referentiellen Darstellung $\hat{q} \overset{\text{def}}{=} q \circ \Phi$ bzw. $\hat{q}(\xi,t) \overset{\text{def}}{=} q(\Phi(\xi,t),t)$ den fundamentalen ALE Operator

$$\dot{q} = \frac{\partial \hat{q}}{\partial t} \circ \Phi^{-1} + \mathbf{c} \cdot \nabla q \,. \tag{2.3}$$

∇q ist die kovariante Ableitung von q auf dem umgebenden Raum, $\dot{q} = \partial q / \partial t + \mathbf{v} \cdot \nabla q$ ist die materielle Zeitableitung und das Punktprodukt bezeichnet die Überschiebung (Kontraktion) von Tensoren. Somit ergibt sich die herkömmliche materielle Zeitableitung aus einer lokalen Zeitableitung am festen Referenzpunkt und einem konvektiven Term infolge der Relativbewegung zwischen dem Material und dem Referenzgebiet. Die Komposition des ersten Terms auf der rechten Seite von (2.3) mit der Inversen der Abbildung Φ ist erforderlich, weil $\partial \hat{q} / \partial t$ an den Referenzpunkten ξ und nicht an Raumpunkten x definiert ist.

Der Operator (2.3) bildet die grundlegende Beziehung zur Herleitung der ALE Formulierung von Bilanzgleichungen und konstitutiven Gleichungen. Sind beispielsweise

$$\dot{q} = b + \operatorname{div} \mathbf{s} - q \operatorname{div} \mathbf{v} \qquad \text{und} \qquad \frac{\partial q}{\partial t} + \operatorname{div}(q\mathbf{v}) = b + \operatorname{div} \mathbf{s} \tag{2.4}$$

jeweils die Lagrange und Euler Formulierungen derselben allgemeinen Bilanzgleichung für das Feld q (bezogen auf die aktuelle Konfiguration), dann sind

$$\frac{\partial \hat{q}}{\partial t} \circ \boldsymbol{\Phi}^{-1} + \mathbf{c} \cdot \nabla q = b + \operatorname{div} \mathbf{s} - q \operatorname{div} \mathbf{v} \tag{2.5}$$

die konvektive ALE Formulierung und

$$\frac{\partial \hat{q} J_{\Phi}}{\partial t} + J_{\Phi}(\operatorname{div}(q \otimes \mathbf{c})) \circ \boldsymbol{\Phi} = J_{\Phi}(b + \operatorname{div} \mathbf{s}) \circ \boldsymbol{\Phi} \tag{2.6}$$

die konservative ALE Formulierung der Bilanzgleichung. Die Größen $b(x,t)$ und $\mathbf{s}(x,t)$ sind jeweils Quellen pro Einheitsvolumen und Einheitsfläche, div ist der Divergenz-Operator auf dem umgebenden Raum und J_{Φ} ist die Jacobi-Determinante der Abbildung $\boldsymbol{\Phi}$.

Es sei angemerkt, dass im Gegensatz zur Lagrange Formulierung bei der ALE Formulierung - ebenso wie bei der Euler Formulierung - die Massenerhaltung nicht automatisch erfüllt ist, weil ein Materialfluss relativ zum beobachteten Volumenelement stattfindet. Durch diesen konvektiven Anteil, der sich in dem zweiten Term auf der rechten Seite von (2.3) manifestiert, gestaltet sich die numerische Umsetzung deutlich schwieriger und erfordert Verfahren vergleichbar mit denen der Strömungsmechanik.

2.2.2 Modellierung des Bodens

Ein spezifisches bodenmechanisches Anfangsrandwertproblem (ARWP) wird definiert durch ein geeignetes System von Bilanzgleichungen sowie entsprechenden Anfangs-, Rand- und gegebenenfalls Kontaktbedingungen. Für eine eindeutige Lösung müssen darüber hinaus Beziehungen zwischen den abhängigen und den unabhängigen Variablen des Problems angegeben werden, z.B. in Form von Materialmodellen (Stoffgesetzen) oder Evolutionsgleichungen.

Generell handelt es sich bei Boden um ein dreiphasiges Medium, das aus einer Feststoffphase (Korngerüst) und zwei Flüssigkeitsphasen (Wasser und Luft) besteht. Auf der Mikroskala ist Boden ein heterogenes Material, und die realen physikalischen Feldgrößen besitzen eine mikroskopische Verteilung auf den einzelnen Bestandteilen des Gemisches (z.B. Spannung innerhalb und zwischen den einzelnen Bodenkörnern). Üblicherweise ist man in der Bodenmechanik jedoch nicht an der realen Verteilung der Feldgrößen interessiert, sondern an gewissen räumlichen Mittelwerten bezüglich eines „Bodenelements“, d.h. eines repräsentativen Volumenelements (RVE) für den Boden. Es wird also ein fiktives Bodenkontinuum betrachtet, welches ein äquivalentes mechanisches Verhalten auf der Makroskala zeigt.

Das Verhalten des Bodenelements wird aus der Kopplung des Korngerüsts mit den Porenfluiden sowie aus dem Verhalten der einzelnen Phasen abgeleitet. Die drei grundsätzlichen Herangehensweisen für die Modellierung der Kopplung sind die Biot-Theorie [11], die Theorie Poröser Medien [13] und die Mittelungstheorie [21]. Werden für wassergesättigten Boden ausschließlich die Verschiebungen des Korngerüsts $\mathbf{u}$ und der Porendruck p als unabhängige Variablen definiert, so besitzen die zwei grundlegenden Differentialgleichungen des Zweiphasenmodells für den Boden in allen drei Theorien eine vergleichbare Struktur. Das sog. ($\mathbf{u}$-p)-Modell besitzt die Form [21, 39]:

$$\operatorname{div} \boldsymbol{\sigma}' - \nabla p + \rho \mathbf{b} - \rho \ddot{\mathbf{u}} = \mathbf{0}\,, \tag{2.7}$$

$$\frac{\dot{p}}{Q} + \alpha \operatorname{tr} \mathbf{d} - \operatorname{div} \left(\frac{k}{\rho^{\mathrm{f}} g} \left(\nabla p - \rho^{\mathrm{f}} \mathbf{b} + \rho^{\mathrm{f}} \ddot{\mathbf{u}} \right) \right) = 0\,, \tag{2.8}$$

mit $\dot{\mathbf{u}} = \mathbf{v}$. Je nach untersuchtem Problem können auch andere Systeme von Bilanzgleichungen sinnvoll sein.

In den Gleichungen (2.7) und (2.8) sind alle Größen makroskopische Größen. Es bezeichnen $\boldsymbol{\sigma}'$ die effektive Spannung, $\mathbf{d} \overset{\text{def}}{=} \frac{1}{2}(\nabla \dot{\mathbf{u}} + (\nabla \dot{\mathbf{u}})^{\mathrm{T}})$ die Dehnungsrate des Korngerüsts, ρ und ρ^{f} jeweils die Massendichten des Gemisches und des Fluidanteils, k die Durchlassigkeit, und $\mathbf{b}$ ist eine äußere Kraft pro Einheitsmasse des Gemisches. Darüber hinaus berücksichtigt Q die Kompressibilitäten des Fluids und des Kornmaterials, g ist die Erdbeschleunigung und α ist der Biot-Willis Koeffizient; bei inkompressiblen Körnern gilt $\alpha = 1$ [39].

Die benötigten Materialmodelle sind jeweils für die Einzelphasen zu formulieren, wobei das Porenwasser in der Bodenmechanik meistens als ideale Flüssigkeit modelliert wird. Eine wesentliche Komponente zur Beschreibung des mechanischen Verhaltens des Bodens ist daher das Materialmodell für das als Kontinuum beschriebene Korngerüst. Das Verhalten des Korngerüsts zeichnet sich durch eine hohe Komplexität aus, insbesondere bei Sand. Es hängt nicht nur vom aktuellen Spannungs- und Dichtezustand des Sandes ab, sondern auch von dessen Materialgeschichte aufgrund monotoner oder zyklischer Beanspruchung. Unabhängig von der Ausgangslagerungsdichte wird beim monotonen Abscheren ein kritischer Zustand erreicht, ab dem die Spannung und die Dichte auch bei weiterer Scherverformung konstant bleiben. Hinreichend mitteldicht und dicht gelagerte Sande durchlaufen zuvor einen Zustand der Phasentransformation, in dem das Verhalten von kontraktant zu dilatant wechselt.

Modelle vom Raten-Typ für Sand unter Berücksichtigung großer Verformungen lassen sich in der allgemeinen Form

$$\overset{\circ}{\boldsymbol{\sigma}}{}' = \mathbf{f}(\boldsymbol{\sigma}', e, \mathbf{h}, \mathbf{d})\,. \tag{2.9}$$

schreiben. Darin ist $\overset{\circ}{\boldsymbol{\sigma}}'$ eine objektive Rate der effektiven Spannung, e ist die Porenzahl, und $\mathbf{h}$ ist eine (möglicherweise leere) Liste von weiteren Zustands- bzw. Geschichtsvariablen. Spezialisierungen von (2.9) sind die bekannten hypoplastischen Modelle [37, 27] sowie das hypoelasto-plastische CSSA-Modell [22]. Letzteres wird derzeit am Fachgebiet der Autoren im Rahmen eines DFG Projekts (SA 310/27-1 und SA 310/27-2) reformuliert und erweitert [32].

Für das Beispiel der Zaremba-Jaumann Rate $\overset{\circ}{\boldsymbol{\sigma}} \overset{\text{def}}{=} \overset{\circ}{\boldsymbol{\sigma}}^{\text{ZJ}} = \dot{\boldsymbol{\sigma}} + \boldsymbol{\sigma} \cdot \boldsymbol{\omega} - \boldsymbol{\omega} \cdot \boldsymbol{\sigma}$ liefert der Operator (2.3) die folgende ALE Formulierung des Stoffgesetzes (2.9):

$$\frac{\partial(\boldsymbol{\sigma}' \circ \Phi)}{\partial t} \circ \Phi^{-1} + \mathbf{c} \cdot \nabla \boldsymbol{\sigma}' = \mathbf{f}(\boldsymbol{\sigma}', e, \mathbf{h}, \mathbf{d}) - \boldsymbol{\sigma}' \cdot \boldsymbol{\omega} + \boldsymbol{\omega} \cdot \boldsymbol{\sigma}' . \tag{2.10}$$

Der Tensor $\boldsymbol{\omega} \overset{\text{def}}{=} \frac{1}{2}(\nabla \dot{\mathbf{u}} - (\nabla \dot{\mathbf{u}})^{\text{T}})$ heißt Drehgeschwindigkeitstensor.

2.3 Lagrange-Euler Methoden

Als Lagrange-Euler Finite Elemente Methoden werden solche netzbasierten numerischen Simulationswerkzeuge bezeichnet, bei denen sich Teile des Berechnungsnetzes nicht mit dem Material verformen, sondern entweder ortsfest sind (Euler) oder sich unabhängig bewegen können (ALE). Dadurch kann die Qualität des Netzes ohne Änderung der Netztopologie im Zuge der Berechnung weitestgehend aufrechterhalten werden, so dass auch große Materialverformungen abgebildet werden können. Gleichzeitig kann die Bewegung von freien Oberflächen und Kontaktflächen detailliert verfolgt werden. Man unterscheidet Lagrange-Euler Methoden hinsichtlich ihrer Netzdefinition und ihrer Vorgehensweise zur Beschreibung von Materialrändern bzw. Kontaktflächen [8, 25]. Eine schematische Darstellung zeigt Abb. 2.3.

Bei ALE Methoden bildet das Elementnetz ein Referenzgebiet, welches sich grundsätzlich unabhängig vom Material bewegen bzw. verformen kann [18]. Elementverzerrungen können dadurch im Zuge der Berechnung kontinuierlich behoben werden, ohne jedoch die Nachteile eines starren Netzes in Kauf nehmen zu müssen. ALE Methoden vereinen die jeweiligen Stärken der traditionellen Lagrange und Euler Methoden, was sie jedoch erheblich komplexer macht. Beispielsweise müssen eine geeignete Bewegung des Netzes bestimmt und der Materialfluss durch das Netz infolge der Relativbewegung berücksichtigt werden. Hinsichtlich der Vorgehensweise zur Beschreibung von Materialrändern unterscheidet man zwei verschiedene ALE Verfahrensweisen.

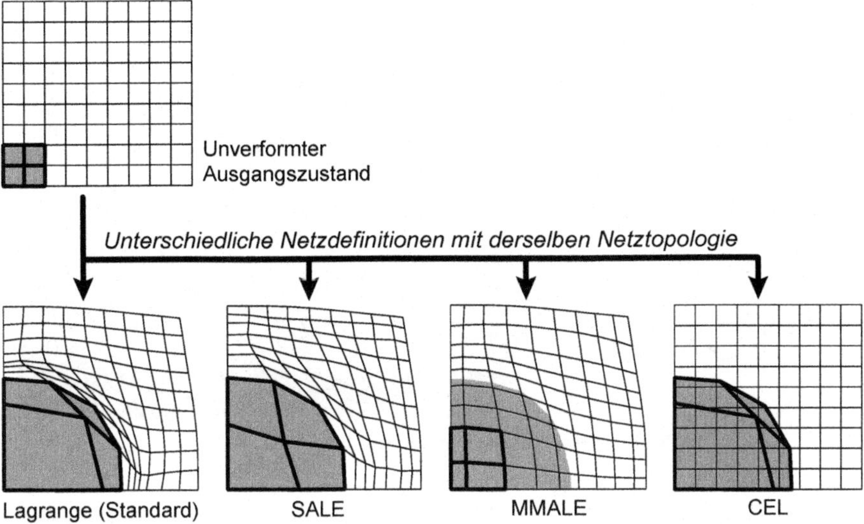

Abb. 2.3: Schematische Darstellung der unterschiedlichen Netzdefinitionen von Lagrange, SALE, MMALE und CEL Methoden. Die Materialzone (grau schraffiert) ist im Ausgangszustand einer Elementgruppe (fett umrandet) zugewiesen.

2.3.1 SALE Methoden

Vereinfachte bzw. Simplified ALE (SALE) Methoden lösen Materialränder explizit durch Elementränder auf. In jedem Element befindet sich zu jedem Zeitpunkt also nur ein Material (Abb. 2.3). Mit SALE Methoden können nur solche Problemstellungen adäquat simuliert werden, bei denen sich die Gestalt der unterschiedlichen Materialzonen im Laufe der Berechnung nicht allzu stark ändert. Anderenfalls treten auch hier starke Elementverzerrungen auf, die eventuell ein Neuvernetzen des Gebiets erforderlich machen.

Während der letzten drei Jahrzehnte sind die SALE Methoden zu einem leistungsfähigen Werkzeug für Problemstellungen mit großen Materialverformungen entwickelt worden. In jüngster Zeit werden SALE Methoden auch in der Geotechnik z.B. für die Untersuchung von Penetrationsprozessen [35] und Dämmen unter seismischer Erregung [14] eingesetzt. In den genannten Beiträgen werden jedoch vergleichsweise einfache Materialmodelle einbezogen, um das nichtlineare mechanische Verhalten des Bodens abzubilden. Am Fachgebiet der Autoren wurde eine SALE Methode entwickelt und mit dem leistungsfähigen hypoplastischen Modell nach [37, 27] kombiniert, um die Eindringung von Pfählen und Fundamenten in Sand numerisch zu untersuchen [31, 4, 2, 5]. Einige Ergebnisse dieser Untersuchungen sind in Abb. 2.4 und Abb. 2.5 dargestellt.

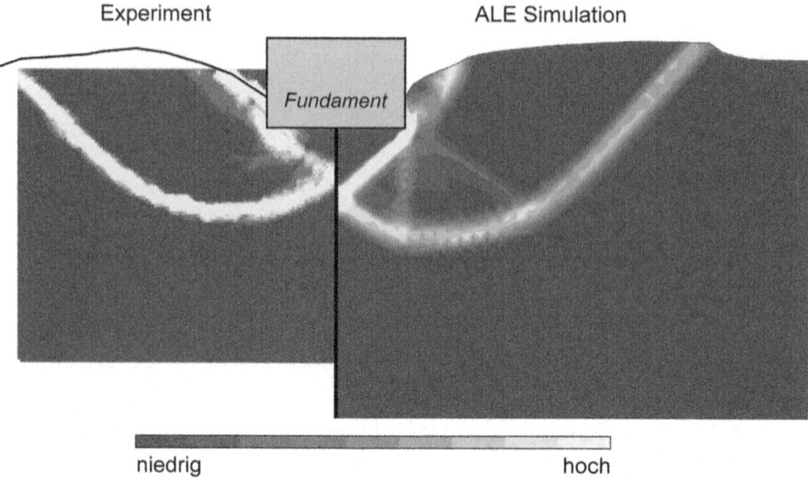

Abb. 2.4: Verteilung der maximalen Scherdehnungsrate in einem anfangs dicht gelagerten Sand ($I_{D0} = 0.78$) unter einem Streifenfundament bei einer bezogenen Eindringtiefe $z/B = 0.31$. Bildauswertung eines Modellversuchs (links) und ALE Simulation des Modellversuchs (rechts).

Abb. 2.4 links zeigt Ergebnisse der Bildauswertung eines im Glaskasten durchgeführten Modellversuchs mit einem kleinmaßstäblichen Streifenfundament ($B = 15\,\text{cm}$). Das Fundamentmodell lagert im Ausgangszustand ohne Einbettung auf der horizontalen Bodenoberfläche und wird dann in den anfangs dicht gelagerten ($I_{D0} = 0.78$), trockenen und gewaschenen Grobsand eingedrückt. Die bezogene Penetrationstiefe im dargestellten Zustand beträgt $z/B = 0.31$. Aus der in Abb. 2.4 links gezeigten Verteilung der maximalen Scherdehnungsrate lassen sich die typischen Scherfugen im Bruchzustand deutlich erkennen. In Abb. 2.4 rechts sind die Ergebnisse der Nachrechnung desselben Modellversuchs mit der SALE Methode dargestellt. Für die Nachrechnung wurden die hypoplastischen Materialkonstanten des verwendeten Sandes nach Angaben aus der Literatur abgeschätzt. Wie bei den Ergebnissen des Modellversuchs lassen sich die Bruchfugen deutlich erkennen. Ebenso gut stimmen die Hebungen der Geländeoberfläche überein.

Ergebnisse der SALE Simulation einer quasi-statischen Pfahleindringung in Sand zeigt Abb. 2.5. Der Pfahl mit Durchmesser D wird als starr und glatt modelliert und die Porenzahl des Sandes im Anfangszustand beträgt $e_0 = 0.678$ ($I_{D0} = 0.34$). Die Anfangskonfiguration besitzt eine sehr einfache Geometrie, weil die Penetration an der Geländeoberfläche beginnt. Wie im vorangegangenen Beispiel sind der Eindringkörper und die Bodenoberfläche im FE Modell mit Kontaktelementen überzogen. Das axialsymmetrische Modell besitzt ca. 65000 Freiheitsgrade. Aus Abb. 2.5 ist ersichtlich, dass während der Pfahleindringung der anfangs locker gelagerte Sand entlang des Pfahlschaftes weiter auflockert, während er sich unterhalb des Pfahlfu-

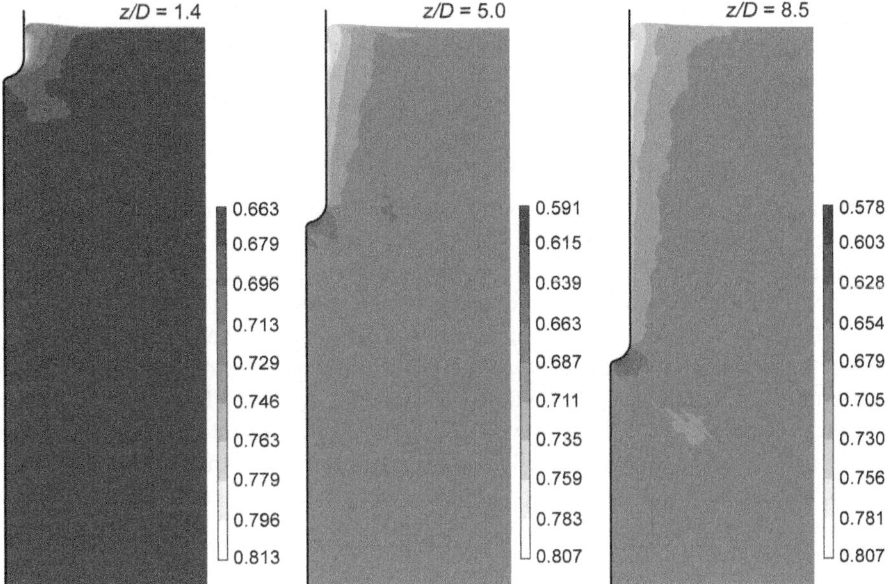

Abb. 2.5: ALE Simulation der quasi-statischen Penetration eines starren glatten Pfahls in anfangs locker gelagerten Sand ($e_0 = 0.678$, $I_{D0} = 0.34$). Verteilung der Porenzahl bei verschiedenen bezogenen Eindringtiefen z/D.

ßes verdichtet. Im Endzustand ist das Volumen der Aufwölbungen an der Bodenoberfläche etwas kleiner als das des eingedrungenen Pfahls, was insgesamt auf eine Verdichtung des Bodens in der Umgebung des Pfahls schließen lässt.

Die Anwendungsbeispiele verdeutlichen die Leistungsfähigkeit der SALE Methode gegenüber herkömmlichen Lagrange Methoden bei der Simulation großer Bodendeformationen. Bei stumpfer Pfahlspitze oder noch größeren Eindringtiefen stößt jedoch auch diese an ihre Grenzen, weil aufgrund der vereinfachten Berücksichtigung von Materialrändern starke Elementverzerrungen nicht ausgeschlossen werden können. In solchen Fällen sind MMALE und CEL Methoden erfolgversprechender.

2.3.2 MMALE Methoden

Bei Multi-Materiellen ALE (MMALE) Methoden können sich im Gegensatz zu SALE Methoden die Materialränder durch das Netz hindurch bewegen. Dadurch können sog. multi-materielle Elemente auftreten, die zwei oder mehr Materialien sowie deren Kontaktflächen (Interfaces) enthalten [24, 30, 15]; siehe auch Abb. 2.3. Während sich das Netz bei MMALE Methoden unabhängig bewegen kann, verwenden (multi-materielle) Euler Methoden ein ortsfestes Netz [38, 26, 9]; sie bilden daher einen Spezialfall der MMALE Methoden. Leerer Raum wird ebenfalls als Material aufgefasst.

MMALE und Euler Methoden wurden ursprünglich zur Lösung von kurzzeit-dynamischen physikalischen Problemstellungen entwickelt, bei denen sehr große Dehnungsraten auftreten und neue Oberflächen entstehen. Hingegen wird mit der Entwicklung und Anwendung einer MMALE Finite Elemente Methode für wassergesättigten Sand im Bereich niedriger und mittlerer Anregungsgeschwindigkeiten in einem vom ersten Autor geleiteten Forschungsprojekt der DFG Forschergruppe FOR 1136 GeoTech auf nationaler und internationaler Ebene völliges Neuland betreten. Die Ziele des Teilprojekts 5 dieser Forschergruppe sind die MMALE Modellierung der Herstellung von Rüttelinjektionspfählen (RI-Pfählen) in wassergesättigtem Sand und die Validierung der Rechenmodelle anhand von eigens durchgeführten kleinmaßstäblichen Modellversuchen. Die Rechenmethode und die Modellversuche bauen auf den Erfahrungen der Autoren im Zusammenhang mit der SALE Methode auf (siehe vorangegangener Abschnitt) und werden in [6, 7] ausführlich beschrieben.

Die besonderen Herausforderungen bei MMALE Methoden ergeben sich aus der Behandlung der multi-materiellen Elemente und der Bereitstellung eines diskreten Interface-Modells. Weil die Interfaces i.A. nicht mit Elementrändern übereinstimmen, müssen sie im Zuge der Berechnung entweder direkt verfolgt oder auf der Grundlage vorhandener Informationen rekonstruiert werden. Zu den bekanntesten Verfahren zählen Level-Set [34] und Volume-of-Fluid [17, 38] Methoden. Letztere verfolgen die partiellen Materialvolumina jedes Elements und sind daher massenerhaltend (konservativ).

Die Beziehungen zwischen den Zuständen der Einzelmaterialien in multi-materiellen Elementen und den makroskopischen Variablen auf der Elementebene werden mit Ansätzen aus der Mischungstheorie formuliert, die auch bei der Beschreibung von Mehrphasenströmungen und porösen Medien zur Anwendung kommen. In der speziellen, von den Autoren entwickelten MMALE Methode enthält jedes Element grundsätzlich ein Gemisch bestehend aus einem fluidgesättigten porösen Material (P: porous material), einem reinen Feststoff (S: bulk solid) und einem reinen Fluid (F: bulk fluid), wobei die jeweiligen Volumenfraktionen $f^k = V^k/V_{\mathrm{elem}}$ zwischen Null und Eins liegen, mit $k \in \{\mathrm{P},\mathrm{S},\mathrm{F}\}$. Das poröse Material ist wiederum ein Gemisch aus einer Feststoffphase (s: solid phase) und einer Fluidphase (f: fluid phase). Die totale Spannung in einem Element berechnet sich dann aus [6]

$$\boldsymbol{\sigma} = \sum_k f^k \boldsymbol{\sigma}^k = f^{\mathrm{P}}(\boldsymbol{\sigma}^{\mathrm{P}'} - p^{\mathrm{f}}\mathbf{I}) + f^{\mathrm{S}}\boldsymbol{\sigma}^{\mathrm{S}} + f^{\mathrm{F}}\boldsymbol{\sigma}^{\mathrm{F}} , \qquad (2.11)$$

wobei $\boldsymbol{\sigma}^k$ die totale Spannung im Material $k \in \{\mathrm{P},\mathrm{S},\mathrm{F}\}$ und $\boldsymbol{\sigma}^{\mathrm{P}'} = \boldsymbol{\sigma}^{\mathrm{P}} + p^{\mathrm{f}}\mathbf{I}$ die effektive Spannung im porösen Material darstellen.

2.3.3 CEL Methoden

Im Gegensatz zu ALE Methoden werden bei den Gekoppelten Euler-Lagrange (engl.: Coupled Eulerian-Lagrange, kurz: CEL) Methoden überlappende aber sonst unabhängige Lagrange und Euler Netze verknüpft (Abb. 2.3). Sie wurden bereits in den 1960er Jahren entwickelt [28]. Das Lagrange Netz diskretisiert üblicherweise die Struktur und verformt sich mit dieser, während das raumfeste Euler Netz diejenigen Gebiete abdeckt, in denen große Materialverformungen auftreten. Der Rand des Lagrange Netzes definiert die Kontaktfläche, über die das Lagrange Netz und das Euler Netz gekoppelt werden. Typische Kopplungsmodelle verwenden die Geschwindigkeit auf dem Rand des Lagrange Netzes als kinematische Zwangsbedingung für das Euler Netz, und die Spannung in den Euler Elementen als Kraftrandbedingung für das Lagrange Netz [8].

Das kommerzielle FE Programmsystem ABAQUS stellt eine CEL Methode zur Verfügung, die auch tangentialen Kontakt mit Reibung berücksichtigen kann. Erste Anwendungen in der Bodenmechanik liegen vor und bringen das große Potential dieser Methode zum Ausdruck. Henke und Qiu [16] sowie Tho et al. [36] setzen CEL für die numerische Simulation der Eindringung der Spudcan-Füße von Offshore Jack-Up Plattformen ein. In beiden Arbeiten wird der Eindringvorgang nicht nur in homogenem Boden, sondern auch in geschichtetem Boden numerisch simuliert, bei dem eine Sandschicht oder eine steife bindige Bodenschicht auf einer mächtigen Weichschicht lagert. Eine solche Baugrundsituation kann zu einem Durchstanzversagen des Spudcans führen.

Abb. 2.6 zeigt die in [16] verwendeten CEL Finite Elemente Modelle. Die als void gekennzeichnete Zone ist im Modell erforderlich, weil Euler Netze ebenso wie MMALE Netze den gesamten Raum abdecken müssen, der im Zuge der Simulation von Material eingenommen werden könnte. In den CEL Modellen wird der Boden mit Euler Elementen und der Spudcan mit Lagrange Elementen modelliert. Das Euler Netz bleibt ortsfest und das Lagrange Netz bewegt sich mit dem Spudcan. Während der Eindringung wird der Boden verdrängt und strömt durch das Euler Netz.

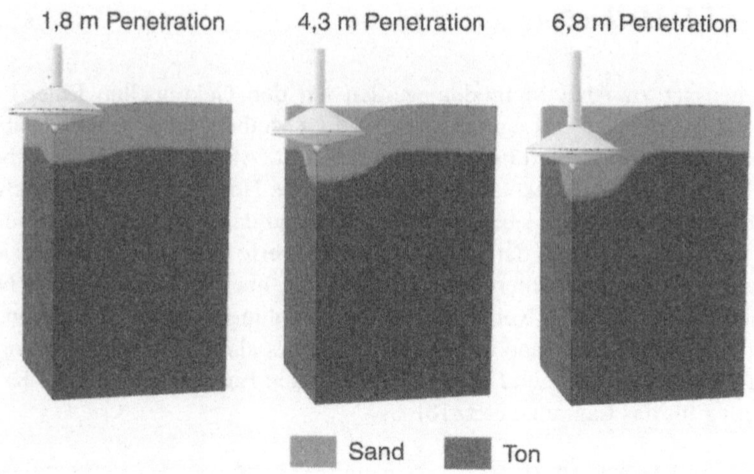

Abb. 2.6: Eindringvorgang eines Spudcans in geschichteten Boden (dicht gelagerter Sand über mächtiger Tonschicht). Ergebnisse einer CEL Simulation [16]

2.4 Numerische Implementierung

Die im letzten Abschnitt beschriebenen Simulationsmethoden verwenden für ihre numerische Implementierung meistens eine Lagrange-plus-Remap oder Operator-Split Strategie [8]. Für ALE Methoden kann diese konzeptionell als Aufspaltung des Operators (2.3) geschrieben werden:

$$\dot{q} = y(\ldots) \qquad \text{und} \qquad \frac{\partial \hat{q}}{\partial t} \circ \boldsymbol{\Phi}^{-1} + \mathbf{c} \cdot \boldsymbol{\nabla} q = 0 \,. \tag{2.12}$$

Die Größe q repräsentiert hierbei alle Variablen der Lösung, deren zeitliche Entwicklung durch eine Evolutionsgleichung $y(\ldots)$ angegeben werden kann. Generell können durch einen Operator-Split einfachere und robustere Algorithmen verwendet werden als für das monolithische Problem. Bei der Lagrange-plus-Remap Strategie besteht die inkrementelle Lösung in der Zeit aus insgesamt drei Schritten.

Im ersten Schritt, dem Lagrange Schritt, wird Gl. $(2.12)_1$ auf herkömmliche Weise mit den für Festkörper gängigen Methoden gelöst. Ein wesentlicher Aspekt ist dabei die Gewährleistung der Objektivität des Integrationsalgorithmus für das Materialmodell (2.9). Man spricht in diesem Zusammenhang auch von inkrementeller Objektivität [19] und meint damit, dass bei finiten Starrkörperrotationen die Integration der betrachteten Variablen über einen Zeitschritt exakt sein muss. Für mitrotierende Raten, die in den meisten Codes implementiert sind und zu denen auch die Zaremba-Jaumann Rate gehört, sind inkrementell-objektive Integrationsalgorithmen verfügbar, deren Kerne sich nicht von den herkömmlichen Algorithmen für infinitesimale Verformungen unterscheiden [2].

Nach dem Lagrange Schritt erfolgt der Remap, bei dem die Variablen der Lösung auf ein neues Netz abgebildet werden. Zunächst werden in einem zweiten Schritt die nach dem Lagrange Schritt aufgetretenen Elementverzerrungen reduziert, indem das Netz bei unveränderter Topologie entweder geglättet (ALE) oder in seinen ursprünglichen Zustand zurückgesetzt wird (Euler). In den von der Arbeitsgruppe der Autoren entwickelten SALE und MMALE Methoden (s. Abschnitte 2.3.1 und 2.3.2) wird die Netzqualität über beliebig geformte ebene Gebiete iterativ mit Hilfe eines optimierungsbasierten Glättungsalgorithmus aufrecht erhalten. Die zu minimierende Zielfunktion wird darin lokal definiert durch

$$W(\mathbf{x}) \stackrel{\text{def}}{=} \sum_{n_{\text{el}}} w(\mathbf{x}), \qquad \text{mit} \quad w(\mathbf{x}) \stackrel{\text{def}}{=} \frac{R(\mathbf{x})}{R_{\text{ref}}} \left(\frac{R(\mathbf{x})}{r(\mathbf{x})} \right)^3 . \tag{2.13}$$

r und R sind jeweils die Radien des In- und Umkreises eines Dreieckselements, $R_{\text{ref}} = 1.0$ ist ein Referenzradius und n_{el} ist die Anzahl der Elemente in dem Ball bzw. Patch $\mathcal{P}(\mathbf{x}) = \bigcup_{n_{\text{el}}} \Omega(\mathbf{x})$ von Elementen Ω mit gemeinsamen inneren Knoten $\mathbf{x}$. Im Gegensatz dazu werden Randknoten so verschoben, dass sie im gleichen Abstand zu ihren direkten Nachbarn liegen.

Im dritten Lösungsschritt der Lagrange-plus-Remap Strategie werden schließlich die Lösungsvariablen auf das modifizierte Netz übertragen. Bei ALE Methoden wird hierbei die Transportgleichung $(2.12)_2$ mit Hilfe von Algorithmen aus der numerischen Strömungsmechnik gelöst. Um sicher zu stellen, dass das Integral von Erhaltungsgrößen (z.B. Massendichte) während des Transportschritts tatsächlich konstant ist, wird häufig die konservative Integralform von $(2.12)_2$,

$$\frac{\mathrm{d}}{\mathrm{d}t} \int_{\mathcal{V}} q \,\mathrm{d}v + \int_{\partial \mathcal{V}} q \mathbf{c} \cdot \mathbf{n} \,\mathrm{d}a = 0 \, , \tag{2.14}$$

mit Hilfe einer Finite Volumen Methode gelöst. Der erste Term in (2.14) berücksichtigt die Zeitabhängigkeit des Kontrollvolumens $\mathcal{V} = \Phi_t(\mathcal{W})$, mit $\mathcal{W} \subset \mathcal{R}$, während der zweite Term den konvektiven Fluss der Variablen q über den Rand des Kontrollvolumens zum Ausdruck bringt.

2.5 Schlussfolgerungen und Ausblick

Moderne kontinuumsmechanische Betrachtungsweisen und numerische Simulationsverfahren, zu denen auch die in diesem Beitrag vorgestellten Lagrange-Euler Methoden zählen, haben das Potential zu einem tieferen Verständnis von komplexen bodenmechanischen Vorgängen und deren Auswirkungen beizutragen. Sie eröffnen die Möglichkeit Prozesse und Zustandsänderungen im Boden, die bisher im Verborgenen lagen oder nur schwer quantifizierbar waren, rechnerisch zugänglich zu machen.

Derzeit gibt es keine Methode, mit der sämtliche Phänomene im Zusammenhang mit großen Bodendeformationen zufriedenstellend numerisch simuliert werden können. Jede hat ihre Stärken und Schwächen und für alle besteht weiterhin ein großer Forschungsbedarf, insbesondere auf den Gebieten der Bodenmechanik. Jede Simulationsmethode ist auch nur so gut wie die ihr zugrunde liegenden mathematisch-physikalischen Modelle. Daher erfordert die Entwicklung von Simulationsmethoden und deren Anwendung auf bodenmechanische und geotechnische Problemstellungen gleichermaßen die Weiterentwicklung von Modellen für das mechanische Verhalten des Bodens. Auch hier sind viele Fragen bislang gar nicht oder nur unbefriedigend beantwortet. Die Bodenmechaniker stehen also vor einer Vielzahl neuer und wichtiger Herausforderungen.

Danksagung Die Forschungsarbeiten wurden gefördert durch die Deutsche Forschungsgemeinschaft (DFG Sachbeihilfen SA 310/21-1, SA 310/21-2 und SA 310/26-1), unter anderem im Rahmen der DFG Forschergruppe FOR 1136. Hierfür sei an dieser Stelle herzlich gedankt.

Literaturverzeichnis

1. Aubram D (2009) Differential Geometry Applied to Continuum Mechanics. Shaker Verlag, Aachen (Veröffentlichungen des Grundbauinstitutes der Technischen Universität Berlin 44). http://opus.kobv.de/tuberlin/volltexte/2009/2270/
2. Aubram D (2013) An Arbitrary Lagrangian-Eulerian Method for Penetration into Sand at Finite Deformation. Shaker Verlag, Aachen (Veröffentlichungen des Grundbauinstitutes der Technischen Universität Berlin 62). http://opus4.kobv.de/opus4-tuberlin/frontdoor/index/index/docId/4755
3. Aubram D (2014) Über die Berücksichtigung groSSer Bodendeformationen in numerischen Modellen. In: Ohde-Kolloquium 2014, Dresden http://nbn-resolving.de/urn:nbn:de:bsz:14-qucosa-139883
4. Aubram D, Rackwitz F, Savidis S A (2010) An ALE Finite Element Method for Cohesionless Soil at Large Strains: Computational Aspects and Applications. In: Benz T, Nordal S (eds) Proc 7th Eur Conf Numer Meth Geotech Eng (NUMGE 2010), Taylor & Francis, London
5. Aubram D, Rackwitz F, Wriggers P, Savidis S A (2015) An ALE Method for Penetration into Sand Utilizing Optimization-Based Mesh Motion. Comput Geotech 65:241-249. doi: 10.1016/j.compgeo.2014.12.012
6. Aubram D, Rackwitz F, Savidis S A (2015) Vibro-Injection Pile Installation in Sand: 1. Interpretation as Multi-Material Flow. In: Proc Workshops DFG Research Unit FOR 1136 GeoTech (Tagungsband in Vorbereitung)
7. Savidis S A, Aubram D, Rackwitz F (2015) Vibro-Injection Pile Installation in Sand: 2. Numerical and Experimental Investigation. In: Proc Workshops DFG Research Unit FOR 1136 GeoTech (Tagungsband in Vorbereitung)
8. Benson D J (1992) Computational Methods in Lagrangian and Eulerian Hydrocodes. Comp Methods Appl Mech Eng 99:235–394
9. Benson D J (1995) A Multi-Material Eulerian Formulation for the Efficient Solution of Impact and Penetration Problems. Comp Mech 15:558–571
10. Beuth L (2012) Formulation and Application of a Quasi-Static Material Point Method. Dissertation, Fakultät für Bau- und Umweltingenieurwissenschaften, Universität Stuttgart

11. Biot M A (1941) General Theory of Three-Dimensional Consolidation. J Appl Phys 12:155–164
12. Bui H H, Fukagawa R, Sako K, Wells J C (2011) Slope Stability Analysis and Discontinuous Slope Failure Simulation by Elasto-Plastic Smoothed Particle Hydrodynamics (SPH). Géotechnique 61:565–574
13. de Boer R (2000) Theory of Porous Media. Springer, Berlin
14. Di Y, Yang J, Sato T (2007) An Operator-Split ALE Model for Large Deformation Analysis of Geomaterials. Int J Numer Anal Methods Geomech 31:1375–1399
15. Freßmann D, Wriggers P (2007) Advection Approaches for Single- and Multi-Material Arbitrary Lagrangian-Eulerian Finite Element Procedures. Comp Mech 39:153–190
16. Henke S, Qiu G (2010) Zum Absetzvorgang von Offshore-Hubplattformen. Geotechnik 33:284–292
17. Hirt C W, Nichols B D (1981) Volume of Fluid (VOF) Method for the Dynamics of Free Boundaries. J Comp Phys 39:201–225
18. Hirt C W, Amsden A A, Cook J L (1974) An Arbitrary Lagrangian-Eulerian Computing Method for all Flow Speeds. J Comp Phys 14:227–253
19. Hughes T J R, Winget J (1980) Finite Rotation Effects in Numerical Integration of Rate Constitutive Equations Arising in Large-Deformation Analysis. Int J Numer Meth Eng 15:1862–1867
20. Jiang M J, Yu H-S, Harris D (2006) Discrete Element Modelling of Deep Penetration in Granular Soils. Int J Numer Anal Methods Geomech 30:335–361
21. Lewis R W, Schrefler B A (1998) The Finite Element Method in the Static and Dynamic Deformation and Consolidation of Porous Media, 2nd ed. John Wiley & Sons, Chichester
22. Li X S (2002) A Sand Model with State-Dependent Dilatancy. Géotechnique 52:173–186
23. Locat J, Lee H J (2002) Submarine Landslides: Advances and Challenges. Can Geotech J 39:193–212
24. Luttwak G, Rabie R L (1985) The Multi Material Arbitrary Lagrangian Eulerian Code MMALE and Its Application to Some Problems of Penetration and Impact. Report LA-UR-85-2311, Los Alamos National Laboratory
25. Mair H U (1999) Review: Hydrocodes for Structural Response to Underwater Explosions. Shock Vib 6:81–96
26. J. M. McGlaun and S. L. Thompson and M. G. Elrick (1990) CTH: A Three-Dimensional Shock Wave Physics Code. Int J Impact Eng 10:351–360
27. Niemunis A, Herle I (1997) Hypoplastic Model for Cohesionless Soils with Elastic Strain Range. Mech Cohes Frict Mat 2:279–299
28. Noh W F (1964) CEL: A Time-Dependent, Two-Space-Dimensional, Coupled Eulerian-Lagrange Code. In: Methods in Computational Physics, Academic Press, London
29. Obermayr M, Vrettos Ch (2014) Anwendung der Diskrete-Elemente-Methode zur Vorhersage von Kräften bei der Bodenbearbeitung. Geotechnik 36:231–242
30. Peery J S, Carroll D E (2000) Multi-Material ALE Methods in Unstructured Grids. Comp Methods Appl Mech Eng 187:591–619
31. Savidis S A, Aubram D, Rackwitz F (2008) Arbitrary Lagrangian-Eulerian Finite Element Formulation for Geotechnical Construction Processes. J Theor Appl Mech 38:165–194
32. Savidis S A, Carow C, Aubram D (2014) Zur Modellierung der Verflüssigung von Sandböden. In: Kudla W (ed) Beiträge 2. Kolloqium Bodenverflüssigung bei Kippen des Lausitzer Braunkohlebergbaus, Freiberg
33. Seed H B, Lee K L et al (1975) The Slides in the San Fernando Dams During the Earthquake of February 9, 1971. J Geotech Eng Div 101:651–688
34. Sethian J A (1996) Level Set Methods: Evolving Interfaces in Geometry, Fluid Mechanics, Computer Vision and Material Science. Cambridge University Press, 1996
35. Sheng D, Nazem M, Carter J P (2009) Some Computational Aspects for Solving Deep Penetration Problems in Geomechanics. Comput Mech 44:549–561
36. Tho K K, Leung C F, Chow Y K, Swaddiwudhipong S (2012) Eulerian Finite-Element Technique for Analysis of Jack-Up Spudcan Penetration. Int J Geomech 12:64–73

37. von Wolffersdorff P-A (1996) A Hypoplastic Relation for Granular Materials with a Predefined Limit State Surface. Mech Cohes Frict Mat 1:251–271
38. Youngs D L (1982) Time-Dependent Multi-Material Flow with Large Fluid Distortion. In: Morton K W, Baines M J (eds) Numerical Methods for Fluid Dynamics, Academic Press, London
39. Zienkiewicz O C, Chan A H C et al (1999) Computational Geomechanics with Special Reference to Earthquake Engineering. John Wiley & Sons, Chichester

Kapitel 3
New findings regarding the behaviour of soils under cyclic loading

Torsten Wichtmann

Abstract The results from three series of cyclic triaxial tests with strong implications on the practical application of the high-cycle accumulation (HCA) model of Niemunis et al. [13] are discussed. Tests with packages of cycles successively applied at different average stresses show that the memory of a cyclic preloading that is built up during the cycles can be partly or fully erased by a subsequent monotonic loading. In the present case the variation of the average stress between the packages of cycles represents such monotonic loading. The second test series with multiple changes of the polarization between succeeding packages of cycles reveals that the influence of such changes, that is described by the factor f_π in the HCA model, is probably less pronounced than previously thought. A significant acceleration of strain accumulation was observed due to the first change of the polarization only, while the effect of the subsequent variations of the polarization were rather moderate. The third test series with a comparison of samples prepared by either air pluviation or moist tamping demonstrates the important influence of the initial fabric of the sand, i.e. the sample preparation method in the laboratory, on the cumulative strains and thus on various components of the HCA model.

3.1 Introduction

The high-cycle accumulation (HCA) model of Niemunis et al. [13] can be used to predict permanent deformations in sand due to a cyclic loading with many cycles ($N \geq 10^3$) of small to intermediate strain amplitudes ($\varepsilon^{\rm ampl} \leq 10^{-3}$). Such high-cyclic loading may be caused by traffic (e.g. high-speed railways, magnetic levitation trains), wind and wave action (e.g. onshore and offshore wind power plants), machine foundations (e.g. gas turbines) or repeated filling and emptying processes

Dr.-Ing. Torsten Wichtmann
Institute of Soil Mechanics and Rock Mechanics, Karlsruhe Institute of Technology, Engler-Bunte-Ring 14, 76131 Karlsruhe, E-mail: torsten.wichtmann@kit.edu

(e.g. tanks, silos, watergates). In contrast to conventional constitutive models, the HCA model only predicts the cumulative trends of strain or stress. In that way also large numbers of cycles can be treated with limited effort. For a detailed description of the HCA model equations it is referred to [13]. The calibration is discussed in detail in [29, 28, 34]. Recent applications of the HCA model are described e.g. in [5, 36, 25, 26, 40, 41, 39].

3.2 Erasure of the memory of cyclic preloading history

The series of tests presented in this section have originally been performed in order to check if the HCA model parameters can be calibrated from multi-stage tests, i.e. tests with a subsequent application of packages of cycles at various average stresses and with different stress amplitudes. Such multi-stage tests were thought to have the potential to significantly reduce the experimental effort necessary for the calibration of a full set of HCA model parameters. However, as demonstrated in the following the test results revealed an effect not captured by the HCA model yet. A natural fine sand taken near-shore in Cuxhaven, Germany (d_{50} = 0.10 mm, C_u = 1.6) has been used in these tests. The HCA model parameters calibrated from 15 single-stage drained cyclic triaxial tests with different amplitudes, densities and average stresses were already available [40, 41]. In all four multi-stage tests presented herein the samples were medium dense ($0.62 \leq I_{D0} \leq 0.65$ with relative density $I_{D0} = (e_{\max} - e_0)/(e_{\max} - e_{\min})$) and prepared by air pluviation.

Figure 3.1a shows the development of accumulated strain ε^{acc} (total strain is defined as $\varepsilon = \sqrt{(\varepsilon_1)^2 + 2(\varepsilon_3)^2}$) with increasing number of cycles N in a test similar to those already presented in [35, 31], i.e. with cycles applied at a constant average stress (p^{av} = 200 kPa, $\eta^{\text{av}} = q^{\text{av}}/p^{\text{av}}$ = 0.75). The four packages with 25,000 cycles each and stress amplitudes q^{ampl} = 20, 40, 60 and 80 kPa were applied in ascending order. The measured development of residual strain with N (Figure 3.1a) agrees well with similar test series in the literature [18, 6, 35, 31]. $\varepsilon^{\text{acc}}(N)$ data stemming from a recalculation of this test using the HCA model with the parameters calibrated from the 15 single-stage tests are shown as black solid curve in Figure 3.1a. Due to its preloading variable g^A, which weights the number of cycles previously applied with their strain amplitude, the HCA model is able to reproduce the measured curve $\varepsilon^{\text{acc}}(N)$ satisfactorily (see also [35, 31]).

A second test (Figure 3.1b) has been conducted with three packages of cycles successively applied at different average mean pressures p^{av} = 100, 200 and 300 kPa. These pressures were tested in ascending direction. The average stress ratio η^{av} = 0.75 and the amplitude-pressure ratio $q^{\text{ampl}}/p^{\text{av}}$ = 0.3 were the same for all three packages. Figure 3.1b reveals that the rates of strain accumulation measured in the second and third package of cycles were much larger than those predicted by the HCA model (black solid curve in Figure 3.1b). Since the accumulation curves

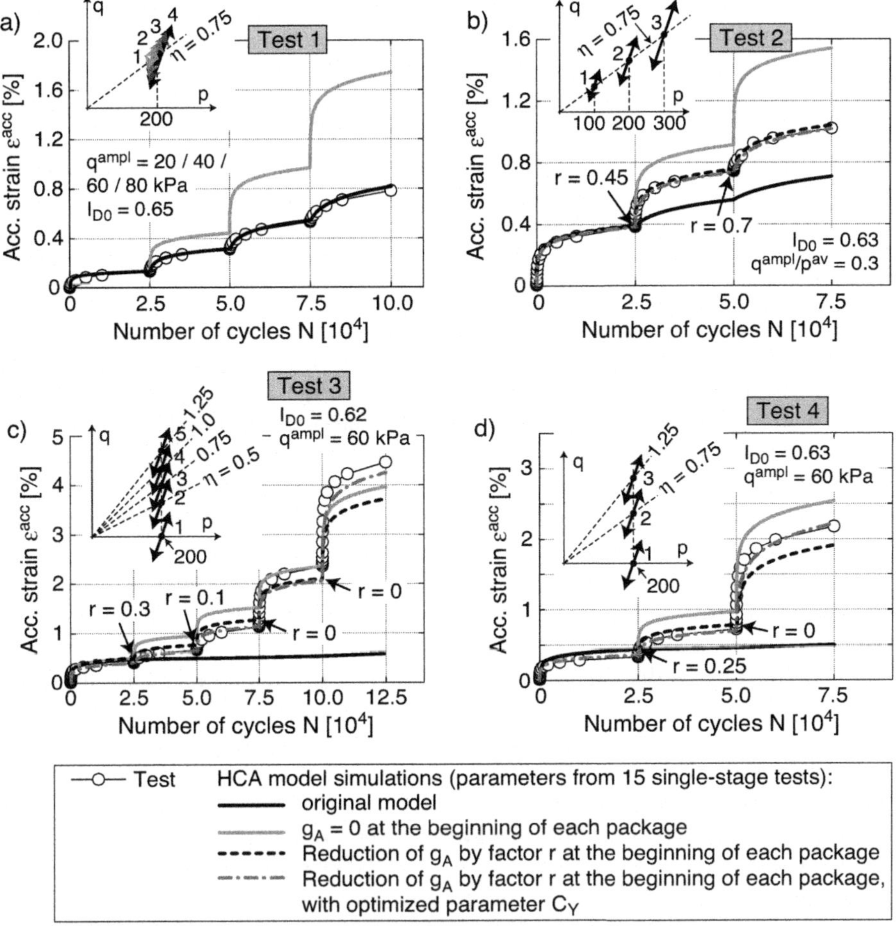

Fig. 3.1: Accumulation curves $\varepsilon^{acc}(N)$ measured in the multi-stage tests. Recalculations with the HCA model with different assumptions for g^A at the beginning of the packages.

$\varepsilon^{acc}(N)$ measured in single-stage cyclic tests at p^{av} = 200 or 300 kPa can be sufficiently well reproduced by the HCA model with the same set of parameters, the differences between the experiment and the model prediction obvious in Figure 3.1b are probably due to an effect not captured by the HCA model yet.

The drained cyclic loading leads to subtile changes in the orientation of the grains or grain contacts, usually rendering the sand fabric more stable to the subsequent cycles, i.e. leading to a reduction of the strain accumulation rate $\dot{\varepsilon}^{acc}$ with increasing number of cycles. In the HCA model this is phenomenologically captured by the preloading variable g^A. In the laboratory tests presented in Figure 3.1b-d the change of the average stress between two succeeding packages of cycles represents a monotonic loading. It is likely that re-orientations of the grains caused by this monotonic loading erase some parts or the whole memory of the preceding cyclic loading. After sufficiently large monotonic strains the cumulative behaviour of the sand sample is probably similar to that of a freshly pluviated specimen, because the cyclic preloading history has been completely forgotten. In the context of the HCA model this means that the preloading variable g^A can be reduced or even completely erased (to $g^A = 0$) by a monotonic loading. This effect has not been considered in calculations with the HCA model so far, i.e. the preloading variable g^A has been assumed to continuously increase only.

The black dashed curve in Figure 3.1b demonstrates that the strain accumulation rates measured in the second package of the laboratory test can be reproduced by the HCA model if the g^A value cumulated until the end of the first package (i.e. existing at $N = 25{,}000$) is reduced by a factor $r = 0.45$ prior to the calculation of the second package. That means that the calculation of the second package starts from a g_0^A value that amounts only 45 % of the value present at the end of the first package. A reduction factor $r = 0.7$ with respect to the cumulated g^A value at the end of the second package is necessary to follow the measured curve in the third package. From the gray solid curve in Figure 3.1b it becomes obvious that a simulation with the HCA model assuming $g_0^A = 0$ at the start of each package predicts too large residual strains. This reveals that the memory of cyclic preloading has not been fully erased by the monotonic loading between the packages of cycles.

In the third and fourth test of this series (Figure 3.1c,d) the effect of memory loss due to monotonic loading is even stronger. In test No. 3 five packages with 25,000 cycles each were applied at different average stress ratios $\eta^{\text{av}} = 0, 0.5, 0.75, 1.0$ and 1.25, keeping the average mean pressure $p^{\text{av}} = 200$ kPa and the stress amplitude $q^{\text{ampl}} = 60$ kPa constant. In test No. 4 only three packages at $\eta^{\text{av}} = 0, 0.75$ and 1.25 were tested in order to increase the monotonic strain between two packages. It is obvious in Figure 3.1c,d that the residual strains predicted by the HCA model without any g^A reduction (black solid curves) are much too low compared to the experimental values. In particular in case of the packages of cycles applied at higher stress ratios the measured curves can be only reproduced by setting $g_0^A = 0$ (i.e. $r = 0$, see black dashed curves in Figure 3.1) at the beginning of the packages. This means that the memory of cyclic preloading is completely erased by the monotonic shearing due to the alteration of the average stress. Even between the packages at lower stress ratios ($0 \leq \eta^{\text{av}} \leq 0.75$) a large reduction of g^A (reduction factors $0.1 \leq r \leq 0.3$) is necessary to describe the laboratory curves with the HCA model. It should be noted that a slightly better reproduction of the accumulation curves $\varepsilon^{\text{acc}}(N)$ measured in the multistage tests can be achieved by an increased parameter C_Y used in the stress ratio function of the HCA model (compared to the C_Y value calibrated from the single-stage tests, see gray dot-dashed curves in Figure 3.1).

The reduction factors r given in Figure 3.1 are plotted versus the total strain $\Delta\varepsilon$ during the monotonic loading phases in Figure 3.2. The residual strain generated during the first cycle of each package is incorporated in Figure 3.2 because the first quarter of this cycle represents a first (monotonic) loading, usually leading to much larger plastic strains than the subsequent cycles. It is obvious in Figure 3.2 that large values $\Delta\varepsilon \geq 0.4$ % lead to a complete erasure of the cyclic preloading history. The data at smaller values of $\Delta\varepsilon$ shows some scatter. In order to work out dependencies between $r(\Delta\varepsilon)$ and factors like stress ratio or density further testing is necessary.

However, the existing test data (Figures 3.1, 3.2) already clearly demonstrate that the (partial) loss of cyclic preloading memory due to monotonic loading may be of great practical relevance for predictions of cumulative deformations if foundations are subjected to a cyclic loading with varying amplitudes and average values. Furthermore, the monotonic loading of the soil caused during the construction phase due to the own weight of a foundation may lead to a reduction of the initial g^A. Therefore, the conservative assumption $g_0^A = 0$ for the initial state in predictions with the HCA model (usually made because the cyclic preloading of the in situ soil is unknown and no suitable determination method is available yet) may be not as far from reality as previously thought. Beside that, the observed effect could be utilized for a reduction of the number of tests necessary for a calibration of the HCA model parameters. If a sample already tested under a certain cyclic loading condition can be reset to a state with $g_0^A = 0$ (similar to a freshly pluviated sample), several average stresses or amplitudes could be tested in succession on a single sample.

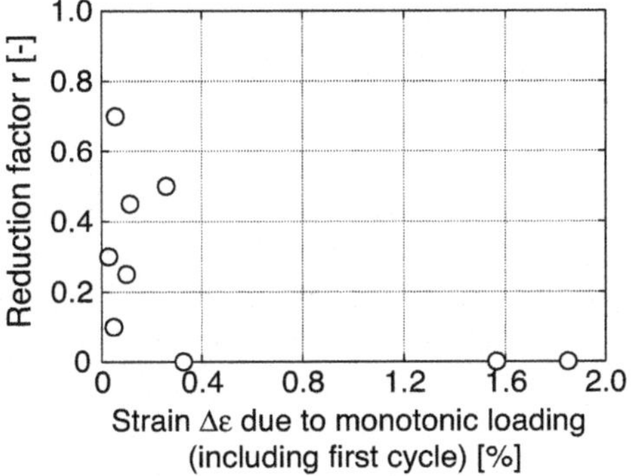

Fig. 3.2: Reduction factor r for g^A in dependence of strain $\Delta\varepsilon$ during monotonic loading between the packages of cycles

3.3 Multiple polarization changes

Based on multi-dimensional simple shear tests it has been demonstrated in [27] that a change of the polarization, i.e. the direction of the cycles in the strain space by 90° leads to a temporary increase of the rate of strain accumulation. However, all tests in [27] were restricted to a single change of the polarization only and the angle between the two succeeding polarizations could not been varied, i.e. it was always 90°. Furthermore, the strain and stress states in simple shear tests are inhomogeneous [2, 3]. Therefore, in order to overcome these deficits or limitations of the previous tests, a new test series with multiple polarization changes and a variation of the angle between two succeeding polarizations has been conducted in the triaxial apparatus. Karlsruhe fine sand (d_{50} = 0.14 mm, C_u = 1.5) has been used for these tests. All samples were medium dense ($0.54 \leq I_{D0} \leq 0.69$) and prepared by air pluviation. In all tests the cycles were superposed to an average stress with p^{av} = 200 kPa and η^{av} = 0.5.

Six different polarizations have been tested (Table 3.1). The stress paths in the p-q plane are shown in Figure 3.3a while a presentation in the P-Q diagram is provided in Figure 3.3b. $P = \sqrt{3}p$ and $Q = \sqrt{3/2}q$ are the isomorphic stress variables [12]. These variables are advantageous in connection with studies on the influence of the polarization because the lengths of the stress paths and the angles between two polarizations are preserved when transferred from a principal stress coordinate system to the P-Q plane. The corresponding isomorphic strain variables read $\varepsilon_P = \varepsilon_v/\sqrt{3}$ and $\varepsilon_Q = \sqrt{3/2}\varepsilon_q$ with $\varepsilon_v = \varepsilon_1 + 2\varepsilon_3$ and $\varepsilon_q = 2/3(\varepsilon_1 - \varepsilon_3)$. Two neighbored polarizations differed by an angle $\Delta\alpha_{PQ} = 30°$ in the P-Q plane. Polarizations 1 and 4 were parallel to the P- or Q-axis, respectively. In order to achieve the stress paths depicted in Figure 3.3a,b a simultaneous oscillation of the axial and the lateral effective stress was necessary. In case of polarizations 1 to 4 the mean pressure and the deviatoric stress were simultaneously increased or decreased, i.e. the phase shift between $q(t)$ and $p(t)$ was $\theta = 0°$ (Table 3.1). For polarizations 5 and 6 the mean pressure was reduced when the deviatoric stress was increased, i.e. $\theta = 90°$ holds. Based on preliminary tests the stress amplitudes given in Table 3.1 have been chosen in order to achieve a strain amplitude $\varepsilon^{\text{ampl}} = \sqrt{(\varepsilon_P^{\text{ampl}})^2 + (\varepsilon_Q^{\text{ampl}})^2} = 4 \cdot 10^{-4}$ for all six polarizations (Figure 3.3c).

13 tests have been performed so far. The testing program is summarized in Table 3.2 and illustrated in Figure 3.4. In tests Nos. 1 - 5 the samples were subjected to 11 or 12 packages with 1,000 cycles each. These tests differ in the sequence of tested polarizations. All six polarizations were involved in the first four tests while only purely isotropic or deviatoric stress cycles (polarizations 1 and 4) were alternatingly tested in the fifth test. In the tests Nos. 6 and 7 four packages with 2,500 cycles each were applied in directions 1 and 4. Tests Nos. 8 and 9 comprised two packages with 5,000 cycles each (polarizations 1 or 4). Uni-directional tests with 11,000 cycles applied along either polarization 1 or 4 were also conducted (tests Nos. 10

Tab. 3.1: Angles α_{pq} and α_{PQ} towards the horizontal in the p-q or P-Q plane, phase shift θ between $q(t)$ and $p(t)$ and isotropic and deviatoric stress amplitudes p^{ampl}, q^{ampl}, P^{ampl}, Q^{ampl} for the six tested polarizations

Polarization	α_{PQ} [°]	θ [°]	P^{ampl} [kPa]	Q^{ampl} [kPa]	α_{pq} [°]	p^{ampl} [kPa]	q^{ampl} [kPa]
1	0	0	99.3	0.0	0.0	57.3	0.0
2	30	0	77.7	44.8	50.8	44.8	54.9
3	60	0	30.4	52.7	74.8	17.6	64.6
4	90	0	0.0	51.0	90.0	0.0	62.4
5	120	90	26.0	45.1	105.2	15.0	55.2
6	150	90	57.3	33.1	129.2	33.1	40.5

- 13 in Table 3.2). Due to the simultaneous σ_1 and σ_3 variation a relatively low frequency of 0.01 Hz has been chosen for these tests. This implicates a lower maximum number of cycles compared to the test series described in Sections 3.2 and 3.4.

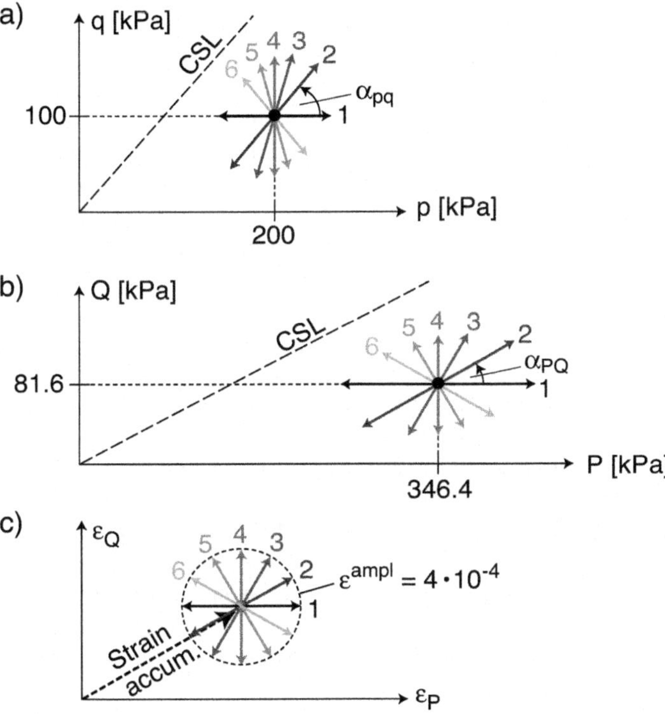

Fig. 3.3: Stress and strain paths in the tests with multiple polarization changes

Tab. 3.2: Program of tests with multiple polarization changes. The numbering of the six polarizations is illustrated in Figure 3.3.

Test No.	I_{D0}	Sequence of polarizations	Number of cycles per polarization	total
1	0.59	$1 \to 4 \to 2 \to 6 \to 5 \to 3 \to 1 \to 4 \to 2 \to 5 \to 1$	1000	11,000
2	0.57	$1 \to 2 \to 3 \to 4 \to 5 \to 6 \to 5 \to 4 \to 3 \to 2 \to 1$	1000	11,000
3	0.53	$4 \to 3 \to 5 \to 2 \to 6 \to 1 \to 6 \to 2 \to 5 \to 3 \to 4$	1000	11,000
4	0.64	$1 \to 2 \to 3 \to 4 \to 5 \to 6 \to 1 \to 2 \to 3 \to 4 \to 5 \to 6$	1000	12,000
5	0.68	$1 \to 4 \to 1 \to 4 \to 1 \to 4 \to 1 \to 4 \to 1 \to 4 \to 1$	1000	11,000
6	0.64	$1 \to 4 \to 1 \to 4$	2500	10,000
7	0.68	$4 \to 1 \to 4 \to 1$	2500	10,000
8	0.69	$1 \to 4$	5000	10,000
9	0.61	$4 \to 1$	5000	10,000
10	0.57	1	10,000	10,000
11	0.54	1	10,000	10,000
12	0.60	4	10,000	10,000
13	0.61	4	10,000	10,000

The cumulative deformations during the first 1,000 cycles are analyzed in Figure 3.5. In all tests these cycles were applied with either polarization 1 or 4. From Figure 3.5a it can be concluded that the accumulation curves $\varepsilon^{\text{acc}}(N)$ are rather independent of polarization if the relative density and the strain amplitude are similar. The $\varepsilon^{\text{acc}}(N = 1{,}000)$-$I_{D0}$ diagram in Figure 3.5b confirms that for a given I_{D0} the residual strain after 1,000 cycles is almost not affected by the polarization. If the residual strain is divided by the amplitude function f_{ampl} of the HCA model (evaluated with a mean value of the strain amplitude over the considered 1,000 cycles and with a parameter $C_{\text{ampl}} = 1.33$) in order to eliminate the influence of slightly different strain amplitudes (see the $\varepsilon^{\text{ampl}}$-$I_{D0}$ diagram in Figure 3.5c), the conclusion regarding the insignificance of polarization can be maintained (Figure 3.5d).

Figure 3.6 presents the curves of accumulated strain $\varepsilon^{\text{acc}}(N)$ and the $\varepsilon_q^{\text{acc}}$-$\varepsilon_v^{\text{acc}}$ strain paths during the complete tests. The upper row of diagrams collects the data from the tests with 11 or 12 packages of cycles, i.e. 10 or 11 polarization changes, while the tests with two or four packages are given in the middle row. The last row of diagrams in Figure 3.6 contains the results from the uni-axial tests. The $\varepsilon_q^{\text{acc}}$-$\varepsilon_v^{\text{acc}}$ strain paths on the right-hand side of Figure 3.6 give evidence that the *direction* of accumulation, i.e. the ratio $\dot{\varepsilon}_q^{\text{acc}}/\dot{\varepsilon}_v^{\text{acc}}$ of deviatoric and volumetric strain accumulation rates, is not significantly affected by the changes in polarization. The curves $\varepsilon^{\text{acc}}(N)$ on the left-hand side of Figure 3.6 show a considerable temporary effect due to the first change of the polarization only. All subsequent alterations of the cyclic loading direction have only a moderate impact.

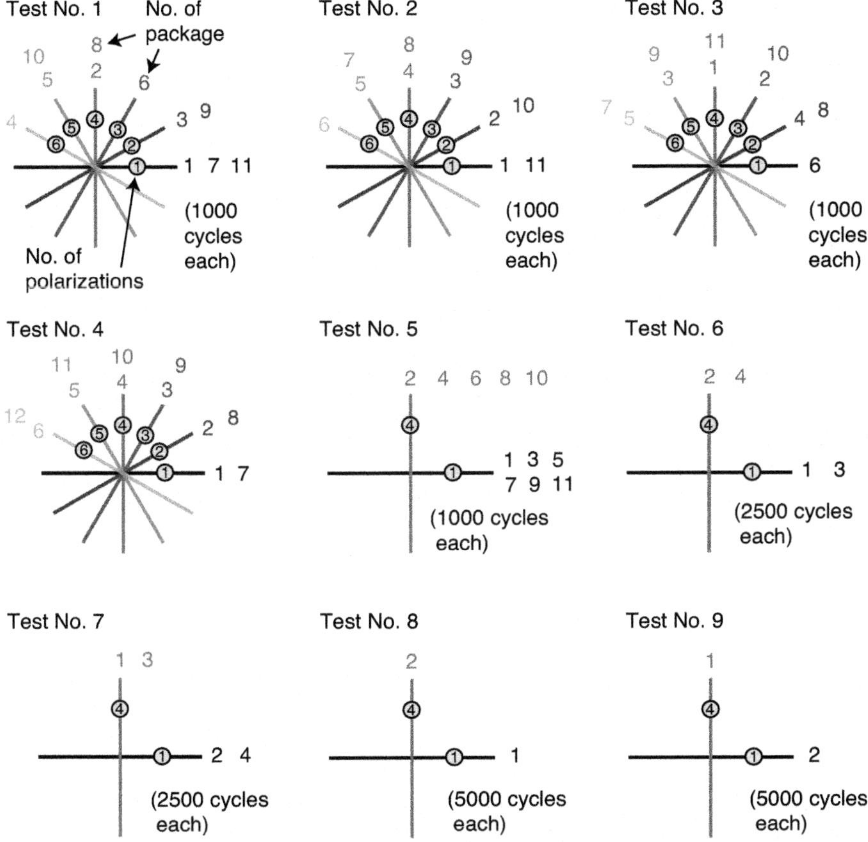

Fig. 3.4: Sequence of polarizations in the tests

The $\varepsilon^{\text{acc}}(N)$ data in Figure 3.6 give hints that the temporary increase of the cumulative rate $\dot{\varepsilon}^{\text{acc}}$ is more pronounced if the polarization is changed from a purely isotropic to a purely deviatoric direction than vice versa. A further inspection is undertaken in Figure 3.7a where the factor of the rates of strain accumulation $\dot{\varepsilon}^{\text{acc}}$ directly before and directly after the first polarization change is plotted in dependence of the angle $\Delta\alpha_{PQ}$ between both polarizations. An angle $\Delta\alpha_{PQ} = 90°$ indicates a change from polarization 1 (isotropic) to 4 (deviatoric), while $\Delta\alpha_{PQ} = -90°$ means a variation from 4 to 1. Obviously the increase of the accumulation rate is much higher in case of $\Delta\alpha_{PQ} = 90°$. A minimum effect of the polarization change can be concluded at $\Delta\alpha_{PQ} = -30°$. Furthermore, the effect of the first polarization change increases with increasing number of previously applied cycles (Figure 3.7a).

Figure 3.7b presents the residual strain after 10,000 cycles, divided by the amplitude function f_{ampl} of the HCA model, in dependence of initial relative density. The different symbols distinguish between different numbers of polarization chan-

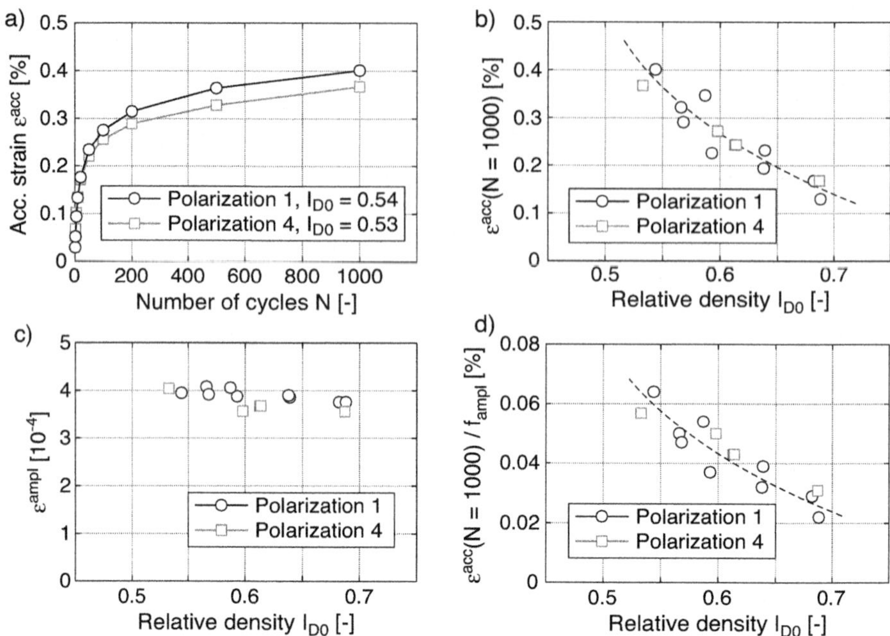

Fig. 3.5: Inspection of the cumulative and elastic strains during the first 1,000 cycles

ges during the 10,000 cycles. An increase of the residual strain $\varepsilon^{acc}(N = 10,000)$ with increasing number of polarization changes could be concluded from the data of the three tests Nos. 5, 7 and 8 with initial densities near $I_{D0} = 0.7$. A similar conclusion could be drawn from a comparison of test No. 2 (9 polarization changes up to N = 10,000) to the data from other tests at similar initial density but with a lower number of polarization changes. However, the rest of the data shows no clear tendency regarding the influence of the number of polarization changes. Therefore, from Figure 3.7b it can be concluded that the influence of multiple polarization changes on the final residual strain may be less important than previously thought, based on the experiments presented in [27]. This would implicate that the factor f_π of the HCA model, describing the effect of polarization changes, with its rather complicated mathematical formulation [13] could be omitted. A moderate increase of the rate of strain accumulation (e.g. via a 10 % increase of parameter C_{N1}) for problems with multiple polarization changes could be sufficient for practical purposes.

The testing program presented in this section will be continued in order to end up in more reliable conclusions. Amongst others it will be interesting to see if the findings regarding the influence of $\Delta\alpha_{PQ}$ apply also for an isotropic average stress.

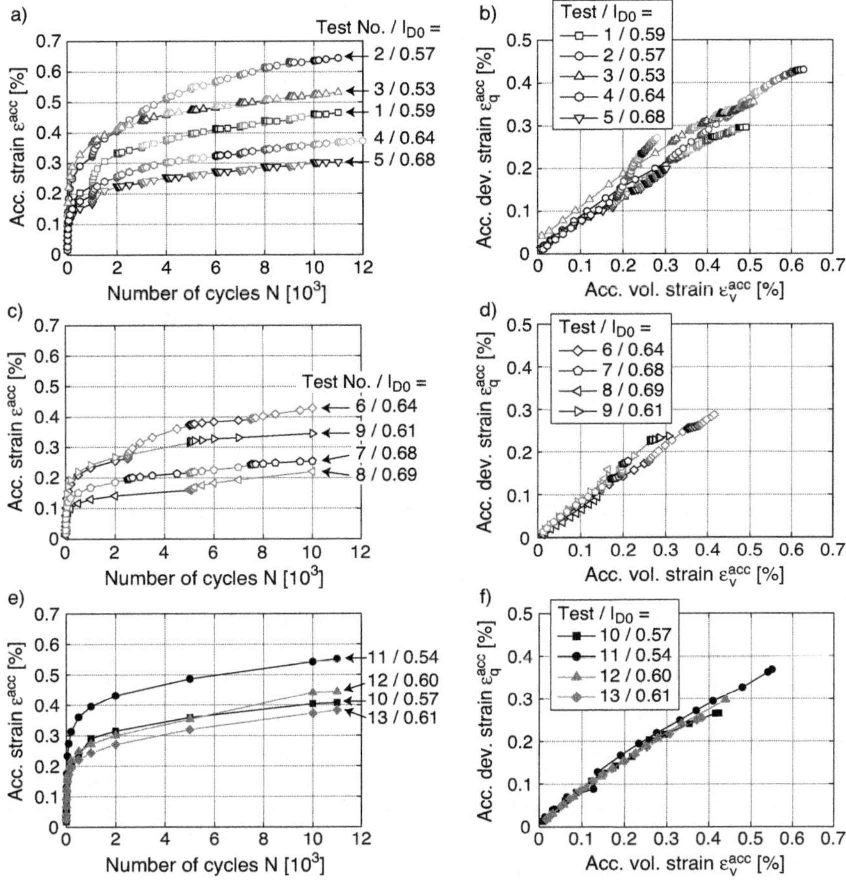

Fig. 3.6: Development of accumulated strain $\varepsilon^{\text{acc}}(N)$ (left column) and $\varepsilon_q^{\text{acc}}$-$\varepsilon_v^{\text{acc}}$ strain paths (right column) measured in triaxial tests with 10 to 12 (upper row), 2 to 4 (middle row) or only one (lower row) package of cycles with different polarizations. The different polarizations are distinguished by choosing the same grayscales as used in Figures 3.3 and 3.4.

It should be kept in mind that although the effect of polarization changes may be of minor importance on the element test label, it can be of relevance for foundation systems. For example, in case of piles the change of the cyclic loading direction (e.g. [4]) goes along with a change of the region of soil where strain accumulation or stress relaxation occurs. Zones with low cumulative effects before the polarization change may be subjected to a large cyclic impact afterwards, and vice versa.

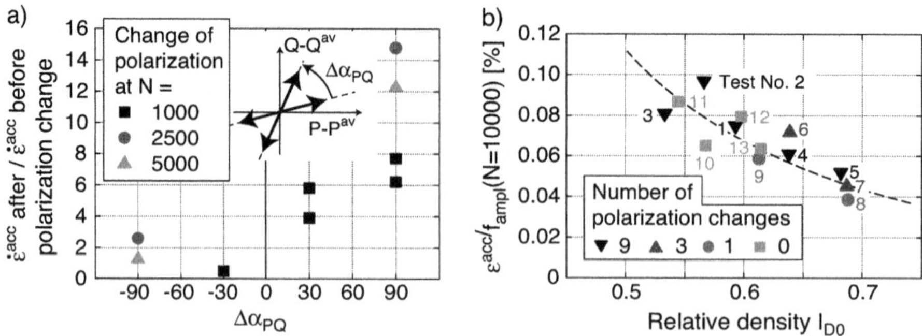

Fig. 3.7: a) Accumulated strain ε^{acc} and b) strain amplitude - normalized value $\varepsilon^{acc}/f_{ampl}$ after 10,000 cycles as a function of initial relative density I_{D0}

3.4 Influence of sample preparation method (initial fabric)

Most long-term cyclic tests performed in the context of the HCA model so far have been conducted on sand samples prepared by air pluviation. However, numerous studies in the literature (e.g. [14, 1, 7, 16, 10, 11, 8, 9, 20, 21, 37, 24, 15, 23, 17, 38, 22, 19]) have demonstrated a strong influence of the sample preparation method on the behaviour of sand under (in most cases undrained) monotonic or cyclic loading. The different constitution methods form different initial fabrics of the grain skeleton. It is likely that the cumulative effects in sand under a drained high-cyclic loading are also strongly dependent on the sample preparation method. A respective examination is the purpose of the experimental study presented in this section. Karlsruhe fine sand has been also used in these tests.

First, the effect of the sample preparation method has been studied in a number of undrained monotonic triaxial tests with different isotropic consolidation stresses (p_0 = 100, 300 and 500 kPa) and densities performed on samples prepared either by dry air pluviation or by moist tamping. Figure 3.8 presents the results for densities in the range $0.27 \leq I_{D0} \leq 0.34$. Obviously, the stress-strain relationships $q(\varepsilon_1)$ and the effective stress paths in the p-q plane differ considerably between both sample preparation methods. For similar densities, the pluviated samples show a much more contractant behaviour, i.e. a much larger relaxation of mean effective stress p during undrained shearing. The pluviated samples pass a quasi-steady-state (QSS) while the tamped samples do not. The inclination of the failure line and the effective stresses reached at large strains (a steady state is not reached yet at ε_1 = 30 %, see Figure 3.8a), however, are almost identical for both types of samples. This is plausible since the initial fabric is probably erased if the sand is sheared to large strains.

Next, 17 drained cyclic triaxial tests were performed on air pluviated samples, while 13 tests were conducted on samples prepared by moist tamping. All samples

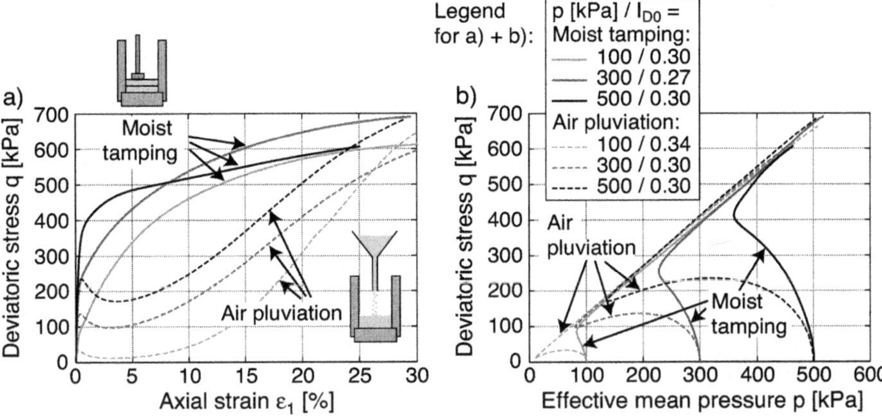

Fig. 3.8: Effective stress paths and stress strain relationships from undrained monotonic triaxial tests on loose samples prepared either by air pluviation or moist tamping

were tested in the fully water-saturated condition. Due to the larger deformations, the first cycle was applied with a comparatively low loading frequency of 0.01 Hz, while the loading frequency was 0.2 Hz during the 10^5 subsequent cycles. Four test series with a variation of stress amplitude q^{ampl}, initial relative density I_{D0}, average mean pressure p^{av} and average stress ratio η^{av} were performed on both types of samples. In the test series on the influences of q^{ampl}, p^{av} and η^{av}, medium dense samples ($0.56 \leq I_{D0} \leq 0.65$) were tested in the case of the air pluviated samples, while the samples prepared by moist tamping were loose ($0.29 \leq I_{D0} \leq 0.38$). For both types of samples the rate of strain accumulation was observed to increase with increasing amplitude, decreasing density and increasing average stress ratio. Furthermore, keeping the amplitude-pressure-ratio $\zeta = q^{\text{ampl}}/p^{\text{av}}$ constant, similar accumulation rates were measured for different average mean pressures p^{av} in case of both sample preparation methods.

Figure 3.9a compares the strain accumulation curves for loose samples prepared by the two different sample preparation methods. Looking at the tests with relative densities I_{D0} = 0.37 (air pluviation) and 0.33 (moist tamping), the tamped sample shows lower residual strains at lower number of cycles ($N < 10^4$) but larger ones at higher N values. This is due to the fact, that the shape of the accumulation curve differs. The $\varepsilon^{\text{acc}}(N)$ curve of the tamped sample shows a curvature in the ε^{acc}-ln(N) diagram while that for the pluviated sample runs almost linear. The differences between pluviated and tamped samples are much more pronounced for slightly higher densities (I_{D0} = 0.46 for air pluviation and 0.43 for moist tamping). In that case the residual strain accumulation is much lower for the tamped sample than for the pluviated one. This reveals that relatively small changes Δe in void ratio cause large changes in the rate of strain accumulation in case of the samples prepared by moist tamping, while these changes are rather moderate in case of the pluviated specimens.

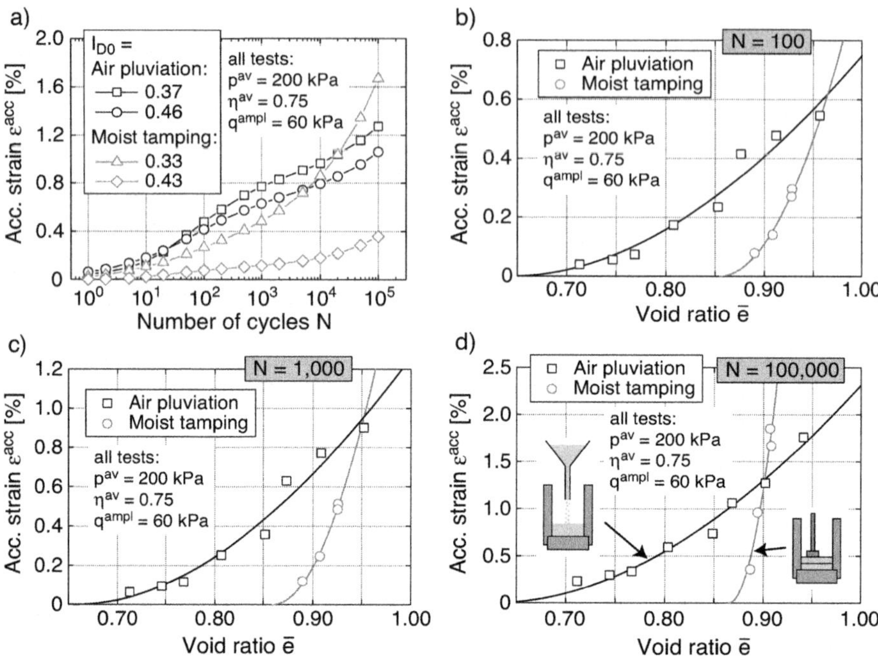

Fig. 3.9: Comparison of a) strain accumulation curves $\varepsilon^{acc}(N)$ and b)-d) relationship ε^{acc}-$\bar{e}$ for samples prepared by either air pluviaton or moist tamping. $\bar{e}$ is a mean value of void ratio up to the number of cycles under consideration.

These differences in the void ratio dependence of the intensity of accumulation are also obvious in Figure 3.9b-d, where the accumulated strain after different numbers of cycles is plotted versus a mean value of void ratio up to that N value. Obviously, the curves $\varepsilon^{acc}(\bar{e})$ of the tamped samples are much steeper than those of the pluviated ones. The void ratio at which the rate of strain accumulation vanishes is significantly larger for the tamped samples (e.g. $\bar{e}(\dot{\varepsilon}^{acc} = 0) = 0.65$ for air pluviation and 0.87 for moist tamping at $N = 10^5$). For low numbers of cycles (e.g. $N =$ 100, Figure 3.9b) the residual strains of the tamped samples lay far below the points for pluviated sand for all tested densities. At higher N-values (e.g. $N = 10^5$, Figure 3.9d), however, it depends on the density whether the tamped or the pluviated sample delivers a higher residual strain. These observations are the consequence of the different shape of the strain accumulation curves $\varepsilon^{acc}(N)$ for both types of samples. Despite the differences in the residual strains, the strain amplitudes measured for the two different sample preparation techniques were quite similar.

The HCA model parameters determined according to the procedure described in [29] and given for the two types of samples in Table 3.3 show some significant differences. The amplitude (C_{ampl}), pressure (C_p) and stress-ratio dependencies (C_Y) of $\dot{\varepsilon}^{\text{acc}}$ are much more pronounced for the samples prepared by moist tamping than for those reconstituted using the air pluviation technique, which reflects itself in higher values of these parameters. Furthermore, the parameter C_e corresponding to the void ratio with zero strain accumulation ($\dot{\varepsilon}^{\text{acc}} = 0$) is considerably higher for moist tamping.

Tab. 3.3: Comparison of HCA model parameters for samples of Karlsruhe fine sand prepared by either air pluviation or moist tamping

Prep. method	C_{ampl} [-]	C_e [-]	C_p [-]	C_Y [-]	C_{N1} [10^{-4}]	C_{N2} [-]	C_{N3} [10^{-5}]
Pluviation	1.33	0.60	0.23	1.68	2.95	0.41	1.90
Tamping	2.30	0.81	0.50	3.97	1.10	0.070	7.5

Figure 3.10a shows the direction of accumulation as vectors in the p-q-plane, for both preparation methods and two different N values ($N = 20$ and $N = 10^5$). The vectors are inclined by $\varepsilon_q^{\text{acc}}/\varepsilon_v^{\text{acc}}$ towards the horizontal. Obviously, the rotation of the vectors with increasing number of cycles, i.e. the increase of the volumetric portion of the cyclic flow rule is much more pronounced for the samples prepared by moist tamping than for those constituted by air pluviation. The vectors of the cyclic flow rule for the different sample preparation techniques are rather similar for $N = 20$, but differ significantly for $N = 10^5$.

Similar conclusions can be drawn from Figure 3.10b, where the accumulated strain ratio $\omega = \varepsilon_v^{\text{acc}}/\varepsilon_q^{\text{acc}}$ is plotted as a function of average stress ratio η^{av}. For $N = 20$ the ratios $\varepsilon_v^{\text{acc}}/\varepsilon_q^{\text{acc}}$ obtained for both types of samples are quite similar. For $N = 10^5$ and a given stress ratio, however, the ω values are considerably larger for the samples prepared by moist tamping than for the air pluviated specimens. In contrast, the stress ratio $\eta^{\text{av}}(\omega = 0)$ for a purely deviatoric accumulation is almost identical for both sample preparation techniques.

The direction of accumulation measured for the pluviated samples can be sufficiently well reproduced by the flow rule of the Modified Cam-clay (MCC) model with a critical friction angle $\varphi_c = 32.0°$ (see the black solid curve in Figure 3.10b). However, the MCC flow rule does not fit well to the data obtained for the samples prepared by moist tamping, because these samples did not show an isotropic direction of accumulation ($\dot{\varepsilon}_q^{\text{acc}} = 0$) for isotropic stresses ($\eta^{\text{av}} = 0$). In fact, the data in Figure 3.10 give hints that the direction of accumulation for the tamped samples is anisotropic, with $\dot{\varepsilon}_q^{\text{acc}} = 0$ occurring at a stress ratio $\eta^{\text{av}} > 0$. For the tamped

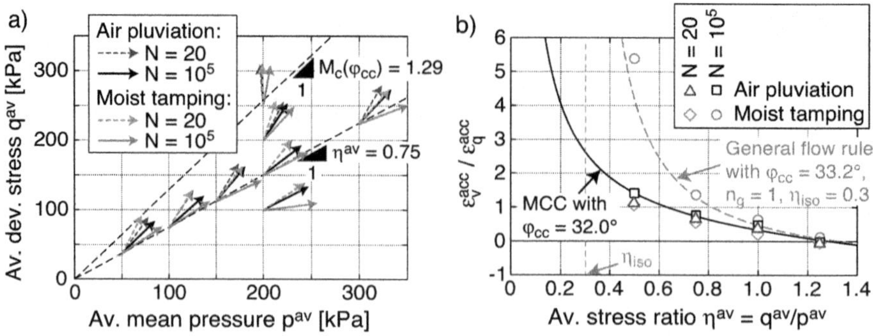

Fig. 3.10: Accumulated strain ratio $\varepsilon_v^{acc}/\varepsilon_q^{acc}$ for $N = 10^5$ as a function of average stress ratio η^{av}: Comparison of samples prepared by air pluviation and moist tamping

samples, the measured $\omega(\eta^{av})$ data can be better described by the general flow rule discussed in [33], that allows for anisotropy. In the present case the parameters $\eta^{iso} = 0.3$, $\varphi_c = 32.0°$ and $n_g = 1.00$ are appropriate (see the gray dashed curve in Figure 3.10b). Accordingly, an isotropic strain accumulation ($\dot{\varepsilon}_q^{acc} = 0$) is predicted for an average stress ratio $\eta^{iso} = 0.3$. However, the rather large N dependence observed for the tamped sample is still not reflected by the equations of the general flow rule.

The „elastic" stiffness E in the HCA model is also strongly affected by the initial fabric of the samples. This stiffness couples strain accumulation rates with stress relaxation rates. It is particularly important for applications with boundary conditions preventing strains, where a stress relaxation occurs instead. The magnitude of this stress relaxation depends on E. A simple isotropic elasticity with two parameters (e.g. bulk modulus K and Poisson's ratio ν) has been found sufficient so far [30, 32], based on tests on air-pluviated samples.

Bulk modulus K can be calibrated by comparing the rate of pore water pressure accumulation $\dot{u}^{acc}$ in an undrained cyclic triaxial test with the rate of volumetric strain accumulation $\dot{\varepsilon}_v^{acc}$ in a drained cyclic test, i.e. $K = \dot{u}^{acc}/\dot{\varepsilon}_v^{acc}$. Both tests should be performed with similar initial conditions and stress amplitudes. The procedure is explained in detail in [30, 32]. The K values of air-pluviated samples can be adequately described by the following equation [32]:

$$K = \underbrace{A \frac{(a - e^{av})^2}{1 + e^{av}}}_{B} \left(\frac{p^{av}}{p^{atm}} \right)^n p^{atm} \tag{3.1}$$

with average void ratio e^{av}, atmospheric pressure $p^{atm} = 100$ kPa and parameters $A = 1209$, $a = 1.63$ and $n = 0.5$.

In addition to the tests on air pluviated samples already presented in [32], pairs of drained and undrained cyclic tests were also performed on loose samples prepared by moist tamping. The samples were isotropically consolidated at three different pressures (p_0 = 100, 200 and 300 kPa) and subsequently subjected to a cyclic loading with an amplitude-pressure ratio of $q^{\mathrm{ampl}}/p_0 = 0.15$. In the drained tests $p_0 = p^{\mathrm{av}}$ holds, while p^{av} decreases with the number of cycles in the undrained experiments. Some additional undrained tests with larger stress amplitudes have been also performed in order to compare the liquefaction resistance of pluviated and tamped samples. Such comparison is undertaken in Figure 3.11a, where the amplitude-pressure ratio $q^{\mathrm{ampl}}/(2p_0)$ is plotted versus the number of cycles to initial liquefaction, characterized by the pore water pressure equalizing the total lateral stress for the first time. Obviously, for a given $q^{\mathrm{ampl}}/(2p_0)$ value the tamped samples could sustain a larger number of cycles than the pluviated ones. This finding agrees well with the literature (e.g. [7, 10, 11, 8, 9, 20, 22, 19]).

Figure 3.11b shows the bulk modulus K versus average mean pressure p^{av}. Similar to the pluviated specimens, the $K(p^{\mathrm{av}})$ data for moist tamping can be approximated by Eq. (3.1). However, a much larger exponent $n = 1.25$ is necessary, i.e. the pressure-dependence of K is much more pronounced for samples prepared by moist tamping than for pluviated ones. Furthermore, at similar density, the bulk moduli obtained for moist tamping are significantly larger than those for air pluviation (up to factor 5 at p^{av} = 300 kPa, Figure 3.11b).

Poisson's ratio ν used in the HCA model stiffness can be evaluated from the shape of the average effective stress path (stress relaxation path) measured in undrained triaxial tests with anisotropic consolidation stresses and strain cycles [30, 32]. In contrast to K, the influence of the sample preparation method on ν is negligible. The value $\nu = 0.32$ found appropriate for pluviated sand [32] is applicable also for the samples constituted by moist tamping.

Considering the large influence of the sample preparation method on the various components and parameters of the HCA model, it should be stressed that it is very important to chose an appropriate constitution method for the samples used for a calibration of the HCA model. The sample preparation method should reflect the depositional history of the soil in situ, i.e. it should lead to a similar fabric of the soil skeleton. For the subsoil of offshore wind power plants the air or water pluviation technique may be most appropriate, whereas sand layers placed in the moist conditions and subsequently compacted may be represented best by the moist tamping method.

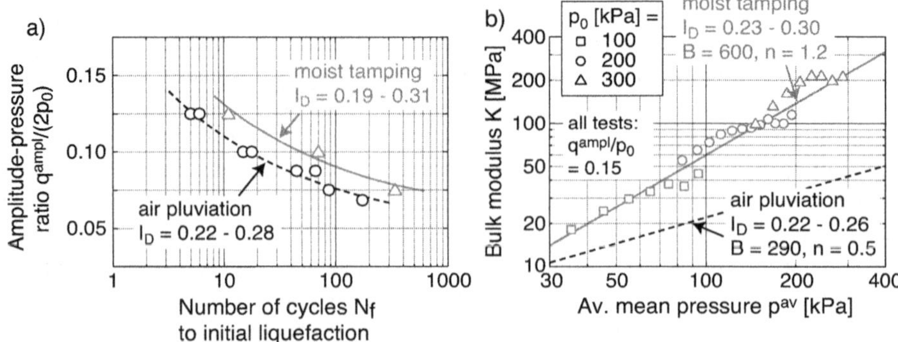

Fig. 3.11: a) Comparison of the liquefaction resistance of loose samples prepared by either moist tamping or air pluviation, b) Bulk modulus $K = \dot{u}^{\rm acc}/\dot{\varepsilon}_v^{\rm acc}$ as a function of average mean pressure $p^{\rm av}$: Comparison of samples prepared by moist tamping or air pluviation

3.5 Summary and conclusions

Drained cyclic triaxial tests with packages of cycles applied successively at different average stresses revealed that the memory of the sand concerning its cyclic preloading history can be erased by a monotonic loading. The cyclic loading leads to subtile changes in the orientations of the grain or grain contacts which render the sand fabric more resistant to subsequent cycles. Substantial reorientations of the grains due to a monotonic loading destruct such adaption of the grain skeleton. In case of the present test series the change of the average stress between subsequent packages of cycles represents such monotonic loading. In the context of the HCA model [13] these findings mean that the variable g^A memorizing the cyclic preloading can be reduced or even fully erased by a monotonic loading. Monotonic strains of about 0.5 % seem to be sufficient to bring back g^A to zero. It has been demonstrated that the HCA model may strongly underestimate the residual strain accumulation in such multi-stage tests if the g^A reduction is not taken into account.

A second test series with multiple polarization changes revealed that the rate of strain accumulation may be temporarily increased by the first change of the polarization. All further changes of the polarization have, however, a rather moderate effect on $\dot{\varepsilon}^{\rm acc}$. The increase of $\dot{\varepsilon}^{\rm acc}$ due to the first alteration of the loading direction is more pronounced if purely isotropic stress cycles are followed by purely deviatoric ones. Furthermore, it grows with increasing angle between two succeeding polarizations and with increasing number of cycles applied prior to the polarization change. However, the residual strains in tests with 10,000 uni-directional cycles are hard to distinguish from those in tests with the same number of cycles but 1, 3 or 9 polarization changes. Consequently, the factor f_π of the HCA model considering the influence of polarization changes could be omitted for a practical application.

In case of problems with multiple polarization changes a moderate increase of the overall intensity of strain accumulation (e.g. by 10 %) could be sufficient.

In a third series of tests air-pluviated samples have been compared with specimens constituted by moist tamping. In particular at higher densities, the accumulation rates of the air-pluviated samples exceeded those measured for the tamped samples by far. An isotropic flow rule is sufficient for the direction of accumulation in the HCA model while an anisotropic direction of accumulation has been experimentally obtained for the tamped samples. This means that a purely volumetric accumulation of strain ($\dot{\varepsilon}_q^{\rm acc} = 0$) takes place at a stress ratio $\eta^{\rm av} > 0$. While bulk modulus K used in the HCA model stiffness has been found significantly larger for the tamped samples, Poisson's ratio ν was observed to be rather independent of the initial fabric of the samples. The importance of the choice of an appropriate sample preparation method for the boundary value problem under consideration has been stressed.

Acknowledgements Parts of the presented studies have been performed within the framework of the project „Geotechnical robustness and self-healing of foundations of offshore wind power plants“ funded by the German Federal Ministry for the Environment, Nature Conservation and Nuclear Savety (BMU, project No. 0327618). Other parts were conducted within the framework of the project „Improvement of an accumulation model for high-cyclic loading“ funded by German Research Council (DFG, project No. TR218/18-1). The authors are grateful to BMU and DFG for the financial support. All tests have been performed by the technicians H. Borowski and T. Labudda in the IBF soil mechanics laboratory.

References

1. J.R.F. Arthur and B.K. Menzies. Inherent anisotropy in sand. *Géotechnique*, 22(1):115–128, 1972.
2. M. Budhu. Nonuniformities imposed by simple shear apparatus. *Canadian Geotechnical Journal*, 20:125–137, 1984.
3. M. Budhu and A. Britto. Numerical analysis of soils in simple shear devices. *Soils and Foundations*, 27(2):31–41, 1987.
4. J. Dührkop and J. Grabe. Monopilegründungen von Offshore-Windenergieanlagen - zum Einfluss einer veränderlichen zyklischen Lastangriffsrichtung. *Bautechnik*, 85(5):317–321, 2008.
5. R. Galindo, M. Illueca, and R. Jimenez. Permanent deformation estimates of dynamic equipment foundations: Application to a gas turbine in granular soils. *Soil Dynamics and Earthquake Engineering*, 63:8–18, 2014.
6. W.S. Kaggwa, J.R. Booker, and J.P. Carter. Residual strains in calcareous sand due to irregular cyclic loading. *Journal of Geotechnical Engineering, ASCE*, 117(2):201–218, 1991.
7. R.S. Ladd. Specimen preparation and liquefaction of sands. *Journal of the Geotechnical Engineering Division, ASCE*, 100(GT10):1180–1184, 1974.
8. R.S. Ladd. Specimen preparation and cyclic stability of sands. *Journal of the Geotechnical Engineering Division, ASCE*, 103(GT6):535–547, 1977.
9. S. Miura and S. Toki. A sample preparation method and its effect on static and cyclic deformation-strength properties of sand. *Soils and Foundations*, 22(1):61–77, 1982.

10. J.P. Mulilis, C.K. Chan, and H.B. Seed. The effects of method of sample preparation on the cyclic stress-strain behavior of sands. Technical Report EERC 75-18, Earthquake Engineering Research Center, University of California, Berkeley, 1975.
11. J.P. Mulilis, H.B. Seed, C.K. Chan, J.K. Mitchell, and K. Arulanandan. Effects of sample preparation on sand liquefaction. *Journal of the Geotechnical Engineering Division, ASCE*, 103(GT2):91–108, 1977.
12. A. Niemunis. Extended hypoplastic models for soils. Habilitation, Veröffentlichungen des Institutes für Grundbau und Bodenmechanik, Ruhr-Universität Bochum, Heft Nr. 34, 2003. available from www.pg.gda.pl/∼aniem/an-liter.html.
13. A. Niemunis, T. Wichtmann, and T. Triantafyllidis. A high-cycle accumulation model for sand. *Computers and Geotechnics*, 32(4):245–263, 2005.
14. M. Oda. Initial fabrics and their relations to mechanical properties of granular material. *Soils and Foundations*, 12(1):17–36, 1972.
15. M. Oda and K. Iwashita. *Mechanics of Granular Materials*. Balkema, Rotterdam, 1999.
16. T. Park and M.L. Silver. Dynamic soil properties required to predict the dynamic behavior of elevated transportation structures. Technical Report DOT-TST-75-44, U.S. Dept. of Transportation, 1975.
17. D. Porcino, G. Cicciù, and V.N. Ghionna. Laboratory investigation of the undrained cyclic behaviour of a natural coarse sand from undisturbed and reconstituted samples. In T. Triantafyllidis, editor, *Cyclic Behaviour of Soils and Liquefaction Phenomena, Proc. of CBS04*, pages 187–192. Balkema, 2004.
18. H.E. Stewart. Permanent strains from cyclic variable-amplitude loadings. *Journal of Geotechnical Engineering, ASCE*, 112(6):646–660, 1986.
19. H.Y. Sze and J. Yang. Failure Modes of Sand in Undrained Cyclic Loading: Impact of Sample Preparation. *Journal of Geotechnical and Geoenvironmental Engineering, ASCE*, 140(1):152–169, 2014.
20. F. Tatsuoka, K. Ochi, S. Fujii, and M. Okamoto. Cyclic undrained triaxial and torsional shear strength of sands for different sample preparation methods. *Soils and Foundations*, 26(3):23–41, 1986.
21. F. Tatsuoka, S. Toki, S. Miura, Kato H., M. Okamoto, S.-I. Yamada, S. Yasuda, and F. Tanizawa. Some factors affecting cyclic undrained triaxial strength of sand. *Soils and Foundations*, 26(3):99–116, 1986.
22. I. Towhata. *Geotechnical Earthquake Engineering*. Springer, 2008.
23. Y.P. Vaid and S. Sivathayalan. Fundamental factors affecting liquefaction susceptibility of sands. *Canadian Geotechnical Journal*, 37:592–606, 2000.
24. Y.P. Vaid, S. Sivathayalan, and D. Stedman. Influence of specimen-reconstituting method on the undrained response of sand. *Geotechnical Testing Journal, ASTM*, 22(3):187–195, 1999.
25. K. Westermann, H. Zachert, and T. Wichtmann. Vergleich von Ansätzen zur Prognose der Langzeitverformungen von OWEA-Monopilegründungen in Sand. Teil 1: Grundlagen der Ansätze und Parameterkalibration. *Bautechnik*, 91(5):309–323, 2014.
26. K. Westermann, H. Zachert, and T. Wichtmann. Vergleich von Ansätzen zur Prognose der Langzeitverformungen von OWEA-Monopilegründungen in Sand. Teil 2: Simulationen und Schlussfolgerungen. *Bautechnik*, 91(5):324–332, 2014.
27. T. Wichtmann, A. Niemunis, and T. Triantafyllidis. On the influence of the polarization and the shape of the strain loop on strain accumulation in sand under high-cyclic loading. *Soil Dynamics and Earthquake Engineering*, 27(1):14–28, 2007.
28. T. Wichtmann, A. Niemunis, and T. Triantafyllidis. Validation and calibration of a high-cycle accumulation model based on cyclic triaxial tests on eight sands. *Soils and Foundations*, 49(5):711–728, 2009.
29. T. Wichtmann, A. Niemunis, and T. Triantafyllidis. On the determination of a set of material constants for a high-cycle accumulation model for non-cohesive soils. *Int. J. Numer. Anal. Meth. Geomech.*, 34(4):409–440, 2010.
30. T. Wichtmann, A. Niemunis, and T. Triantafyllidis. On the "elastic" stiffness in a high-cycle accumulation model for sand: a comparison of drained and undrained cyclic triaxial tests. *Canadian Geotechnical Journal*, 47(7):791–805, 2010.

31. T. Wichtmann, A. Niemunis, and T. Triantafyllidis. Strain accumulation in sand due to drained cyclic loading: on the effect of monotonic and cyclic preloading (Miner's rule). *Soil Dynamics and Earthquake Engineering*, 30(8):736–745, 2010.
32. T. Wichtmann, A. Niemunis, and T. Triantafyllidis. On the "elastic stiffness" in a high-cycle accumulation model - continued investigations. *Canadian Geotechnical Journal*, 50(12):1260–1272, 2013.
33. T. Wichtmann, A. Niemunis, and T. Triantafyllidis. Flow rule in a high-cycle accumulation model backed by cyclic test data of 22 sands. *Acta Geotechnica*, 9(4):695–709, 2014.
34. T. Wichtmann, A. Niemunis, and T. Triantafyllidis. Improved simplified calibration procedure for a high-cycle accumulation model. *Soil Dynamics and Earthquake Engineering (in print)*, 2014.
35. T. Wichtmann, A. Niemunis, and Th. Triantafyllidis. Gilt die Miner'sche Regel für Sand? *Bautechnik*, 83(5):341–350, 2006.
36. T. Wichtmann, A. Niemunis, and Th. Triantafyllidis. Towards the FE prediction of permanent deformations of offshore wind power plant foundations using a high-cycle accumulation model. In *International Symposium: Frontiers in Offshore Geotechnics, Perth, Australia*, pages 635–640, 2010.
37. S. Yamashita and S. Toki. Effects of fabric anisotropy of sand on cyclic undrained triaxial and torsional strengths. *Soils and Foundations*, 33(3):92–104, 1993.
38. Z.X. Yang, X.S. Li, and J. Yang. Quantifying and modelling fabric anisotropy of granular soils. *Géotechnique*, 58(4):237–248, 2008.
39. H. Zachert. Zur Gebrauchstauglichkeit von Gründungen für Offshore-Windenergieanlagen. Dissertation, Veröffentlichungen des Institutes für Bodenmechanik und Felsmechanik am Karlsruher Institut für Technologie (im Druck), 2015.
40. H. Zachert, T. Wichtmann, P. Kudella, T. Triantafyllidis, and U. Hartwig. Validation of a high cycle accumulation model via FE-simulations of a full-scale test on a gravity base foundation for offshore wind turbines. In *International Wind Engineering Conference, IWEC 2014, Hannover*, 2014.
41. H. Zachert, T. Wichtmann, T. Triantafyllidis, and U. Hartwig. Simulation of a full-scale test on a Gravity Base Foundation for Offshore Wind Turbines using a High Cycle Accumulation Model. In *3rd International Symposium on Frontiers in Offshore Geotechnics (ISFOG), Oslo*, 2015.

Kapitel 4
Numerical simulation of deep and shallow energy storage systems in rock salt

Elham Mahmoudi, Kavan Khaledi, Diethard König & Tom Schanz

Abstract The design and safe operation of caverns in rock salt need an accurate stability analysis. This paper provides the results of a geomechanical survey on the stability of a typical hydrogen underground storage. To accompolish this, first the behaviour of the cavern is analysed by a numerical model, taking into account the nonlinear creep behaviour of the rock salt. Then, the safety of the cavern is evaluated by comparing stress states for different regions around the cavern with a compression/dilatancy (C/D) boundary. Different depth of cavern's roof location and various internal loads are considered. Results show minimum values for internal cavern pressure to guarantee the stability of the cavern for different depth of cavern location.

4.1 Introduction

The electricity produced by diverse renewable energy sources varies seasonally, monthly or even hourly which is not compatible with conventional electrical grid. To overcome this disadvantage, a proper storage plan is needed. The electrical ener-

Elham Mahmoudi, M.Sc.
Ruhr-Universität Bochum, Chair of Foundation Engineering, Soil and Rock Mechanics, Universitätsstr. 150, 44780 Bochum, Germany, E-mail: elham.mahmoudi@rub.de

Kavan Khaledi, M.Sc.
Ruhr-Universität Bochum, Chair of Foundation Engineering, Soil and Rock Mechanics, Universitätsstr. 150, 44780 Bochum, Germany, E-mail: kavan.khaledi@rub.de

Dr.-Ing. Diethard König
Ruhr-Universität Bochum, Chair of Foundation Engineering, Soil and Rock Mechanics, Universitätsstr. 150, 44780 Bochum, Germany, E-mail: Diethard.Koenig@rub.de

Univ.-Prof. Dr.-Ing. habil. Tom Schanz
Ruhr-Universität Bochum, Chair of Foundation Engineering, Soil and Rock Mechanics, Universitätsstr. 150, 44780 Bochum, Germany, E-mail: tom.schanz@rub.de

gy output of most renewable resources can be converted to compressed air or can be used as power to produce hydrogen and oxygen by electrolyzing. Afterward, renewable surplus electricity can be stored in the form of compressed air or hydrogen. Caverns in rock salt represent an adequate opportunity for storage system because rock salt is nearly impermeable when compared to other geomaterials. Also, the construction costs are relatively low due to solution mining. Moreover, there are no significant chemical reactions between hydrogen or compressed air and host rock.

For many years, large man made cavities in rock salt formations, are used for underground energy storage. First time they have been used as crude oil or natural gas repositories in Canada in the early 1940's [1]. Furthermore, long term positive experiences do exist with high pressure H_2 underground storage facilities in rock salt worldwide. Two storage plants in the U.S. (Texas) are managed by ConocoPhillips and Praxair [2]. Another one in Teeside, U.K. is managed by Sabic Petrochemicals [3].

Stability of rock salt caverns is the main concern of the design process of such massive underground structures. Since, rock salt is categorized as a soft rock [4], the nonlinear time-dependent material behaviour of the rock salt (i.e. creep behaviour) makes rock salt different from other common host rocks. So, for predicting and explaining behaviour of rock salt a wide range of constitutive laws have been presented within different micro and macro observations, for example see [4, 5, 6, 7, 8, 9, 10, 11].

In this paper typical underground caverns are simulated to investigate the mechanical response of rock salt energy storage cavities which are excavated in various depths and are operated under various loading conditions. The mechanical behaviour of rock salt cavern is modeled by finite element method (FEM), using CODE-BRIGHT [12]. Within the numerical model, the rock salt behaviour is described by a visco-elastic creep model, LUBBY2 [13] which is described in Sect. 4.2.1. Different C/D boundaries which can be used as no dilation criteria are given in Sect. 4.2.3. In Sect. 4.3 the numerical model, boundary and loading conditions, as well as variations in the geometry (depth of locating) and loading conditions (internal pressure of cavern) are explained. Finally, the mechanical stability of different scenarios has been assessed through comparing calculated stress paths in selected points to the C/D boundary in Sect. 4.4. In this paper, Desai C/D boundary [14] has been used as no dilation criterion.

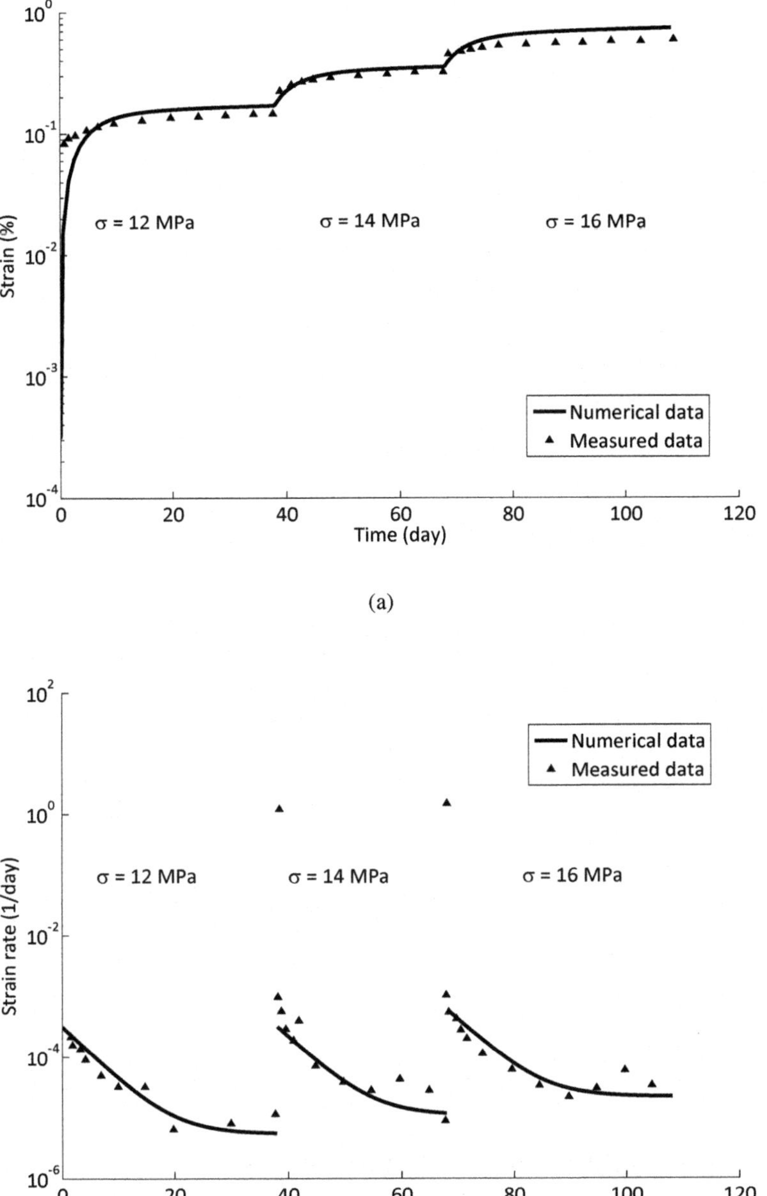

Fig. 4.1: Strain (a) and strain rate (b) curve of rock salt in uniaxial compression test

4.2 Rock salt behaviour

4.2.1 Creep behaviour of rock salt

Nonlinear time dependent deformation is a complex process, which is mainly controlled by diffusion creep, dislocation creep, etc. To model the creep behaviour of rock salt formation, a constitutive model has been introduced by Heusermann et al. [13] entitled LUBBY2. It describes transient and secondary phases of creep phenomena. Based on this model, the total strain rate is obtained using the equation 4.1.

$$\dot{\varepsilon}_{ij} = \dot{\varepsilon}_{ij}^{el} + \dot{\varepsilon}_{ij}^{ve} \tag{4.1}$$

where, $\dot{\varepsilon}_{ij}^{el}$, $\dot{\varepsilon}_{ij}^{ve}$ are the elastic and viscoelastic parts of the total strain rate, respectively. The equation 4.2 gives the non elastic part of strain rate.

$$\dot{\varepsilon}_{ij}^{ve} = \frac{3}{2}\left[\frac{1}{\overline{\eta}_K(q)}(1 - \frac{\varepsilon_{tr}}{q}\overline{G}_K(q)) + \frac{1}{\overline{\eta}_M(q)}\right] S_{ij} \tag{4.2}$$

where, q is deviatoric stress and S_{ij} represents deviatoric stress tensor. ε_{tr} shows transient creep strain and $\overline{G}_K$ is Kelvin spring modulus (stress-dependent). $\overline{\eta}_M$ and $\overline{\eta}_K$ are Maxwell viscosity modulus (stress-dependent) and Maxwell spring modulus (stress-dependent), respectively.

Equations 4.3 shows the stress dependency of material's creep rate by exponential laws.

$$\begin{aligned} \overline{G}_K &= \overline{G^*}_K e^{k_1 q}, \\ \overline{\eta}_M &= \overline{\eta^*}_M e^{mq}, \\ \overline{\eta}_K &= \overline{\eta^*}_K e^{k_2 q} \end{aligned} \tag{4.3}$$

This constitutive model has been implemented in the CODE-BRIGHT [12] software by the authors.

4.2.2 Material parameters identification

Commonly, the value of constitutive model properties are determined from the results of some creep tests on samples taken from boreholes. Heusermann and et al. [5] presented a uniaxial multi stage creep test at stress levels of 12, 14, and 16 MPa on a rock salt sample.

Tab. 4.1: Material properties

Parameter	Heusermann et al. (2003)	Hou (2003)	Current study
$\overline{G^*_k}(MPa)$	1.88e08	5.08e05	2.17e05
$\overline{\eta^*}_M(MPa.s)$	1.04e13	1.76e12	5.18e12
$\overline{\eta^*}_K(MPa.s)$	4.30e10	7.72e09	8.30e10
$k_1(MPa^{-1})$	-0.254	-0.191	-0.275
$k_2(MPa^{-1})$	-0.267	-0.168	-0.267
m (MPa^{-1})	-0.327	-0.247	-0.275

This uniaxial test is modeled by CODE-BRIGHT using LUBBY2 model. Firstly, the parameters' value were set based on suggested values in [5] which has been represented in Table 4.1. Then the difference between results of laboratory tests and the respective outcomes of numerical simulations is minimized by changing the constant values iteratively. The material parameters' value which are presented in Table 4.1 are the best sets for fitting experimental and numerical data sets. Fig. 4.1 shows a comparison of experimental and numerical results in the case of strain and strain rate. Table 4.1 also includes parameter sets which have been utilized in [6] for LUBBY2 material model, these values are obtained for rock salt of the Asse mine in Germany. By comparing these three data sets, it seems that the identified values for parameters in this paper are in a good agreement with the other studies.

4.2.3 Dilation criterion

Shear stress or deviatoric stress which can be induced by different internal pressures and in-situ stress of rock around the cavities leads to creep deformation. If the pressure in the cavern is too small, the deviatoric stresses in the surrounding salt can lead to dilation in the rock salt. Salt dilation causes developing of micro cracks, and volume increases. Irreversible volume increasing is the sign of exceeding no dilation criteria. C/D boundary defined by the beginning of volumetric expansion under compressive load, are used to identify states of stress which results in dilatant behaviour.

Over the years many equations have been developed for description of no dilation criteria; for instance, BGR [15] criterion which has been established based on experimental studies is presented in equation 4.4.

$$\sqrt{J_2} = \frac{b_D}{\sqrt{2}}(\frac{I_1}{3})^{c_D} \tag{4.4}$$

with $b_D = 2.61248$ and $c_D = 0.78093$.

Equation 4.5 represents Cristescu C/D line [4] for describing the rock salt behaviour based on some true triaxial tests.

$$\sqrt{J_2} = \sqrt{\frac{3}{2}}(f_1(\frac{I_1}{3})^2 + f_2(\frac{I_1}{3})) \tag{4.5}$$

DeVries [11] and Desai [14] presented their boundaries by equations 4.6 and 4.7, respectively.

$$J_2 = \frac{(2-n)\gamma I_1}{(m\beta_1 exp(\beta_1 I_1))F_s - \frac{n}{I_1 F_s}},$$
$$F_s = (exp(\beta_1 I_1) - \beta sin(-3\theta))^m \tag{4.6}$$

where, γ, β, β_1, n , k and m are the constant parameters. θ is Lode's angle, varies from $+30°$ at triaxial compression to $-30°$ at triaxial extension.

$$\sqrt{J_2} = \frac{D_1 I_1^n + T_0}{\sqrt{3}cos(\theta) - D_2 sin(\theta)} \tag{4.7}$$

where, $D_1 = 0.773$, $D_2 = 0.524$, $n = 0.693$, $T_0 = 1.95$ and θ is Lode's angle.

DeVries and Desai both present nonlinear compression/dilatancy boundaries considering the effect of intermediate stress (Lode's angle) on the dilation limit. Hence they provide different dilatancy boundaries for different zones around the cavern.

A comparison of the four C/D boundaries or criteria is expressed in Fig. 4.2 in the invariant stress plane. Since below these lines, rock salt experiences no dilatancy, they named as no dilation criterion.

As Fig. 4.2 shows various constitutive models based on various empirical investigations or different rheological models, define slightly different C/D boundaries. Cristescu and Hunsche in [4] mentioned that based on many experimental data in a wide domain in the neighborhood of C/D boundary, the irreversible volumetric strains have a negligible variation. Hence it could be concluded that, C/D boundary can be assumed as a domain not a single line. Within this paper Desai C/D boundary is considered as no dilatation criteria.

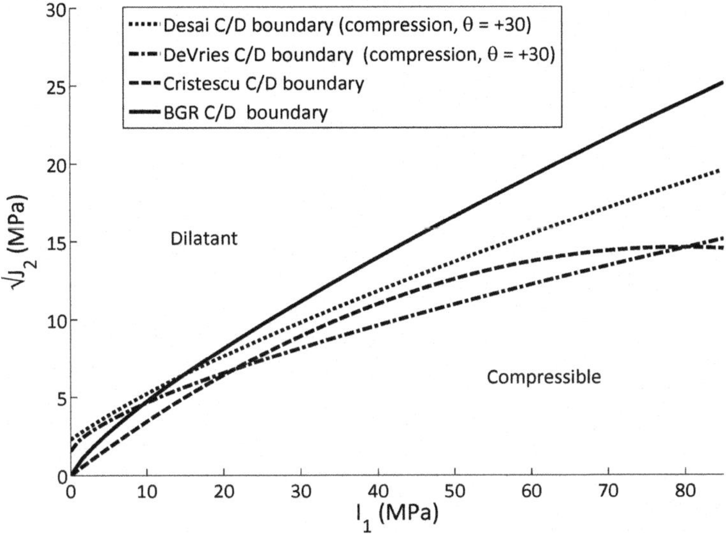

Fig. 4.2: Compression/Dilatancy boundaries

4.3 Numerical model of cavern

The typical geological profile that cavern could be excavated in, is shown in Fig. 4.3a. The rock mass is idealized by dividing into two homogeneous layers, rock salt and overburden. Cavern's depth is usually dictated by the elevation and thickness of the bedded salt deposits or the depth of salt dome below the surface that can be solution mined. Within this study, three different depths for location of cavern's casing shoe (i.e. the bottom of casing string, close to the top of cavern's roof) are assumed 560 m, 800 m and 1250 m. These three depths are referred to hereafter as shallow, mid and deep caverns, respectively. Same geometry for three caverns is considered.

4.3.1 Geometry

Because of construction issues, solution mined cavities' cross sections are nearly circles with more or less rounded corners, the third dimension (i.e. the height of cavern) being much larger than the size of the cross section. This allows us to consider the problem as an axisymmetrical numerical model.

The shape of cavern after excavation is idealized as a cylinder with height of 233 m and 75 m diameter with 15 m flat area in roof and floor. The corners are considered as circular shape with 30 m radius. Fig. 4.3b shows the geometry and boundary conditions of this cavity in detail. The cavern's volume is about 985000 m^3. In this paper, a column of rock salt which is shown in Fig. 4.3b with a length of 800 m radius of 300 m, is simulated by an axisymmetrical numerical model. The finite element mesh is composed of 1137 quadrilateral elements.

The non saline material above the rock salt formation has been considered as an overburden with specific weight of $\gamma_{ob} = 21\ KN/m^3$. It is simulated as uniform load at the top of rock salt column.

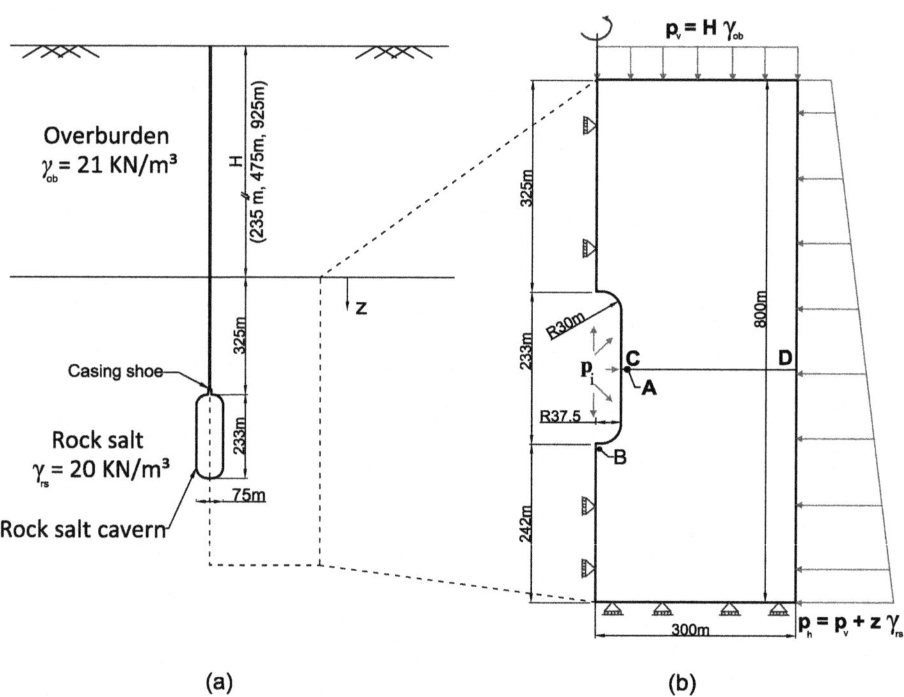

Fig. 4.3: Geometry and boundary condition of the salt cavern model

4.3.2 Initial stress

Some measurements have been carried out by Federal Institute for Geosciences and Natural Resources (BGR) Institute on the behaviour of Gorleben salt dome, located in Lower Saxony, Germany. Results include the in situ stress of intact rock which has been measured by overcoring method in two different shaft and various levels [16]. Based on measurements, horizontal and vertical stresses in each exploration horizons differ by only small amount, that means the presence of an isotropic primary stress state. Thereupon, initial stress state of numerical model is assumed as isotropic, i.e. stress value in all directions is equal and in proportion to depth and specific weight of rock salt ($\gamma_{rs} = 20\ KN/m^3$).

Since, it is assumed that the cavern is constructed in a relatively unfractured, homogeneous host rock, then, at far enough distance of the cavern, hydrostatic stress condition exists. This situation is considered in simulation by applying a lateral load increasing linearly with depth ($p_h = p_v + z\gamma_{rs}$) on the outer edge of rock salt column.

It is also worth mentioning that temperature variations from the in-situ temperature distribution were neglected during the simulations.

4.3.3 Internal pressure of cavern

Underground storage facility leached out from salt formation by injecting fresh water at the bottom of the cavity. At the end of leaching process, the cavern is filled with brine. This brine will be substituted by injecting gas from the top of cavern during debrining phase. In this study, the whole excavation and debrining process is simplified by reducing the internal pressure of cavern. Firstly, a linear increasing load equal to the hydrostatic pressure is applied to the cavern's wall as internal pressure. Afterwards, internal pressure (p_i) is decreased during a three years time interval to maximum internal pressure of cavern.

There are some recommendations to determine allowable operating loads in a way that they will not cause any mechanical failure or hydraulic fracturing. To prevent hydraulic fracturing in salt formation, the maximum pressure is limited to pressures less than the vertical pressure resulting of self weight of overburden and rock salt in depth of casing shoe. The minimum allowable operating pressure prevents any dilation in the rock salt around the cavity, because dilation could lead to spalling of the roof and walls of the cavern and subsequent damage to the hanging string. Also, the minimum value will not yield excessive cavern closure that could produce excessive subsidence and damage [17]. Only the minimum operating pressure that will not result in dilation of the salt is considered in this study. For this reason, three different internal loads have been applied. At the end of excavation phase, internal

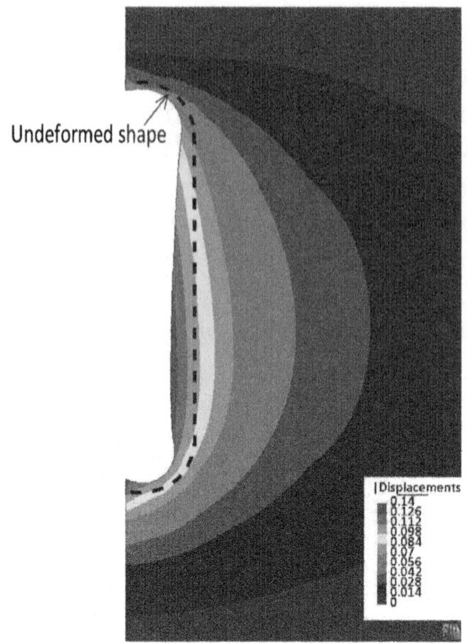

Fig. 4.4: Deformed shape of mid deep cavern under 4 MPa internal load

pressure of cavity is 10 MPa which keeps constant for 6 months, then it decreased to 7 MPa instantaneously, this loading condition is fixed for six months. In last phase, cavern will loaded by 4 MPa gas pressure for another six months time interval.

4.4 Results and discussion

Scaled deformed shape of rock salt formation for mid deep cavern, casing shoe at depth of 800 m is shown by Fig. 4.4 in comparison with the undeformed shape. It clearly shows that deformations due to creep behaviour have more value at the bottom half of the cavern and in the floor of cavern close to cavern axis as well. This observation corresponds with more deviatoric stress at this areas which based on equation 4.2 has a major effect on creep strain value.

In sake of determining the minimum operating pressure value, the state of stress around the cavity is compared with Desai C/D boundary. The stress-state of two nodes around the cavern one at the mid height of cavern and one at the floor of cavity (i.e. Point A and B in Fig. 4.3, respectively) are monitored. These points experience different intermediate stresses.

As explained in Sect. 4.2.3, when the stress state locates above the C/D boundary, the material experiences dilatancy, an increase in permeability, development of micro cracks and creep failure. Thereupon, those internal pressure which leads the stress paths in all regions locating below C/D line (i.e. compressible zone) could be considered as safe scenarios. Based on equation 4.6 the dilatancy and failure boundaries are functions of Lode's angle, then for comparing the stress paths of different region around the cavern independent of Lode's angle, the second invariant of deviatoric stress is scaled using the equation 4.8:

$$J_2^{scaled} = J_2 \frac{J_2^{dil}(30)}{J_2^{dil}(\theta)} \tag{4.8}$$

Where $J_2^{dil}(30)$ is the distance of dilatancy boundary from hydrostatic axis in $\pi - plane$ for compression ($\theta = +30$).

Fig. 4.5 and 4.6 display the scaled stress path of wall and floor of cavern in the invariant stress plane, respectively. As Fig. 4.5 clearly shows the stress paths of node at the wall of shallow cavern under 4 MPa internal pressure is below the C/D line. Whereas for a deep cavity, minimum operating pressure equal to 4 MPa leads the stress state of salt formation around the cavern to dilatant region at the wall and ground of cavity as well. A comparison between Fig. 4.6 and Fig. 4.5 also shows, when observation point is at the bottom of cavern, minimum allowable internal pressure would be more critical. For example, consider stress paths at the mid depth under 4 MPa internal pressure at the cavern's floor and wall. The wall of cavity under this internal pressure is in the compressible zone, but the bottom of cavern experiences dilatant behaviour.

Fig. 4.7 represents induced strain under different internal pressure along time for various depth of cavern. The strain of deep cavern shows higher value in each observation points compared to other cases. While at the shallow and mid depth caverns more amount of strain is induced during transient phase, at deep cavity secondary or stationary creep also has a considerable proportion in strain value. Horizontal and vertical strain at the wall and the floor of cavern respectively follow similar trend.

Fig. 4.8 shows the variation of deviatoric stress along a horizontal line at the mid height of cavity. As discussed before in Sect. 4.3, far from the cavity's vicinity second invariant stress is negligible. For instance, the initial stress state of rock salt around the mid depth cavern does not change considerably farther than 4 times of cavern radius from the cavern's wall. The value of deviatoric stress around the cavern's wall increases for deeper caverns. Moreover, variation of deviatoric stress under various internal loads for the cavern in the depth of 800 m has been presented.

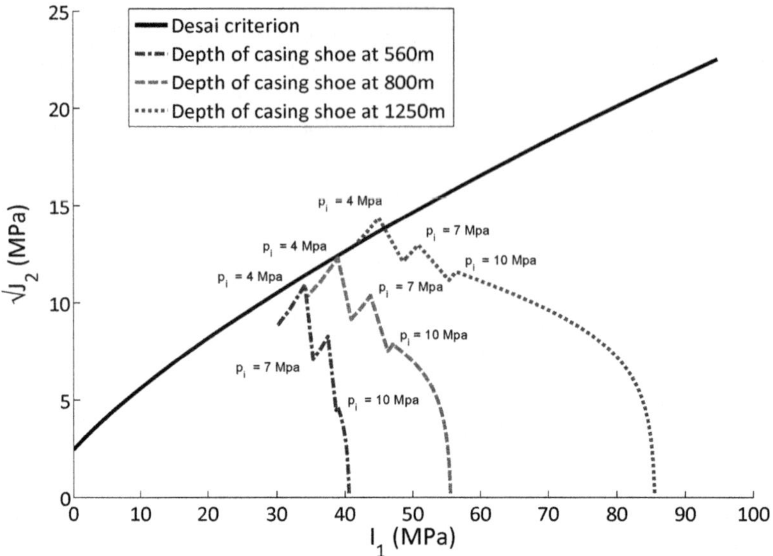

Fig. 4.5: Stress path at the point A in Fig. 4.3

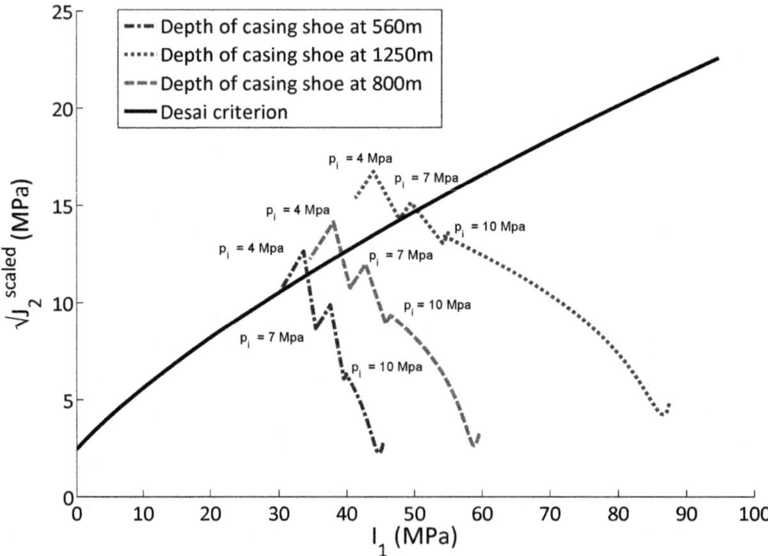

Fig. 4.6: Stress path at the point B in Fig. 4.3

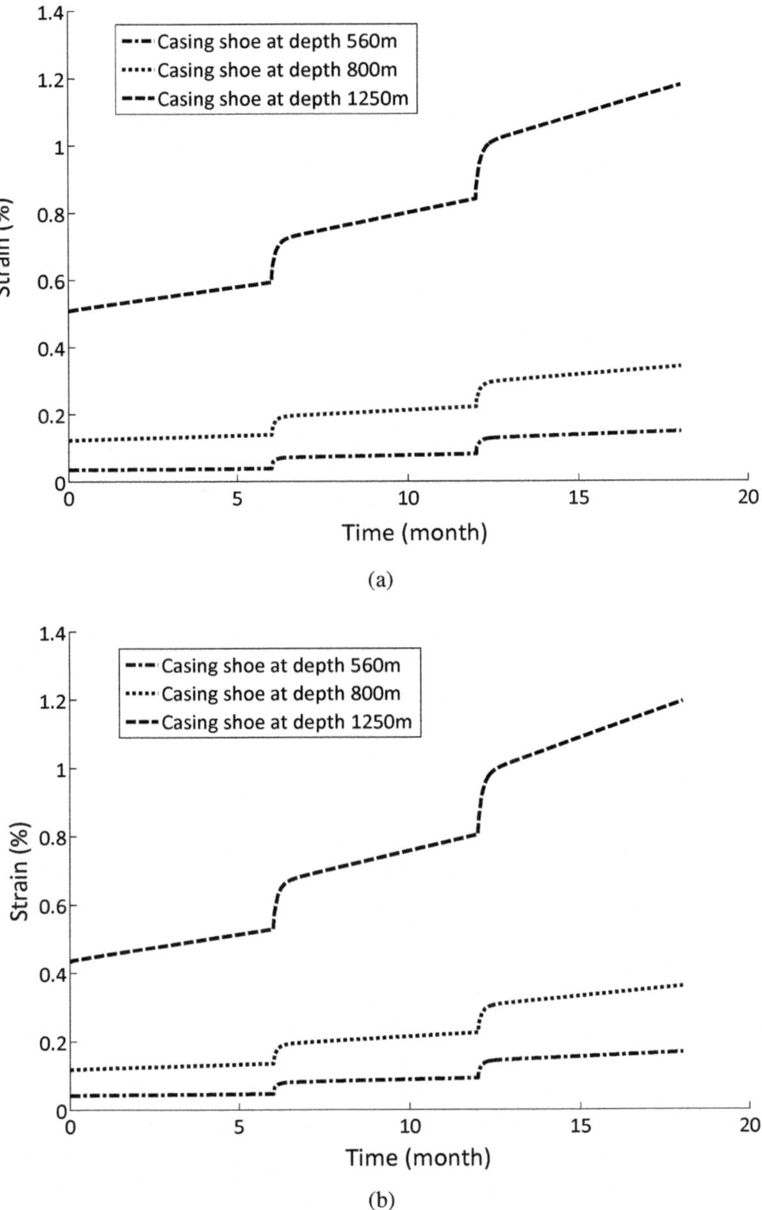

Fig. 4.7: Evoulution of strain along time for point (a) A and (b) B in figure 4.3

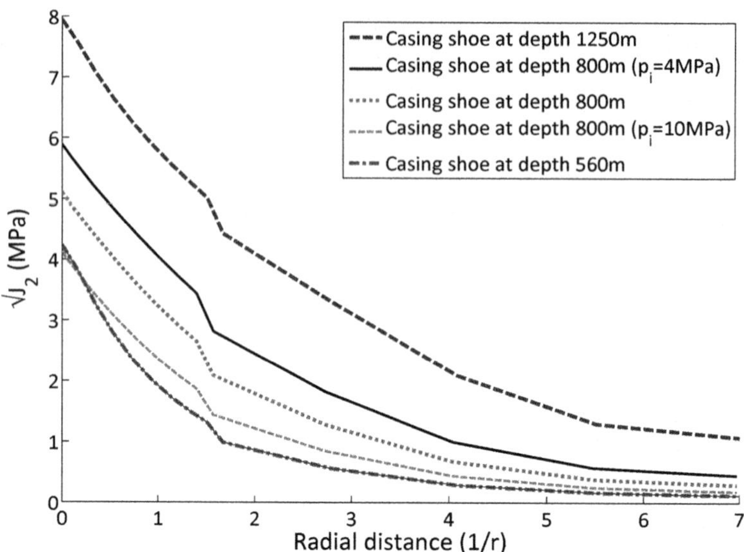

Fig. 4.8: Deviatoric stress along CD section in Fig. 4.3 with $p_i = 7$ MPa for various depths and under different internal pressure for deep cavern

4.5 Conclusion

The current paper has been presented a numerical investigation results on the operation of rock salt cavities for storing hydrogen. Mechanical behaviour of rock salt has been surveyed by employing a visco-elastic creep model, LUBBY2 which describes the transient and stationary creep strain. A typical geometry for caverns with three different locating depth has been analyzed by a FEM code. The stability of cavity is investigated under various loading conditions. To identify the minimum allowable internal pressure based on no dilatation criteria, stress state of various region of cavern vicinity are compared with Desai dilatancy boundary. To conclude, the the minimum permissible internal pressure is governed by the depth of locating the cavity. In deeper caverns more internal pressure should apply to prevent irreversible volumetric change due to dilatancy.

Acknowledgements This work was performed in the frame of the project ANGUS+ funded by the Federal Ministry of Education and Research (BMBF) under grant no. 03EK3022C. The authors are grateful for their support.

References

1. Thomas, R. L., Gehle, R. M. (2007). A Brief history of salt cavern use. Proceeding of 8th world salt symposium 207-214.
2. Leighty, W. (2007). Running the World on Renewables: Hydrogen Transmission Pipelines with Firming Geologic Storage, Spring 2007 Solution Mining Research Institute Technical Conference, Basel, Switzerland, April 29 Ű May 1.
3. Lord, A. S., Kobos, P. H., Klise, G. T., Borns, D. J. (2011). A Life Cycle Cost Analysis Framework for Geologic Storage of Hydrogen: A User's Tool, Sandia National Laboratories, SAND2011-6221.
4. Cristescu, N., Hunsche, U. (1998). Time Effects in Rock Mechanics. Wiley, Chichester.
5. Heusermann, S., Rolfs, O., Schmidt, U. (2003). Nonlinear finite element analysis of solution mined storage caverns in rock salt using the LUBBY2 constitutive model. Comput. Struct 81, 629-638.
6. Hou, M. Z. (2003). Mechanical and hydraulic behavior of rock salt in the excavation disturbed zone around underground facilities. Int. J. Rock Mech. Min. Sci 40, 725-738.
7. Minkley, M., Muehlbauer, J. (2007). Constitutive models to describe the mechanical behavior of salt rocks and the imbedded weakness planes. In 6th Conference on The Mechanical Behavior of Salt- SALTMECH6, Hannover , Germany, 22-25 May.
8. Olivella, S., Gens. A. (2002). A constitutive model for crushed salt. Int. J. Numer. Anal. Meth. Geomech. 26, 719-746.
9. Hunsche, U., Hampel, A. (1999). Rock salt- the mechanical properties of the host rock material for radio active waste repository. Engineering Geology 52, 271-291.
10. Günther, R., Salzer, K. (2007). A model for rock salt, describing transient, stationary, and accelerated creep and dilatancy. In 6th Conference on The Mechanical Behavior of Salt- SALTMECH6, Hannover , Germany, 22-25 May.
11. DeVries, K. L., Mellegard, K. D., Callahan GD (2003). Cavern Design Using a Salt Damage Criterion: Proof-of-Concept Research Final Report. SMRI spring 2003 meeting, Houston, USA 1-17.
12. Code–bright user's guide. Tech. Rep. Department of the Geotechnical Engineering and Geosciences of the Technical University of Catalonia (UPC), May 2010.
13. Heusermann, S., Lux, K.-H., Rokahr, R. B. (1982). Entwicklung mathematischmechanischer Modelle zur Beschreibung des Stoffverhaltens von Salzgestein in AbhĂangigkeit von der Zeit und der Temperatur auf der Grundlage von Laborversuchen und begleitenden kontinuumsmechanischen Berechnungen nach der Methode der finiten Elemente. Schlußbericht zum BMFT/PLE-Forschungsauftrag ET 2011 A, Institut für Unterirdisches Bauen, Hannover, Germany.
14. Desai, C. S., Zhang, D. (1987). Viscoplastic model for geologic materials with generalized flow rule. Int. J. Numer. Anal. Met 11, 603-627.
15. Hunsche, U., Schulze, O., Walter, F., Plischke, I. (2003). Projekt gorleben 9G2138110000 - Thermomechanisches Verhalten von Salzgestein. Abschlussbericht. Hannover: Bundesanstalt für Geowissenschaftenund Rohstoffe.
16. Bräuer, V., Eickemier, R., Eisenburger, D., Grissemann C (2011). Description of the Gorleben site part 4: Geotechnical exploration of the Gorleben salt dome, Technical report, BGR.
17. DeVries, K. L., Mellegard, K. D., Callahan, G. D., Goodman W. M.(2005). Cavern Roof Stability For Natural Gas Storage In Bedded Salt. Final Report, Houston, USA 1-17.

Kapitel 5
Bestimmung der Porenzahl aus Drucksondierungen

Markus Uhlig & Ivo Herle

Zusammenfassung Die Drucksondierung mit Porenwasserdruckmessung ist eine häufig verwendete Baugrunderkundungsmethode. Die Auswertung der Sondierungen erfolgt dabei meist mit empirischen Verfahren. Hier wird eine semi-empirische Methode zur Bestimmung der Porenzahl bzw. Konsistenz vorgestellt. Die Methode beruht dabei auf einer inversen Analyse. Die Analyse wird mit einer sphärischen Hohlraumaufweitung, die mit Hilfe der FEM berechnet wird, durchgeführt. Allerdings ist, um die Drucksondierergebnisse und die Berechnungen vergleichen zu können, die Bestimmung eines Kalibrierfaktors notwendig. Im folgenden wird vor allem auf die Bestimmung dieses Kalibrierfaktors eingegangen, dafür werden im Labor in einem Kalibrierbehälter durchgeführte Drucksondierversuche und die zugehörigen numerischen Simulationen vorgestellt. Die Ergebnisse werden für zwei feinkörnige Böden gezeigt.

Abstract The cone penetration test with pore water pressure measuring (CPTU) is a commonly used method to investigate the subsoil. In most cases, empirical relationships are used to analyse the CPTUs. As alternative, a new semi-empirical approach is presented to evaluate the soil state (for instant void ratio or consistency) in a fine grained soil. This inverse method links the in situ test results with simulations using calibration factors. The numerical analysis is performed with a simplified finite element model simulating a spherical cavity expansion. In this paper an application of such an inverse modelling and the determination of the calibration factors for two different soils are presented. The calibration factors were determined comparing the results of the simulations with the laboratory tests performed in a CPTU calibration chamber.

Dipl.-Ing. Markus Uhlig
Institut für Geotechnik, Fakultät Bauingenieurwesen, Technische Universität Dresden E-mail: markus.uhlig@tu-dresden.de

Univ.-Prof. Dr.-Ing. habil. Ivo Herle
Institut für Geotechnik, Fakultät Bauingenieurwesen, Technische Universität Dresden E-mail: ivo.herle@tu-dresden.de

5.1 Einleitung

Heutzutage gehören numerische Berechnungen mit der FE-Methode zum nahezu Standardrepertoire eines jeden Ingenieurbüros. Dabei werden immer häufiger auch komplexere Stoffmodelle, wie z. B. das Cam-Clay-Modell oder auch die hypoplastischen Stoffmodelle verwendet. Speziell für diese Stoffmodelle ist es notwendig, die Porenzahl in situ zu kennen oder abschätzen zu können. Um die Porenzahl zu bestimmen, müssen ungestörte Proben hoher Güteklasse gewonnen werden. Diese Proben können dann im Labor untersucht und aus der Dichte die Porenzahl berechnet werden. Die Probennahme ist jedoch, vor allem in größeren Tiefen, sehr kostspielig und kann z. B. bei grobkörnigen Böden nur mit sehr hohem Aufwand, z.B dem sättigen und gefrieren des Bodens, durchgeführt werden.

Daher werden indirekte Baugrunderkundungsmethoden zur Bestimmung des Bodenzustandes eingesetzt. Eine moderne Methode ist die Drucksondierung. Hier wird ein Metallgestänge in den Boden gedrückt und am Fuße können mit verschiedenen Sensoren z. B. die Kräfte, der Porenwasserdruck aber auch seismische Erregungen gemessen werden. Eine der Standardkonfiguration bildet dabei die sogenannte CPTU (Cone Penetration Test mit Wasserdruckmessung), wo neben zwei Kraftmessdosen auch ein Druckaufnehmer an der Spitze des Gestänges installiert ist. Mit dieser Piezocone können dann der Spitzenwiderstand (erste Kraftmessdose direkt hinter der Kegelspitze), die Mantelreibung (zweite Kraftmessdose hinter der Reibungshülse) und der Porenwasserdruck gemessen werden. Die Abbildung 5.1 zeigt eine Piezocone, wie sie im Labor und für feinkörnige Böden verwendet wird. Diese Sondenspitze unterscheidet sich nur durch ihre kleineren Abmessungen von den in situ verwendeten Spitzen.

Für grobkörnige Böden gibt es zahlreiche empirische Verfahren, wie die in situ Dichte bestimmt werden kann. Zu nennen wären hier unter anderem [5] und [4].

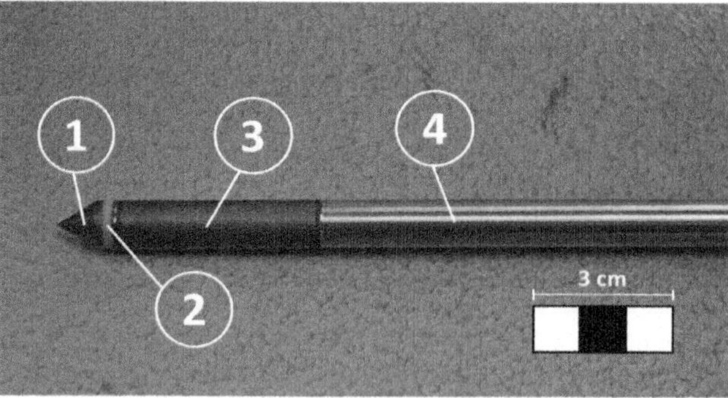

Abb. 5.1: Spitze einer Labor-Piezocone: 1) Kegelspitze; 2) Filterstein (darunter Druckaufnehmer); 3) Reibungshülse; 4) Schaft

Für die empirischen Verfahren wurden Spitzendwiderstand-Dichte Diagramme erstellt und die Versuchspunkte durch eine Regressionsgerade approximiert. Für die Bestimmung der bezogenen Lagerungsdichte wird neben dem Spitzenwiderstand auch die effektive Vertikalspannung teils auch weitere Faktoren wie z.B. der OCR (bei [5]) benötigt. Mit den Grenzen der Lagerungsdichten (lockerste und dichteste) kann auch die Porenzahl in situ abgeschätzt werden. Eine semi-empirische Methode stammt von Cudmani [2]. Er nutzt die sphärische Hohlraumaufweitung unter Verwendung des hypoplastischen Stoffmodells für Sand, um über eine inverse Berechnung die Porenzahl in situ zu bestimmen. Als Eingangsparameter einer Berechnung wird neben dem Spitzenwiderstand, den hypoplastischen Stoffmodellparametern auch ein Formfaktor benötigt. Das Vorgehen seiner Methode wird im Abschnitt 5.2 näher erläutert.

Die Konsistenz ist für feinkörnige Böden, dass was die bezogenene Lagerungsdichte für grobkörnige Böden ist, eine Beschreibung des Zustandes. Eine Ableitung der Porenzahl bzw. der Konsistenz aus einer CPT in feinkörnigen Böden wäre mit der Methode nach Cudmani ebenfalls möglich, wie in [1] gezeigt wurde. Jedoch sind für die Anwendung dieser Methode Kalibrierungsversuche und deren Nachrechnungen nötig. Diese werden, wie die Methode auch selbst, in den folgenden Kapiteln näher vorgestellt.

5.2 Interpretationsmethode der Drucksondierung

5.2.1 Hohlraumaufweitung

Zunächst soll auf die Idee der nachfolgend vorgestellten Auswertungs- oder Interpretationsmethode eingegangen werden. Die Spitze der Drucksonde wird in den Baugrund eingedrückt, dabei wird das umliegende Bodenmaterial nach außen verdrängt. Untersuchungen in Schluff unter mit Hilfe eines Röntgentomographen [8] zeigten, dass sich unter der Spitze näherungsweise kugelförmige Verschiebungen mit ca. 2 bis 3 fachen Durchmesser des Sondendurchmessers ausbilden. Der Kugelmittelpunkt befindet sich dabei unter der Kegelspitze.

Naheliegend ist daher ein vereinfachtes Berechnungsmodell mit einer sich aufweitenten Kugel. Das sogenannte Modell der sphärischen Hohlraumaufweitung kann somit verwendet werden, um eine Drucksondierung zu simulieren. Das Modell besteht aus zwei Kugeln mit unterschiedlichen Radien aber gleichem Mittelpunkt (vgl. Abbildung 5.2). Die innere Kugel A ist hohl und wird während der Simualtion aufgeweitet. Die äußere Kugel B ist genau genommen nur die Schnittmenge der beiden Kugeln. Gedanklich kann sich diese als der umliegende Boden vorgestellt werden. In der Simulation wird der Boden durch ein Netz aus finiten Elementen ersetzt. Auf der Aussenfläche der großen Kugel wirkt eine Radialspannung, wel-

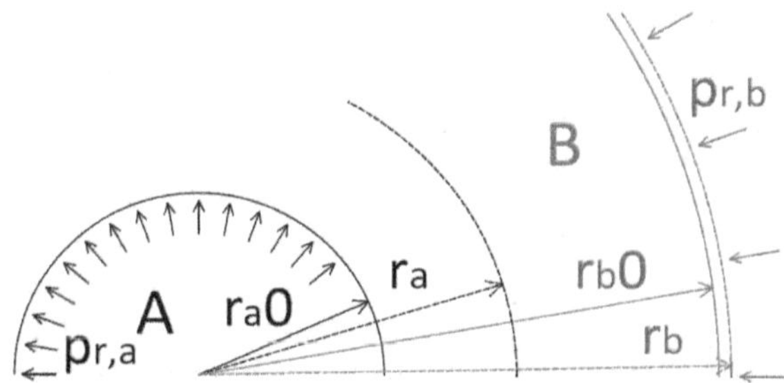

Abb. 5.2: Skizze der Kugeln der Hohlraumaufweitung

che die mittlere Spannung des Bodens repräsentiert. Tangentialspannungen werden nicht berücksichtigt. Während des Simulationsprozesses wird nun die innere Kugel mit einer konstanten Geschwindigkeit aufgeweitet und die inneren Radialspannungen $p_{r,a}$ gemessen. Diese Spannung erreicht nach einer bestimmten Aufweitung ein Maximum, welche als Grenzdruck definiert wird.

5.2.2 Methode und Stoffmodell

Die nachfolgende Auswertungsmethode wird für einen feinkörnigen Boden dargestellt, kann aber mit kleineren Änderungen auch für Sande angewandt werden und entspricht dann der Auswertungsmethode von Cudmani [2]. Für die Auswertung in feinkörnigen Böden sollten CPTUs durchgeführt werden, in grobkörnigen Material ist ein CPT (ohne Porenwasserdruckmessung) ausreichend, da aufgrund hoher Durchlässigkeiten keine oder nur sehr niedrige Porenwasserdrücke durch die Sondierung entstehen werden. Die Auswertung beruht auf einem Vergleich einer Größe, welche aus der Hohlraumaufweitung kommt, mit einer Größe aus der Drucksondierung unter Berücksichtigung eines für den Vergleich spezifischen Formfaktoren.

Die Abbildung 5.3 zeigt ein Schema des Ablaufes der Auswertung. Hier wurde aus einer Drucksondierung die Porenzahl abgeleitet. Der Ausgangspunkt sind Drucksondierergebnisse, tiefensortiert nach Schichten mit grob- und feinkörnigen Böden. Für die einzelnen Schichten sollten dann kleine Abschnitte mit nahezu konstanten Widerständen definiert werden. Diese Abschnitte können dann mit der nachfolgend beschriebenen Methode einzeln untersucht werden.

Für jeden Abschnitt ist somit eine Sondiergröße (z.B. der Spitzenwiderstand q_t) und eine mittlere Tiefe z bekannt. Aus der Tiefe z und unter Annahme einer Wichte γ' kann die Vertikalspannung σ_v' im Boden ermittelt werden. Unter Verwendung vom Erdruhedruckbeiwert K_0, berechnet nach Jaky [3] ($K_0 = 1 - sin(\varphi')$, mit φ' als

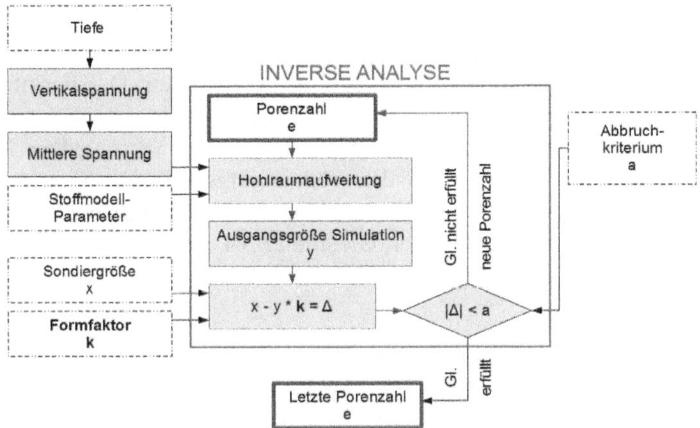

Abb. 5.3: Schema des Ablaufs der Interpretationsmethode

effektiven Reibungswinkel), kann die mittlere Spannung p' bestimmt werden.

Für die Simulation der Hohlraumaufweitung wird ein hypoplastisches Stoffmodell verwendet. Für die Simulation müssen zusätzlich zu den Parametern noch der Zustand am Anfang definiert werden. Dabei wird die Anfangsspannung auf die Spannung p' gesetzt. Unbekannt ist die zugehörige Porenzahl, welche in einem ersten Schritt sinnvoll angenommen werden muss. Aus der numerischen Berechnung folgt eine Ausgangsgröße y (z. B. der Grenzdruck p_{LS}). Multipliziert wird diese mit einem Kalibrierfaktor k und kann mit einer Sondiergröße oder veränderten Sondiergröße x (z. B. dem Netto-Spitzenwiderstand $q_t - p'$) verglichen werden. Die Kalibrierfaktoren werden nachfolgend als Formfaktoren bezeichnet. Sind die Größen $y \cdot k$ und x unterschiedlich, muss eine erneute Berechnung der Hohlraumaufweitung mit veränderter Porenzahl durchgeführt werden, bis ein gewähltes Konvergenzkriterium erfüullt ist. Diese inverse Analyse wird durchgeführt bis das Kriterium erfüllt ist. Diese Porenzahl ist dann die in situ vorliegende Zustandsgröße.

Die Methode sieht auf den ersten Blick wenig gewinnbringend aus, da neben der Sondiergrößen auch die Stoffmodellparameter vorliegen müssen. Daher eignet sich diese Methode im Besonderen für Kippen, wo die verkippten Böden bekannt sind. Sie ist aber auch für die Erkundung natürlicher Böden nutzbar, da die indirekten Baugrunderkundungen durch Aufschlußbohrungen ergänzt werden sollten. Damit steht Bodenmaterial zur Verfügung mit dem auch Standardlaborversuche durchgeführt werden können. Ein Vorteil vom hier verwendeten Stoffmodell wäre zudem, dass die Versuche mit aufbereiteten Boden durchgeführt werden können und somit auf eine aufwendige Probengewinnung von ungestörten Proben verzichtet werden kann.

$$k = x/y \tag{5.1}$$

Es bleibt jedoch noch eine Unbekannte, der Formfaktor. Der Formfaktor muss durch Kalibrierungsversuche bestimmt werden und wird in den nächsten zwei Kapiteln für zwei Materialien vorgestellt. Es werden dabei verschiedene Formfaktoren, abgeleitet aus verschiedenen Sondiergrößen, aufgezeigt. Die bereits vorgestellte Methode ist dabei die Grundlage, mit dem Unterschied, dass nach dem Formfaktor gesucht wird. Dieser ergibt sich nach Gleichung 5.1 aus einer Sondiergröße x und einer Ausgangsgröße der Hohlraumaufweitung y.

5.3 CPTU-Laborversuche

5.3.1 Versuchsanlage

Für die CPTU-Versuche wurde eine Kalibrieranlage entworfen. Das Grundgerüst dieser Anlage bildet eine große Triaxialzelle (siehe Abbildung 5.4). Die Zelle besteht dabei wie üblich aus einer Fußplatte, welche zentrisch mit einem Loch für die Sondierstange versehen ist, einem Plexiglaszylinder und einer Kopfplatte, welche von einer Stange mit innenliegender Kraftmessdose (vgl. Abbildung 5.4 Nr. 4) unterbrochen wird. Zur Steuerung des Zelldrucks und des Porenwasserdruckes werden zwei Druck-Volumen-Regler (Nr. 1) verwendet. Von den Druck-Volumen-Reglern des Porenwasserdrucks gehen Leitungen zur oberen und unteren Seite der Probe. Beide Leitungen können durch das Schließen von Hähnen (Nr. 3) separat gesteuert werden. Sind die Hähne geschlossen, kann an beiden Leitungen der Porenwasserdruck mit Messgebern (Nr. 2) gemessen werden. Die Probe (Nr. 6) hat einen Durchmesser von 15 cm und kann bis zu 32 cm hoch eingebaut werden. Sie wird mit einer Doppelmembran (Nr. 7) vom Wasser der Zelle getrennt. Ober– und unterhalb der Probe sind Filterplatten (Nr. 8) zur besseren Drainage während der Konsolidationsphase angeordnet.

Die Sondierung erfolgt von unten nach oben, wobei das Sondiergestänge (Nr. 5) mit einer Presse in den Bodenkörper eingedrückt wird. Die Sonde selbst ist von der Firma FUGRO und ist speziell für Laborversuche angefertigt worden. So beträgt ihr Durchmesser 1,13 cm, was einer Grundfläche von 1 cm^2 entspricht. Die Sondenspitze ist in Abbildung 5.1 dargestellt. Auch wird der Eindringweg mit einem induktiven Wegaufnehmer gemessen. Alle Messdaten werden über eine LABVIEW-Routine in eine ASCII-Datei geschrieben.

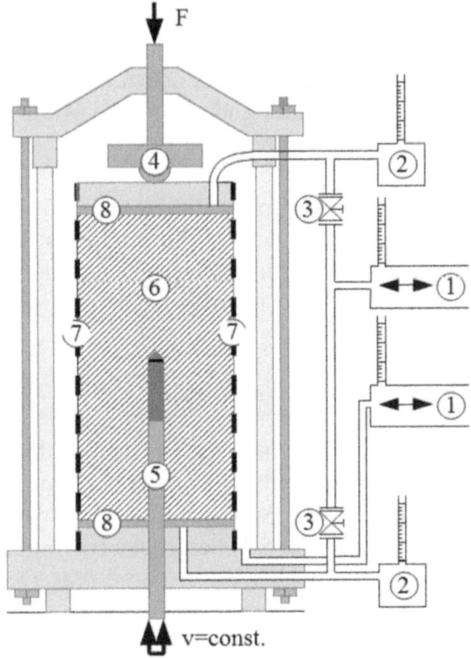

Abb. 5.4: Versuchsaufbau

5.3.2 Versuchsablauf und Auswertung

Zunächst wurden die Bodenmaterialien aufbereitet und auf eine bestimmte Korngröße abgesiebt (siehe Abschnitt 5.4.1). Der Anfangswassergehalt betrug dabei das ca. 1,2 bis 1,5-fache der Fließgrenze. Der flüssige Boden wurde dann in ein Stahlrohr eingebaut und in diesem auf 100 oder 200 kPa vorkonsolidiert. Danach wurde der Boden aus dem Rohr gepresst und auf die Abmaße der CPTU–Anlage eingepasst. Um die Konsolidationszeiten zu verkürzen, wurden zwei Lagen Filterpapier um die Probe angebracht und diese mit zwei Membranen umhüllt in die Zelle eingebaut. Es folgte bei einigen Proben eine Sättigungsphase und eine isotrope Kompression auf unterschiedliche Zelldrücke bzw. mittlere Spannungen. Nachdem die isotrope Konsolidation abgeschlossen war, wurde die Sondierspitze in den Boden gedrückt. Die Sondiergeschwindigkeit betrug für die Versuchsreihe CPT-S (Material 1: Ton, vgl. Abschnitt 5.4.1) 6 mm/min und für die Reihe CPT-AW (Material 2: Schluff) 1 mm/min. Die Geschwindigkeiten wurden dabei von der maximal möglichen Geschwindigkeit der Presse festgelegt. Der maximale Verfahrweg der Presse beträgt 14 cm, sodass eine Sondierung in Abschnitten durchgeführt wurde, welche auch in der Abbildung 5.6 durch die unterschiedlichen Grautöne erkennbar sind. Während der Sondierung wurden die Hähne zum Druck-Volumen-Regler geschloßen, sodass die Probe nach außen undrainiert war. Nach der Sondierung wurden die Abmessungen und Masse der Probe bestimmt und diese halbiert. An den Schnittflächen wurden dann in drei verschiedenen Bereichen (Rand–nahe der Zylindermantelfläche der Probe, Viertel–zwischen Rand und Mitte, Mitte–rund um das Sondierloch) jeweils 5 Wassergehalte genommen.

Mit der Kraft, gemessen hinter dem Spitzenkegel, und der Sondenfläche kann der Spitzenwiderstand q_c bestimmt werden. Aufgrund der Sondengeometrie muss dieser jedoch noch mit der Netto-Sonden-Fläche α und dem Porenwasserdruck u nach Gleichung 5.2 korrigiert werden, um die totalen (oder korrigierten) Spitzenwiderstände q_t zu erhalten.

$$q_t = q_c + \alpha \cdot u \tag{5.2}$$

Im Abschluss an die CPTU-Versuche sollte zu jeder mittleren Spannung ein Wert des Spitzenwiderstands, der Mantelreibung und des Porenwasserdrucks zugeordnet werden können. Somit wird für jede Sondierung ein Eindringtiefenbereich festgelegt, über den der Mittelwert der drei Sondiergrößen bestimmt wurde. Ein Beispiel ist in Abbildung 5.6 für den Versuch CPT–S–3 dargestellt. Der festgelegte Bereich für diesen Versuch liegt zwischen 125 und 190 mm.

Für die numerischen Berechnungen wird die Porenzahl als Eingangsgröße benötigt. Diese kann mit zwei unterschiedlichen Formeln und dahinter liegenden Annahmen berechnet werden. Zum einen kann angenommen werden, dass die Probe voll gesättigt ist, womit die Porenzahl nach Gleichung 5.3 berechnet werden kann.

$$e = \frac{\rho_S}{\rho_W} \cdot w \tag{5.3}$$

Hierbei ist ρ_S die Korn-, ρ_W die Wasserwichte und w der Wassergehalt. Unter der Annahme eines richtig bestimmten Volumens V und der zugehörigen Feuchtmasse m_f des Probekörpers kann die nachfolgende Gleichung 5.4 verwendet werden.

$$e = \frac{\rho_S}{\rho_d} - 1 = \frac{\rho_S}{\frac{m_f}{V \cdot (1+w)}} - 1 \tag{5.4}$$

Da die Proben vollgesättigt sein sollten und das Volumen unter großem Aufwand vermessen wurde, sollten beide Gleichungen die selben Ergebnisse bringen. Jedoch konnten Porenzahldifferenzen von bis zu 0,03 festgestellt werden. Sodass schlussendlich die Porenzahl nach der Gleichung 5.4 für weitere Berechnungen verwendet wurde.

Für die Berechnung der Porenzahl muss zudem ein repräsentativer Wassergehalt festgelegt werden, da die Wassergehalte in verschiedenen Bereichen gemessen wurden. Nähere Erläuterungen hierzu sind im Abschnitt 5.4.2 zu finden.

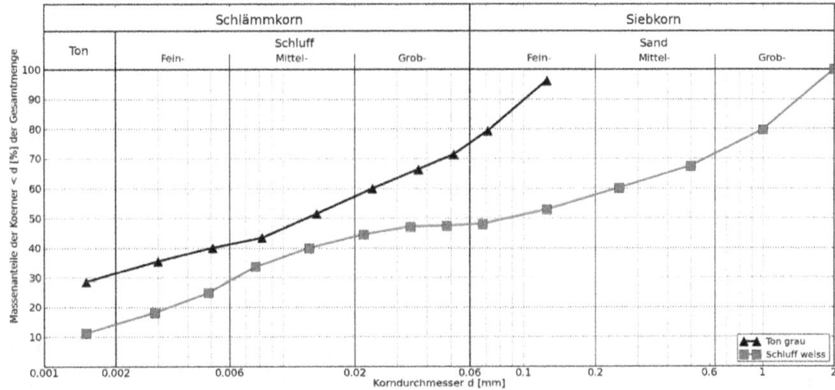

Abb. 5.5: Korngrößenverteilungen der Versuchsmaterialien

5.4 Versuchsergebnisse und Kalibrierfaktoren

5.4.1 Versuchsmaterialien und Stoffmodellparameter

Als Materialien wurden bisher zwei feinkörnige Böden untersucht. Das erste Material ist ein grauer Ton, welcher als leicht plastischer Ton klassifiziert wurde. Die Versuchsreihe mit diesem Ton wird als CPT-S bezeichnet. Die Fließgrenze wurde zu 31,6% und die Ausrollgrenze zu 13,9% bestimmt. Das zweite Material, ein weißer Schluff, wurde nach DIN 18196 als mittelplastischer Schluff klassifiziert. Die Plastizitätsgrenzen liegen bei 28,3% und 49,1%. Erwähnt sollte dabei werden, das Korngrößen größer 0,4 mm für die Bestimmung der Plastizitätsgrenzen nicht verwendet wurden, was beim Schluff ca. 35% der Gesamtmasse ausmacht. Die Korngrößenverteilungen beider Materialien sind in Abbildung 5.5 dargestellt. Mittels Pyknometer wurde die Korndichte zu 2,652 $\mathrm{g/cm^3}$ (Material 1: Ton) und zu 2,671 $\mathrm{g/cm^3}$ (Material 2: Schluff) bestimmt.

Neben den Klassifikationsversuchen wurden auch mechanische Versuche durchgeführt, um die Parameter des Materialmodells zu bestimmen. Verwendet wurde das hypoplastische Stoffmodell für Tone nach Mašín [6]. Dabei wurde der kritische Reibungswinkel φ_c für das Material 1 mit Rahmenscherversuchen und zusätzlich mit CU-Triaxialversuchen bestimmt, wobei sich ein Reibungswinkel von 25,9° (Rahmenschergerät) und 26,3° (CU-Versuch) ergab. Für das Material 2 wurden nur Rahmenscherversuche durchgeführt. Die endgültig verwendeten Reibungswinkel können der Tabelle 5.1 entnommen werden.

Aus Kompressionsversuchen können drei weitere Parameter bestimmt werden. Dabei ist N das spezifische Volumen ($v = e + 1$) bei einer mittleren Spannung von

Tab. 5.1: Parameter für das hypoplastische Stoffmodell nach Mašín

Material	N	λ^*	κ^*	φ_c	r
1 (Ton)	0,683	0,0507	0,0085	26,0°	0,5
2 (Schluff)	0,829	0,0625	0,0088	29,0°	0,3

1 kPa. Aus einem doppellogarithmischen Diagramm in dem das spezifische Volumen über die mittlere Spannung geplottet wird, kann die Neigung der Erstbelastungskurve (NCL) mit λ^* beschrieben werden. Der Anstieg der Ent– bzw. Wiederbelastungskurve wird durch den Parameter κ^* festgelegt. Sowohl für das Material 1 als auch 2 wurden Ödometer– und isotrope Kompressionsversuche durchgeführt, um diese Parameter zu bestimmen. Auch hier zeigt die Tabelle 5.1 die endgültigen Werte, welche aus einer Mittelung beider Versuche entstanden.

Der fünfte Parameter r kann über die Nachrechung eines CU-Versuches als Elementversuch im Vergleich mit einem CU-Triaxialversuch erhalten werden. Dabei muss der Parameter angepasst werden, bis die Anfangssteifigkeiten gleich sind.

5.4.2 Sondier- und Zustandsgrößen

Die Sondierungen wurden bei unterschiedlichen Zelldrücken (mittleren Spannungen) durchgeführt. Dabei wurden die Spitzen- und Mantelwiderstände sowie die Porenwasserdrücke aufgezeichnet. Einen typischen Verlauf des Mantel- und Spitzenwiderstandes zeigt die Abbildung 5.6, dabei ist auch deutlich der Bereich zu sehen, in welchem die Werte konstant werden. Beim Porenwasserdruck wurden bei der Versuchsreihe CPT-S (Ton) ebenfalls konstante Werte erreicht. Die Versuchsreihe CPT-AW (Schluff) erreichte diesen stationären Zustand nicht, allerdings zeigte die Kurve zu Versuchsende eine deutliche Abflachung, somit wurde der Mittelwert der letzten 5-6 mm verwendet.

Die Tabelle 5.2 fasst die Ergebnisse der Laborversuche zusammen. Es lässt sich deutlich erkennen, dass sich alle drei Sondiergrößen bei steigender mittleren Spannung erhöhen.

Wie bereits erwähnt, wurde an drei verschieden Probenbereichen der Wassergehalt bestimmt. Erwartungsgemäß, da der Boden außen am schnellsten konsolidiert und während des Ausbaus austrocknet, war dabei der Durchschnitt der 5 Wassergehaltsproben am Randbereich etwas geringer als der im Viertelsbereich. Folgt man dieser Logik würde der Wassergehalt rund um das Sondierloch (in der Mitte) am höchsten ausfallen, dies konnte jedoch in den Versuchen nicht festgestellt werden. Hier ergab sich der Mittelwert der Mitte meist niedriger, als der der Randbereiche.

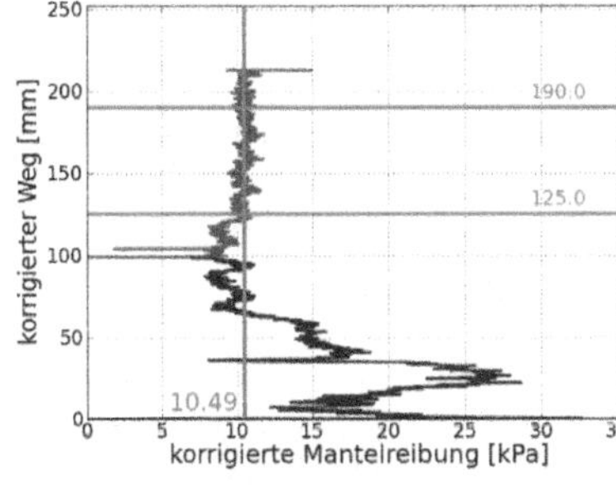

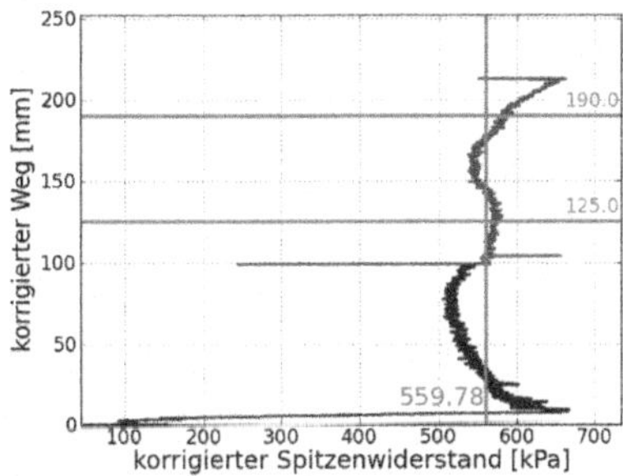

Abb. 5.6: Mantelwiderstand f_s und kor. Spitzenwiderstand q_t des Versuchs CPT-S-3 (Material 1: Ton)

Eine mögliche Erklärung konnte am Austrocknen des Bodens rund um das Sondierloch während der Ausbauphase (bis zu 1,5 h) gefunden werden. Als repräsentativer Wassergehalt wurde der Mittelwert der Wassergehalte vom Viertelsbereich angenommen, da davon ausgegangen wird, dass in diesem Bereich die Probe am wenigsten gestört wurde und somit den Wassergehalt während bzw. kurz vor der Sondierung am nächsten kommt. Mit den Wassergehalten wurden die Porenzahlen für die Nachrechnungen bestimmt. Die Porenzahlen, berechnet nach Gleichung 5.4, sind in Tabelle 5.3 aufgezeigt.

5.4.3 Formfaktoren

Zur Berechnung der Formfaktoren, allgemein definiert nach Gleichung 5.1, werden noch die Ergebnisse der sphärischen Hohlraumaufweitung benötigt, welche in Tabelle 5.3 zusammengefasst sind. Nachfolgend werden drei Formfaktoren, definiert über jeweils eine Sondiergröße, vorgestellt.

Tab. 5.2: Sondiergrößen aus den CPTU-Laborversuchen: Spitzenwiderstand q_t, Mantelwiderstand f_s, Porenwasserdruck u

	CPT-S (Ton)					CPT-AW (Schluff)			
Test	p' [kPa]	q_t [kPa]	f_s [kPa]	u [kPa]	Test	p' [kPa]	q_t [kPa]	f_s [kPa]	u [kPa]
3	150	560	10,5	229	4	100	1437	41,5	28,8
6	200	797	14,0	268	7	200	2680	95,4	67,2
5	400	1379	37,0	532	2	300	3545	102,9	84,4
4	500	1685	39,7	744	1	400	4080	206,1	117,2

Tab. 5.3: Eingangsgrößen (Porenzahl e) und Resultate (Grenzdruck p_{LS}, Porenwasserdruck u_S) der Hohlraumaufweitungen

	CPT-S (Ton)					CPT-AW (Schluff)			
Test	p' [kPa]	e [-]	p_{LS} [kPa]	u_S [kPa]	Test	p' [kPa]	e [-]	p_{LS} [kPa]	u_S [kPa]
3	150	0,54	399	279	4	100	0,76	246	187
6	200	0,52	524	369	7	200	0,72	425	336
5	400	0,46	1108	763	2	300	0,66	676	525
4	500	0,45	1321	925	1	400	0,68	750	616

5.4.3.1 Spitzenwiderstand

Der Spitzenwiderstand wird üblicherweise für die Auswertung von Drucksondierungen, z. B. von undrainierten (c_u) und drainierten (φ') Scherfestigkeiten oder der Dichte verwendet, da er eine robuste Messgröße darstellt. Schon 2007 wurde von Meier [7] ein Formfaktor mit dem Spitzenwiderstand ausgewertet. Dabei wird der Formfaktor k_q wie folgt definiert:

$$k_q = \frac{q_t - p'}{p_{LS}} \tag{5.5}$$

Der Dividend wird als Netto-Spitzenwiderstand bezeichnet und ergibt sich aus dem korrigierten Spitzenwiderstand q_t abzüglich der effektiven mittleren Spannung p'. Die Formfaktoren werden für jeden Laborversuch und deren Nachrechnung (Grenzdruck p_{LS}) ausgewertet. Die Abbildung 5.7 zeigt die Ergebnisse.

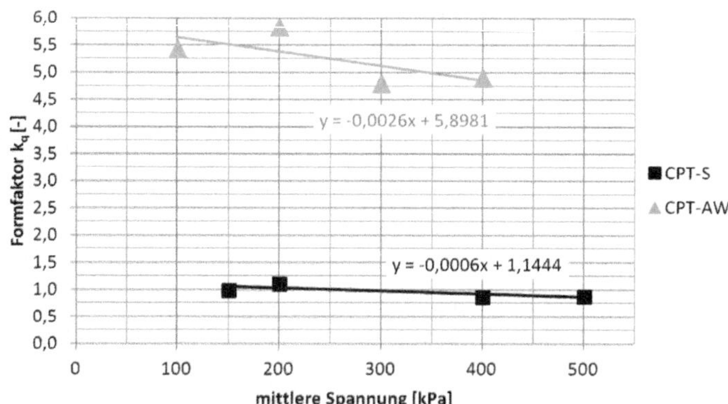

Abb. 5.7: Formfaktoren k_q der Einzelversuche und zugehörige Regressionsgeraden

Ein Vergleich der Formfaktoren zwischen den Materialien zeigt, dass das Material 2 (CPT–AW) wesentlich höhere Formfaktoren ergibt. Bei beiden Materialien ist ein Abfallen der Formfaktoren mit steigendem mittleren Spannungen zu erkennen.

5.4.3.2 Mantelwiderstand

Der Mantelwiderstand f_s wird, neben dem Spitzenwiderstand, standardmäßig bei der Auswertung von Drucksondierungen vor allem für die Bestimmung des Bodentyps verwendet. In den Versuchen im Labor zeigte der Mantelwiderstand ebenfalls robuste Werte. Einzig der Versuch CPT–AW–2 (300 kPa) ist auffällig (vgl. Abbildung 5.8). Die nachfolgende Definition des Formfaktors wird über die effektiven Spannungen aus den Simulationen dargestellt.

$$k_{s,eff} = \frac{f_s}{(p_{LS} - u_S) \cdot \tan(\delta'_K)} \tag{5.6}$$

So kommen die Ausgangsgrößen Grenzdruck p_{LS} und Porenwasserdruck u_S der Simulation zum Einsatz. Multipliziert werden die Größen mit einem Kontaktreibungswinkel δ'_K zwischen dem Boden und der Mantelreibungshülse. Dieser wurde mittels Rahmenscherversuche mit einer Metallplatte und dem Material 1 (Ton) bestimmt. Wobei sich ein Kontaktreibungswinkel von $0.72 \cdot \varphi_c$ ergab. Dieser Kontakreibungswinkel wurde auch für das Material 2 (Schluff) verwendet.

Auch hier ist der Formfaktor des grobkörnigeren Materials 2 höher als des Materials 1 (Ton). Bei beiden Materialien ist mit zunehmender mittlerer Spannung ein stark unterschiedlich stark ausgeprägter Anstieg zu erkennen.

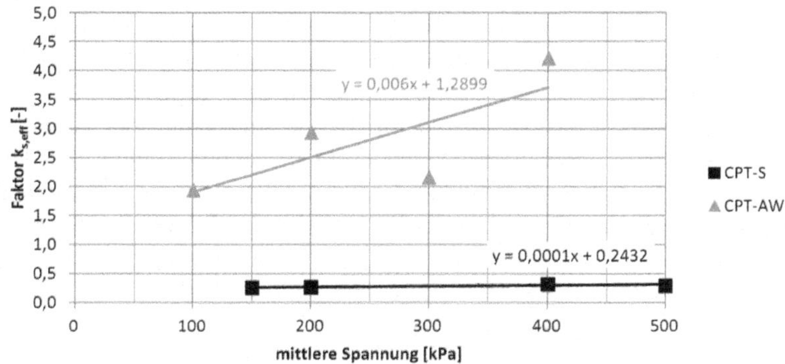

Abb. 5.8: Formfaktoren $k_{s,eff}$ der Einzelversuche und zugehörige Regressionsgeraden

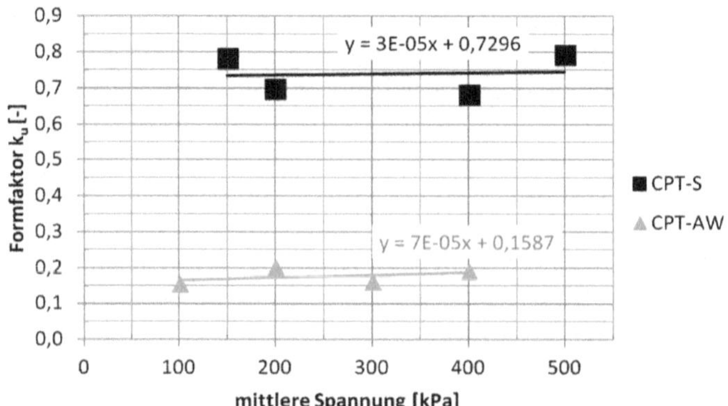

Abb. 5.9: Formfaktoren k_u der Einzelversuche und zugehörige Regressionsgeraden

5.4.3.3 Porenwasserdruck

Der Porenwasserdruck ist ebenfalls für die Auswertung verwendbar. Allerdings muss hierfür die Voraussetzung, dass der Boden voll gesättigt ist, erfüllt sein. Für den Formfaktor $k_u$werden die Porenwasserdrücke der Laborversuche u_L mit denen der Simulationen u_S nach Gleichung 5.7 verglichen.

$$k_u = \frac{u_L}{u_S} \tag{5.7}$$

Beim Formfaktor k_u ist ein, im Gegensatz zu den beiden vorher beschrieben Formfaktoren, umgekehrte Tendenz zu erkennen. Hier ist der Formfaktor des Materials 1 (CPT–S) deutlich höher als des Materials 2 (CPT–AW). Jedoch zeigen sich auch hier wieder übereinstimmende Tendenzen in Bezug auf die mittleren Spannungen. Der Formfaktor steigt leicht mit zunehmender mittlerer Spannung an. Zudem sind alle Formfaktoren kleiner 1, dies bedeutetet, dass die Simulationsergebnisse des Porenwasserdrucks größer als die Messwerte sind. Unter der Annahme, dass das Stoffmodell die Bodeneigenschaften exakt berechnen könnte und der Boden homogen ist, sollte sich ein Formfaktor knapp unter 1 ergeben, da Drainageeffekte entlang der Sonde auftreten und so der Porenwasserdruck während der Sondierung u_L verringert wird. Da das Stoffmodell für Tone bestimmt ist, gibt es das Verhaltens des Materials 1 (Ton) auch besser wieder als des Materials 2 (Schluff), was sich auch in den Formfaktoren widerspiegelt.

5.5 Zusammenfassung und Ausblick

In diesem Beitrag wurde eine Interpretationsmethode für Drucksondierungen zur Bestimmung der Porenzahl vorgestellt. Diese basiert auf einer inversen Analyse einer sphärischen Hohlraumaufweitung (Simulation), wobei als Eingangsgrößen die Sondiergrößen, die Stoffmodellparameter und ein Kalibrier- bzw. Formfaktor Verwendung finden. Die Simulation wurde mit dem hypoplastischen Stoffmodell nach Mašín durchgeführt. Allerdings sind die Formfaktoren bisher unbekannt, sodass diese erst durch Kalibrierungsversuche bestimmt werden müssen. Sodass eine Vorstellung von Formfaktoren für zwei unterschiedliche Böden erfolgt. Die Kalibrierungsversuche wurden bei unterschiedlichen mittleren Spannungen durchgeführt. Daher liegen auch Formfaktoren für verschiedene mittlere Spannungen vor. Es zeigt sich, dass die Formfaktoren von der mittleren Spannung (teilweise geringfügig) abhängig sind. Um dies zu überprüfen sind weitere Versuche außerhalb des bisher verwendeten Spannungsbereiche geplant. Zudem zeigt sich, dass die Formfaktoren, definiert über den Spitzenwiderstand oder den Mantelwiderstand, für den feinkörnigen Boden niedrigere Werte als für den gemischtkörnigen Boden ergeben. Beim Porenwasserdruck ist ein umgekehrtes Ergebnis zu beobachten. Weitere Untersuchungen an feinkörnigen Materialien sollen Abhängigkeiten des Formfaktors z. B. von der Plastizitätszahl, Fließgrenze aufzeigen.

Danksagung Die in dieser Veröffentlichung verwendeten Daten der CPTU-Laborversuche entstammen der Masterarbeit von Frau A. Winkler [10] und der Diplomarbeit des erst genannten Autors [9]. Zudem möchten sich die Autoren bei der Firma FUGRO für das Sponsoring von Zubehörteilen für die Laborsonde bedanken.

Literaturverzeichnis

1. Ali A, Meier T, Herle I (2011) Numerical investigation of undrained cavity expansion in fine-grained soils, Acta Geotechnica 6: 31-40
2. Cudmani R, Osinov V A (2001) The cavity expansion problem for the interpretation of cone penetration and pressuremeter tests. Canadian Geotechnical Journal 38: 622-638
3. Jaky J (1944) A nyugalmi nyomás tényezöje (The coefficent of earth pressure at rest), Magyar Mérnôle és Epitész - Egylet Kôzlônye (Journal of Hungarian Engineers and Architects): 355-358
4. Jamoilkowski M, Lo Presti D C F, Manassero M (2001) Evaluation of Relative Densisty and Shear Strength of Sands from CPT and DMT. In: Germaine J T, Sheahan T C, Whitman R V (ed) Soil Behavior and Soft Ground Construction, Institute of Technology, Cambrigde (Massachusetts)
5. Kulhawy F H, Mayne P W (1990) Manual on Estimating Soil Properties for Foundation Design. Cornell University, Ithaca (New York)
6. Mašín D (2005) Hypoplastic models for fine-grained soils, Journal for numerical and analytical methods in geomechanics 29: 311-336
7. Meier T (2007) Application of hypoplastic and viscohypoplastic constitutive models for geotechnical problems, Dissertation Heft 171, Universität Frederica, Karlsruhe
8. Paniagua P et al (2013) Soil deformation around a penetrating cone in silt. Géotechnique Letters 3: 185-191

9. Uhlig M (2011) Experimentelle und numerische Untersuchungen zur Drucksondierung in feinkörnigen Böden, Diplomarbeit, Technische Universität Dresden
10. Winkler A (2014) Fortgeschrittene Auswertung von Drucksondierungen in gemischtkörnigen Böden, Masterarbeit, Technische Universität Dresden, Bauhaus Universität Weimar

Kapitel 6
Materialverhalten von gefrorenem Sand aus Triaxialversuchen an kubischen Proben

Kai Merz & Christos Vrettos

Zusammenfassung Die künstliche Bodenvereisung findet vermehrt bei anspruchsvollen Aufgaben des Grund- und Tunnelbaus Einsatz. Bei der Dimensionierung dieser Maßnahmen sind die Kenntnis des komplexen Materialverhaltens sowie die wirklichkeitsgetreue kontinuumsmechanische Modellierung erforderlich. Ein bestehender Ansatz für ein elasto-viskoplastisches Stoffmodell wird zugrunde gelegt und anhand von Versuchsergebnissen an kubischen Frostproben weiter entwickelt. Neben der Darstellung von repräsentativen Versuchsergebnissen, werden die wesentlichen Merkmale der elasto-plastischen und der viskosen Komponenten des Stoffmodells in Abhängigkeit der Zustandsgrößen Spannungen, Deformationen, Temperatur, Sättigungsgrad, Porenzahl, Lode-Winkel und Zeit herausgestellt.

6.1 Einleitung

Das Gefrierverfahren ist eine Methode der künstlichen Bodenvereisung, bei dem der Untergrund so weit abgekühlt wird, dass das Porenwasser gefriert. Durch das Zusammenwirken von Bodenpartikeln und Eis entsteht ein Gefrierkörper, der einerseits wasserundurchlässig ist und andererseits eine höhere Festigkeit als das nicht gefrorene Erdreich aufweist. Zur Nutzung der Eigenschaften des gefrorenen Bodens bei der Herstellung von Abdichtungs- und Tragkonstruktionen im Grund- und Tunnelbau ist neben den verfahrenstechnischen Besonderheiten die Kenntnis des mechanischen Verhaltens des Boden-Eis-Gemisches von Bedeutung.

Dipl.-Ing. Kai Merz
Fachgebiet Bodenmechanik und Grundbau, Technische Universität Kaiserslautern, D-67663 Kaiserslautern, E-mail: kai.merz@bauing.uni-kl.de

Univ.-Prof. Dr.-Ing. habil. Christos Vrettos
Fachgebiet Bodenmechanik und Grundbau, Technische Universität Kaiserslautern, D-67663 Kaiserslautern, E-mail: christos.vrettos@bauing.uni-kl.de

Dadurch ist eine sichere und wirtschaftliche Dimensionierung der Bauteile möglich [10].

Gefrorene Böden besitzen ein ausgeprägt viskoses Verformungsverhalten [4, 5, 10]. Somit wird das Spannungs-Verformungsverhalten gefrorener Böden außer von Faktoren wie Bodenart, Temperatur, Lagerungsdichte oder Wassergehalt vor allem von der Beanspruchungszeit beeinflusst. So können selbst geringe Belastungen bei entsprechend langer Beanspruchungsdauer zu übermäßig großen Verformungen führen. Unter der Voraussetzung eines entsprechend hohen Lastzustandes kann dies zu einem Kriechbruch führen.

Die zunehmende Popularität der künstlichen Bodenvereisung im Tunnelbau und im Grundbau erfordert weitere Optimierungen bezüglich der Berechnungsverfahren. Während am Anfang einaxiale Druckversuche im Vordergrund standen, wurde bald erforderlich, dreidimensionale Spannungszustände in Untersuchungen zu simulieren, denen ein Tragelement aus gefrorenem Boden in situ ausgesetzt ist. So wurden neben den Ergebnissen von Einaxialversuchen zunehmend auch Ergebnisse von Triaxialversuchen zur Beschreibung des Materialverhaltens gefrorener Böden herangezogen. Die Untersuchung von Spannungspfaden, die nicht entlang der Kompressions- bzw. der Extensionsachse verlaufen, ist jedoch nur mit Hilfe von „wahren Triaxialversuchen“ an kubischen Proben möglich. Derartige Versuche mit Variation der relevanten Parameter werden nachfolgend beschrieben und repräsentative Ergebnisse vorgestellt.

6.2 Elasto-viskoplastisches Stoffmodell

Das mechanische Verhalten von ungefrorenem Sand kann mit Hilfe der Plastizitätstheorie erfasst werden [1, 3, 12]. Gefrorener Sand ist zusätzlich durch zeitabhängiges viskoses Verhalten charakterisiert [4, 7].

Bei dem hier verwendeten Stoffmodell werden die Gesamtverformungen durch Summation der elastischen, plastischen und viskosen Anteile gebildet:

$$\boldsymbol{\varepsilon} = \boldsymbol{\varepsilon}^e + \boldsymbol{\varepsilon}^p + \boldsymbol{\varepsilon}^v \tag{6.1}$$

wobei $\boldsymbol{\varepsilon}$ den Verformungsvektor bezeichnet und die Indizes e, p, und v die elastischen, plastischen und viskosen Anteile kennzeichnen.

Die elastischen volumetrischen Anteile werden durch den Kompressionsmodul K beschrieben, die elastischen deviatorischen Anteile durch den Schubmodul G. Diese elastischen Parameter werden mittels der ersten und zweiten Invarianten des Spannungstensors und des Verformungstensors ausgedrückt. Es werden jeweils die Sekantenmoduln bestimmt, wobei Δ das Inkrement einer Größe darstellt:

$$K = \frac{\Delta I_\sigma}{\Delta I_\varepsilon^e} \tag{6.2}$$

$$G = \frac{\Delta\sqrt{II_s}}{2\Delta\sqrt{II_e^e}} \tag{6.3}$$

wobei I_σ die Hauptspannungssumme (erste Invariante), I_ε^e die zugehörige elastische Volumenänderung, II_s die zweite Invariante des deviatorischen Spannungstensors und II_e^e die zugehörige Invariante des elastischen deviatorischen Verformungstensors (Verzerrungstensor) sind.

Die plastischen Anteile $\boldsymbol{\varepsilon}^p$ werden ebenso in eine deviatorische Komponente, die sich aus dem plastischen Potential g^p bestimmen lässt, und eine volumetrische Komponente zerlegt [2, 7]. Die volumetrische Komponente wird weiter als Summe der Volumenänderungen infolge Zunahme der Spannungssumme und der Volumenänderungen infolge deviatorischer Spannungspfade geschrieben. Diese plastischen Volumenänderungen werden mittels geeigneter Dilatanzfunktionen (volumetrische Fließregeln), die aus Versuchsergebnissen hergeleitet werden, beschrieben.

Für die viskosen Verformungen wird die gleiche Vorgehensweise verfolgt, wobei das plastische Potential durch ein entsprechendes viskoses Potential g^v unter zusätzlicher Berücksichtigung der Beanspruchungszeit ersetzt wird.

Die Fließfunktion f und das plastische Potential g^p werden in Abhängigkeit von der Anfangsporenzahl e_0, dem Sättigungsgrad S_r und der Temperatur T bestimmt [6, 7, 8, 11]. Beim viskosen Potential erscheint zusätzlich die Zeit t:

$$f = f\left(\boldsymbol{\sigma}, e^p, T, e_0, S_r\right) \tag{6.4}$$

$$g^p = g^p\left(\boldsymbol{\sigma}, T, e_0, S_r\right) \tag{6.5}$$

$$g^v = g^v\left(\boldsymbol{\sigma}, T, e_0, S_r, t\right) \tag{6.6}$$

wobei $\boldsymbol{\sigma}$ der Spannungstensor ist. Des Weiteren wird der Lode-Winkel α_σ als Zentriwinkel in der Deviatorebene eingeführt [1, 3]:

$$\cos\left(3\alpha_\sigma\right) = \sqrt{6}\frac{III_s}{II_s^{3/2}} \tag{6.7}$$

wobei III_s die dritte Invariante der deviatorischen Spannungen ist. Es gilt die Vorzeichenkonvention der Kontinuumsmechanik (Druck und Stauchung negativ). Analog hierzu wird der Winkel α_e als Gestaltsänderungsrichtung [3] in der Deviatorebene mittels der Invarianten des Verzerrungstensors II_e und III_e definiert.

Eine grafische Darstellung des elasto-plastischen Stoffmodells ist in Abb. 6.1 angegeben.

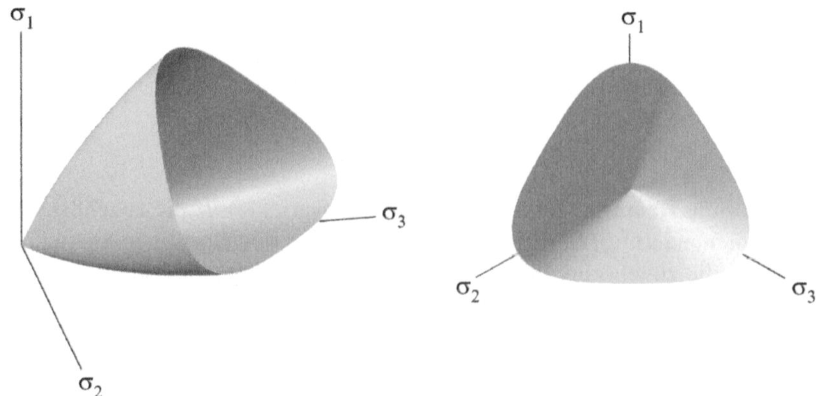

Abb. 6.1: Fließfunktion f im Hautspannungsraum $(\sigma_1, \sigma_2, \sigma_3)$: räumliche perspektivische Darstellung (links); Blick in Richtung der Hauptspannungsraumdiagonale $(\sigma_1 = \sigma_2 = \sigma_3)$ (rechts)

Gängige Triaxialversuche an zylinderischen Proben lassen nur Spannungspfade mit einem Lode-Winkel α_σ von 0° und 60° zu. Die Verwendung eines kubischen Triaxialgerätes ermöglicht die Einstellung von beliebigen Werten für den Lode-Winkel und demzufolge eine vollständige Beschreibung der Fließfunktion und des plastischen und viskosen Potentials.

Die deviatorischen viskosen Formänderungsinkremente werden aus dem viskosen Potential g^v in Analogie zur Plastizitätstheorie ermittelt.

Die viskosen Volumenänderungen ΔI_ε^v bestehen aus zwei Anteilen: a) $\Delta I_{\varepsilon,i}^v$ infolge des Inkrementes der Spannungssumme ΔI_σ und b) $\Delta I_{\varepsilon,d}^v$ infolge der zweiten Invarianten der Verformungsgeschwindigkeit $\sqrt{II_{\dot{e}}^v}$:

$$\Delta I_\varepsilon^v = \Delta I_{\varepsilon,i}^v + \Delta I_{\varepsilon,d}^v \quad (6.8)$$

$$\Delta I_{\varepsilon,i}^v = D_i^v \frac{\Delta I_\sigma}{p_a} \Delta t \quad (6.9)$$

$$\Delta I_{\varepsilon,d}^v = D_d^v \sqrt{II_{\dot{e}}^v} \Delta t \quad (6.10)$$

wobei D_i^v und D_d^v Dilatationsparameter, p_a der atmosphärische Druck und Δt das Zeitinkrement sind. Der Index i steht für isotrop, d für deviatorisch. Bei den hier vorgestellten Versuchen erfolgte die Kriechphase als deviatorische Beanspruchung, so dass keine Aussage zur isotropen Komponente nach Gleichung 6.9 möglich ist.

Die Zeitabhängigkeit der Invariante der Verformungsgeschwindigkeit $\sqrt{II_{\dot{e}}^v}$ wurde anhand von Versuchen an zylindrischen Proben mittels eines exponentiellen Ansatzes approximiert [8],

$$\sqrt{II_{\dot{e}}^{v}} = \sqrt{II_{\dot{e}m}^{v}} \frac{\exp(\tau - 1)}{\tau} \tag{6.11}$$

wobei

$$\tau = \frac{t}{t_m} \tag{6.12}$$

und $\sqrt{II_{\dot{e}m}^{v}}$ der Wert von $\sqrt{II_{\dot{e}}^{v}}$ zum Zeitpunkt t_m ist. t_m stellt den Wendepunkt der Kriechkurve bei ausreichend starker Beanspruchung dar. Folgende Näherungsformeln wurden vorgeschlagen [8]:

$$t_m = \Theta^{3,55} \left(\frac{\sqrt{II_s}}{|I_\sigma|} \right)^{-8,3} \left(\frac{650}{I_\sigma / p_a} \right)^{5,64} \quad \text{in [h]} \quad \text{für} \quad t_m \leq 2000\,\text{h} \tag{6.13}$$

$$\sqrt{II_{\dot{e}m}} = \Theta^{-4,4} \left(\frac{\sqrt{II_s}}{|I_\sigma|} \right)^{11} \left(\frac{455}{I_\sigma / p_a} \right)^{-7} \quad \text{in} \quad [\%\,/\,\text{h}] \tag{6.14}$$

wobei $\Theta = T / T_{\text{abs}}$ mit $T_{\text{abs}} = -273°\text{C}$

Gegenstand der vorgenommenen Untersuchungen ist die Aufstellung einer viskosen Potentialfunktion g^v [6, 9]. Versuchsergebnisse deuten darauf hin, dass im Gegensatz zum plastischen Potential, die Form von der deviatorischen Spannungspfadlänge $\sqrt{II_s}$ und der Temperatur abhängig ist [7].

6.3 Beschreibung der durchgeführten Versuche

6.3.1 Material

Für die Versuche wurde ein Mittelsand mit einem mittleren Korndurchmesser $d_{50} = 0,32\,\text{mm}$ und einer Ungleichförmigkeitszahl $C_U = 1,5$ verwendet. Die Porenzahl bei lockerster und dichtester Lagerung betrug $e_{\max} = 0,940$ bzw. $e_{\min} = 0,434$. Die Porenzahl e_0 variierte zwischen $0,59$ und $0,75$, der Sättigungsgrad S_r zwischen $0,7$ und $1,0$. Die Temperatur betrug in den Versuchen $T = -10°\text{C}$.

6.3.2 Versuchstechnik

Eingesetzt wurde das am Fachgebiet Bodenmechanik und Grundbau vorhandene Triaxialgerät, in dem kubische Proben mit den Ausgangsabmessungen 15 cm x 15 cm x 15 cm untersucht werden können, Abb. 6.2. Die maximal mögliche Verschiebung der Seitenplatten beträgt ± 30 mm, die der Kopfplatte ± 10 mm. Die Herstellung der Gefrierproben erfolgte bei allen Versuchen nach dem gleichen Sche-

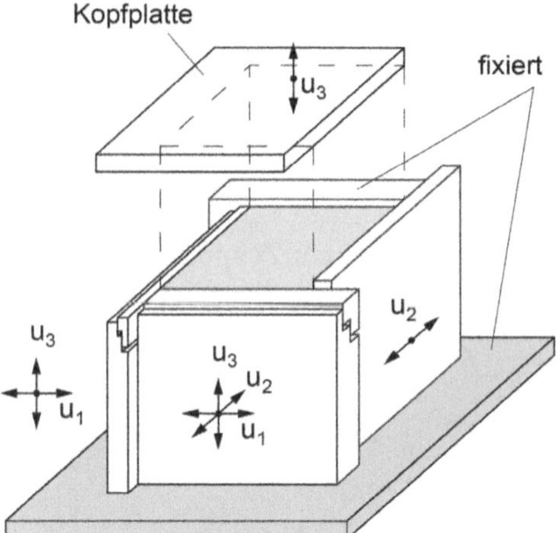

Abb. 6.2: Wahres Triaxialgerät: Bewegungsmechanismus

ma. Um die Reibung in den Kontaktflächen Probe und Platten der Probenkammer weitgehend zu reduzieren, wird auf den Plattenoberflächen eine dünne Schicht Silikonfett aufgetragen und darüber eine dünne Kupferfolie mit den Konturen des Probewürfels eingebaut. Anschließend wird feuchter Sand lagenweise eingebracht und bis zum Erreichen der Sollwerte verdichtet. Entsprechend dem vorgegebenen Sättigungsgrad wird dem Sand Wasser, versetzt mit Stokopol zugegeben, das die Viskosität des Wassers erhöht. Überprüfungen ergaben weitgehend homogene Verteilungen der Porenzahlen und der Sättigungsgrade.

Das Gefrieren erfolgte von unten nach oben. Die Bodenplatte hatte in allen Versuchen bereits von Beginn an die Endtemperatur. Bis zum Erreichen der Frostgrenze an der Kopfplatte sind die Seitenplatten sowie die Kopfplatte nur bis knapp über 0°C gekühlt. Erst anschließend wird die Temperatur auch dieser Platten auf die Endtemperatur abgesenkt. Zur Kontrolle der Temperaturausbreitung sind innerhalb der Probe zusätzlich Temperaturfühler eingebaut.

6.3.3 Versuchsablauf

Während des Gefrierens waren die Proben durch isotrope Spannungen mit den Beträgen $150\,\text{kPa} \leq I_\sigma \leq 1000\,\text{kPa}$ beansprucht. Die Gefrierzeit der Proben erstreckte sich auf etwa 20 Stunden.

Die Beanspruchung der bereits gefrorenen Proben lässt sich in drei Phasen gliedern [6, 9]:

i) Isotroper Spannungspfad mit vorgegebener maximaler Spannungssumme I_σ (Be-, Ent- und Wiederbelastung). Diese Versuchsphase dient der Ermittlung des Kompressionsmoduls K. Die Belastungsgeschwindigkeit betrug für alle Spannungsrichtungen $\dot{\sigma}_i = 100\,\text{kPa/min}$, $i = 1, 2, 3$.
ii) Deviatorischer Spannungspfad mit vorgegebener Pfadlänge in der Deviatorebene $\sqrt{II_s}$ und Lode-Winkel α_σ (Be-, Ent- und Wiederbelastung). Diese Versuchsphase dient der Ermittlung des Schubmoduls G. Die Belastungsgeschwindigkeit betrug für alle deviatorischen Spannungsrichtungen $\dot{s}_i = 100\,\text{kPa/min}$, $i = 1, 2, 3$ mit $s_i = \sigma_i - I_\sigma/3$.
iii) Kriechphase mit konstanten Werten für I_σ, $\sqrt{II_s}$ und α_σ. In dieser Phase werden Größe und Richtung der viskosen Deformationen ermittelt.

Die während der einzelnen Phasen vorhandenen größten isotropen und deviatorischen Spannungen betrugen $I_\sigma = -22{,}5\,\text{MPa}$ und $\sqrt{II_s} = 4$ bzw. $8\,\text{MPa}$. Während der deviatorischen Phase existiert der jeweilige Größtwert der isotropen Spannungen und während der Kriechphase der Größtwert sowohl der isotropen als auch der deviatorischen Spannungen. Der Lode-Winkel α_σ für deviatorische Spannungspfade war zu $30°$, $45°$ oder $60°$ gewählt. Die an die Gefrierphase der Proben anschließende isotrope und deviatorische Spannungsphase, bestehend aus je einem Be-, Ent- und Wiederbelastungspfad, war nach ca. 5 Stunden abgeschlossen. Danach folgende Kriechzeiten betrugen $24 \leq t \leq 480\,\text{h}$.

6.4 Versuchsergebnisse und Interpretation

Die elasto-plastischen Komponenten des zuvor beschriebenen Stoffmodells sind anhand der Versuchsergebnisse „isotrope und deviatorische Versuchsphase“ ermittelt worden. Die maßgebenden Zustandsgrößen sind: i) Spannungen und Deformationen, einschließlich Lode-Winkel, ii) Bodenart, iii) Porenzahl, iv) Sättigungsgrad, v) Temperatur, vi) Zeit.

Repräsentative Versuchsergebnisse sowie die Beanspruchungsgeschichte während des Versuches sind in den Abb. 6.3 bis 6.14 grafisch dargestellt. Sie wurden ermittelt für folgende Eingangsparameter: $T = -10°\text{C}$; $e_0 = 0{,}69$ (bezogene Lagerungsdichte $I_D = 0{,}5$); $S_r = 0{,}9$; $I_\sigma = -0{,}15\,\text{MPa}$ in der Gefrierphase; $I_\sigma = -22{,}5\,\text{MPa}$ in der deviatorischen Phase (inkl. Kriechphase); $\sqrt{II_s} = 4\,\text{MPa}$ in der Kriechphase; Lode-Winkel $\alpha_\sigma = 60°$.

Kompressions- und Schubmodul

Für die Ent- und Wiederbelastungspfade werden Funktionen des Kompressions- und Schubmoduls hergeleitet, die folgende Abhängigkeiten aufweisen [6, 9].

- Die Werte des Kompressionsmoduls K und des Schubmoduls G nehmen mit abnehmender Temperatur signifikant zu. Es bestehen größere Streubreiten. Für

$T = -10°\text{C}$, $I_\sigma = -22,5\,\text{MPa}$, $e_0 = 0,69$ und $S_r = 0,9$ ergeben sich Wertebereiche von
$4600\,\text{MPa} \leq K \leq 6500\,\text{MPa}$
und
$1500\,\text{MPa} \leq G \leq 2200\,\text{MPa}$.

- Die Versuchsergebnisse zeigen, dass der Wert des Kompressionsmoduls sowohl mit zunehmendem I_σ als auch mit abnehmender Porenzahl e_0 zunimmt. Der Sättigungsgrad S_r hat für den untersuchten Wertebereich keinen signifikanten Einfluss auf den Wert des Kompressionsmoduls.
- Der Wert des Schubmoduls nimmt signifikant mit Abnahme sowohl der Porenzahl e_0 als auch der zweiten Invarianten der deviatorischen Spannungen II_s zu. Für Spannungspfade nahe der Kompressionsachsen des Hauptachsensystems ergeben sich größere Schubmodulwerte als für solche nahe der Extensionsachsen. Für die verwendeten Wertebereiche der Zustandsgrößen zeigt sich, dass weder I_σ noch der Sättigungsgrad S_r einen signifikanten Einfluss auf den Schubmodul haben.

Plastische Deformationen

Die plastischen Deformationen werden durch eine Fließ- und eine Dilatationsfunktion sowie ein plastisches Potential beschrieben [7]. Die Funktionen hängen von den bereits genannten Zustandsgrößen ab. Für die Parameter der einzelnen Funktionen sind Separationsansätze zielführend [6, 7, 9]. Zu den bisher vorliegenden Ergebnissen ist anzumerken:

- Volumendeformationen durch isotrope Erstbeanspruchungen werden durch einen pseudo-elastischen Kompressionsmodul K_1 beschrieben, der somit auch die plastischen Anteile erfasst. Mit abnehmender Temperatur nimmt der Wert von K_1 zu.
- Deviatorische Erstbelastungspfade bewirken ausschließlich eine Kontraktanz. Mit zunehmendem Lode-Winkel verringern sich die volumetrischen Deformationen.
- Die Fließfunktion hat in der Deviatorebene eine gedrungenere Kontur als bei ungefrorenem Sand.

Viskose Deformationen

Die bereits entwickelten Ansätze für die viskosen Deformationen wurden weitestgehend bestätigt [6, 9]. Ermittelt sind Funktionen für die volumetrischen und die deviatorischen Anteile der Deformationen sowie für das viskose Potential, mit dem die Richtungen der inkrementellen Deformationskomponenten festgelegt werden. Hierzu wird, analog zum Winkel der Gestaltsänderung in der Deviatorebene bei der monotonen Beanspruchung, der zugehörige Winkel α_e^v während der deviatorischen Kriechphase definiert:

$$\cos(3\alpha_e^v) = \sqrt{6}\frac{III_e^v}{(II_e^v)^{3/2}} \tag{6.15}$$

wobei der Index v bei den Invarianten des Verzerrungstensors die viskose Phase kennzeichnet.

Als Ergebnisse dieser Untersuchungen sind festzuhalten:

- Mit zunehmendem deviatorischen Spannungspfad nehmen die viskosen Volumendeformationen ab. Es besteht näherungsweise ein linearer Zusammenhang.
- Der Wert von α_e^v nimmt mit zunehmenden deviatorischen Spannungspfaden asymptotisch ab. Für gleiche deviatorische Spannungspfade nehmen die α_e^v-Werte mit größeren α_σ-Werten, größeren I_σ-Werten sowie höheren Temperaturen signifikant zu. Für $\alpha_\sigma = 60°$ ergibt sich auch experimentell $\alpha_e^v \approx \alpha_\sigma$. Dabei ist α_e^v von der Kriechzeit nahezu unabhängig. Für α_e^v kann in Abhängigkeit der dominanten Zustandsgrößen eine passende Funktion durch Regression hergeleitet werden. Sowohl für den Einfluss von e_0 als auch S_r sind weitere Versuche erforderlich.
- Der Betrag der viskosen deviatorischen Deformationspfade hängt gleichfalls von den zuvor genannten Zustandsgrößen ab. Das Stoffmodell beschreibt die Geschwindigkeiten sowohl der volumetrischen als auch der deviatorischen viskosen Deformationen. Zwischen den viskosen Volumenänderungen und den deviatorischen Deformationen besteht in etwa ein linearer Zusammenhang.
- Für die viskosen deviatorischen Deformationen ist der Separationsansatz zielführend. Mit zunehmendem deviatorischen Spannungspfad und zunehmender Porenzahl sowie abnehmender isotroper Spannung nehmen die viskosen deviatorischen Deformationen zu. Nach ca. 150 Stunden besteht nur noch ein geringer Anstieg der $\sqrt{II_e^v}$ - t - Kurven, Abb. 6.13. In keinem Versuch mit kubischen Proben wurde, wie bei triaxialen Zylinderversuchen, ein Wendepunkt der Kriechkurven erreicht. Eine Ursache sind die bisher gewählten niedrigen deviatorischen Spannungen.

6.5 Schlussfolgerungen und Ausblick

Anhand der bislang erzielten Versuchsergebnisse sind Funktionen für die Komponenten des elasto-plastischen Stoffansatzes sowie der viskosen Deformationen in Abhängigkeit der relevanten Zustandsgrößen ermittelt worden. Als ein wesentlicher Fortschritt gegenüber dem bisherigen Kenntnisstand ist die Herleitung von Ansätzen auch in Abhängigkeit des Lode-Winkels anzusehen, wie z.B. für die Richtung der deviatorischen inkrementellen Deformationen (Gradient des viskosen Potentials). Die ermittelten Stoffparameter basieren auf Ergebnissen einer begrenzten Anzahl von Versuchen und können erst bei Vorhandensein von umfangreicheren Versuchsserien validiert werden.

Ein für die Anwendung der Forschungsergebnisse wichtiger Aspekt ist die numerische Darstellung des Stoffmodells. Zur Implementierung des Stoffmodells als User-Subroutine in gängigen FEM-Programmen (z.B. ABAQUS) werden explizite Beziehungen für die Stoffparameter benötigt, deren Ermittlung in einem sehr

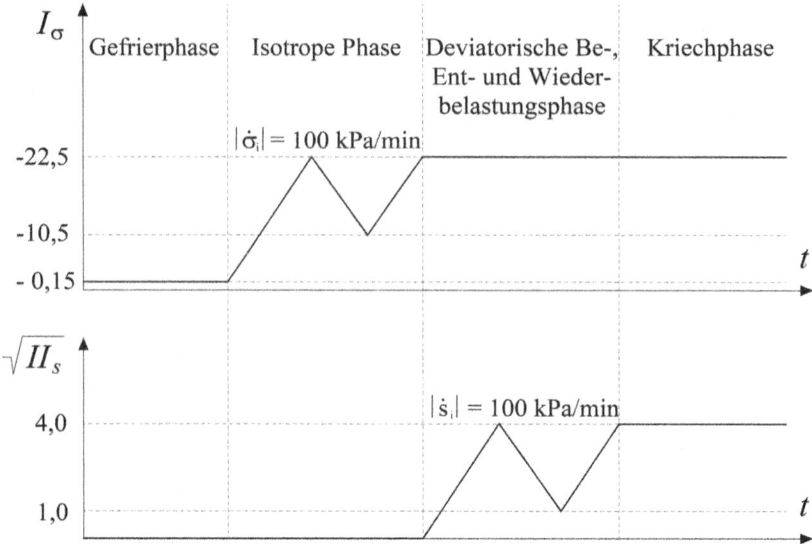

Abb. 6.3: Beanspruchungsgeschichte

komplexen Versuchsgerät und mit großem Zeitaufwand erfolgt. Durch noch zu ermittelnde Korrelationsbeziehungen sollen die Parameterwerte anhand der Ergebnisse von Proben mit geringerem Versuchsaufwand bestimmbar sein, wie zum Beispiel Triaxialversuche. Bereits durchgeführte Einaxialversuche lassen erwarten, dass auch die Ergebnisse dieser schnell und einfach durchführbaren Versuche für die Korrelationsbeziehungen geeignet sind. Die Abhängigkeit vom Lode-Winkel ist dann entsprechend den Ergebnissen für kubische Gefrierproben zu übernehmen. Weiter ist noch die Abhängigkeit des Probenverhaltens von der Spannungsrate zu ermitteln. Ein bezüglich der Anzahl der Versuche sowie der zu variierenden Einflussgrößen optimiertes Versuchsprogramm ist zu konzipieren. Mittels des zu implementierenden Stoffmodells lassen sich dann durch den gefrorenen Boden entstehende Baugrundverformungen sowie Auswirkungen auf die Standsicherheit davon tangierter Bauwerke abschätzen.

Danksagung Die finanzielle Förderung der hier dargestellten Untersuchungen erfolgte durch die DFG im Rahmen des Forschungsvorhabens ME 501/16-1 „Mechanisches Verhalten gefrorener Bodenproben und elasto-viskoplastisches Stoffmodell“.

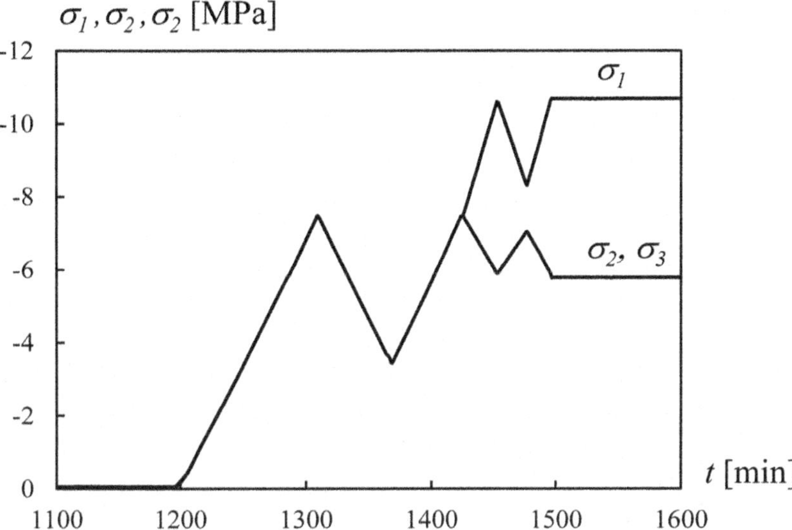

Abb. 6.4: Spannungen $\sigma_1, \sigma_2, \sigma_3$ über die Zeit t (isotrope und deviatorische Be-, Ent- und Wiederbelastungsphase)

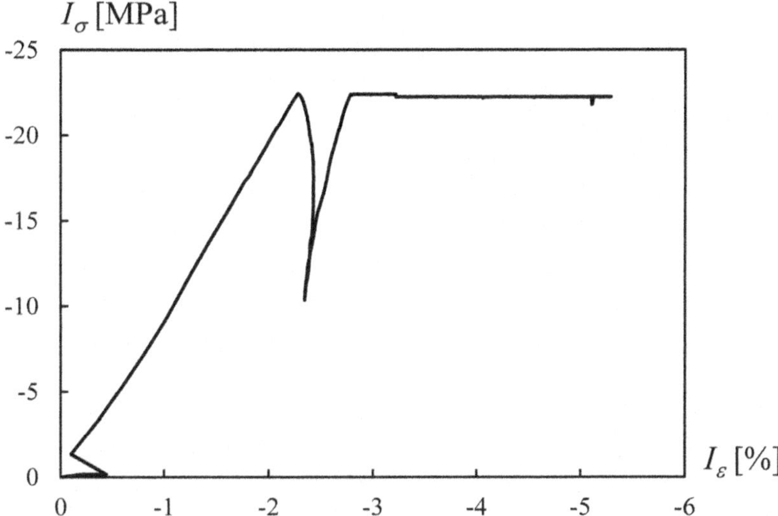

Abb. 6.5: Spannungs-Dehnungspfad (isotrope und deviatorische Phase sowie Kriechphase)

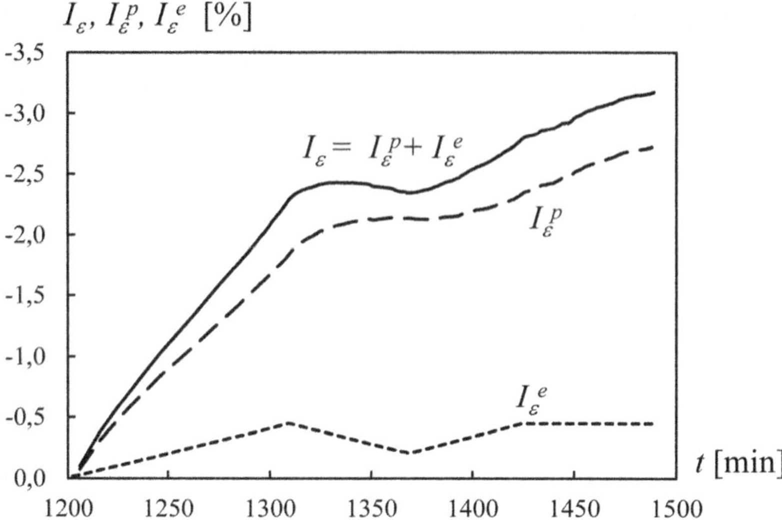

Abb. 6.6: Dehnungsanteile I_ε^e und I_ε^p über die Zeit t (isotrope und deviatorische Be-, Ent- und Wiederbelastungsphase)

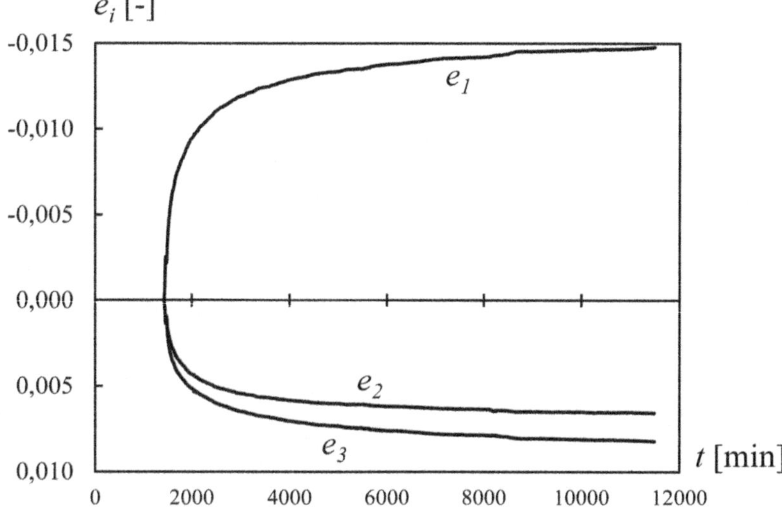

Abb. 6.7: Deviatorhauptdehnungen $e_i\,(i = 1,2,3)$ über die Zeit t (gesamte Versuchsdauer)

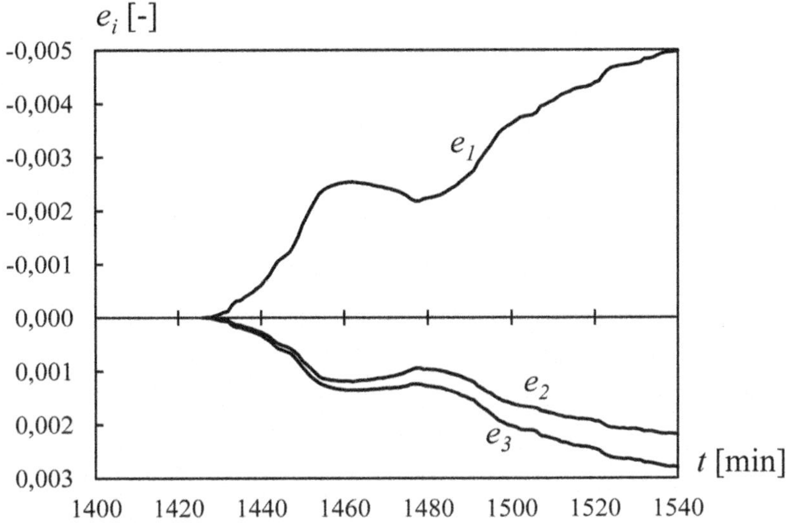

Abb. 6.8: Deviatorhauptdehnungen $e_i\,(i = 1, 2, 3)$ über die Zeit t (deviatorische Be-, Ent- und Wiederbelastungsphase)

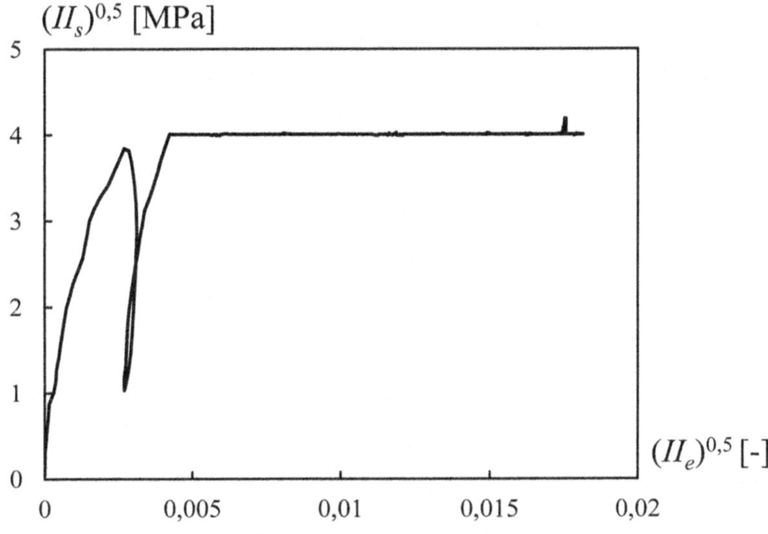

Abb. 6.9: $\sqrt{II_s}$ über $\sqrt{II_e}$ (gesamte Versuchsdauer)

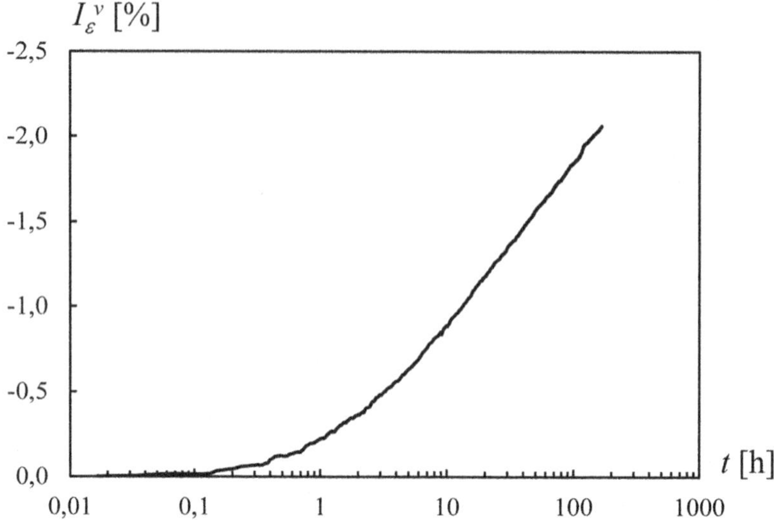

Abb. 6.10: Viskose volumetrische Verformung über die Kriechzeit

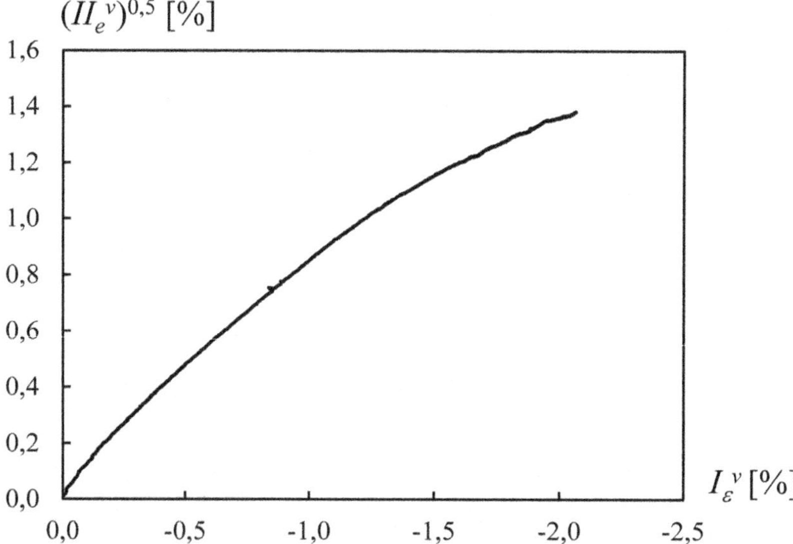

Abb. 6.11: Viskose deviatorische Verformung über viskose volumetrische Verformung (in der Kriechphase)

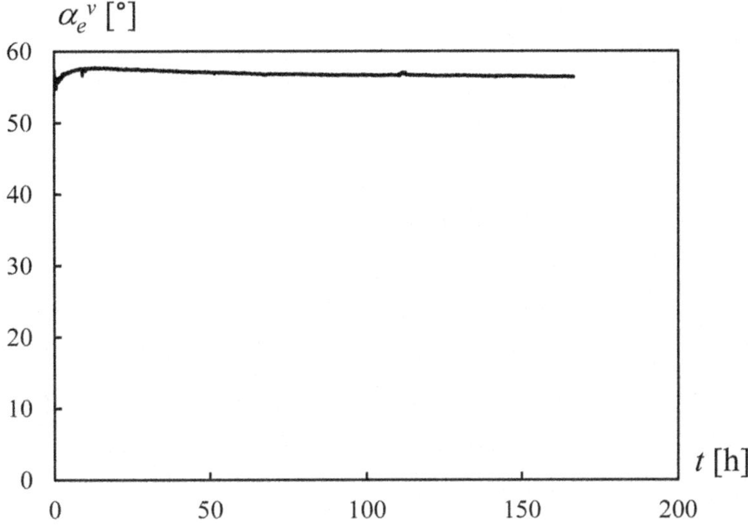

Abb. 6.12: Richtung der viskosen Verformungen α_e^v über die Kriechzeit

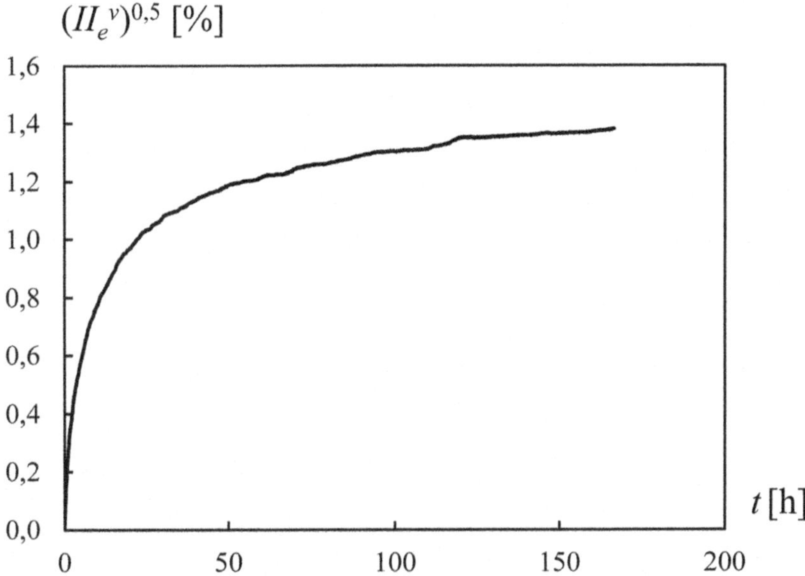

Abb. 6.13: Viskose deviatorische Verformung über die Kriechzeit

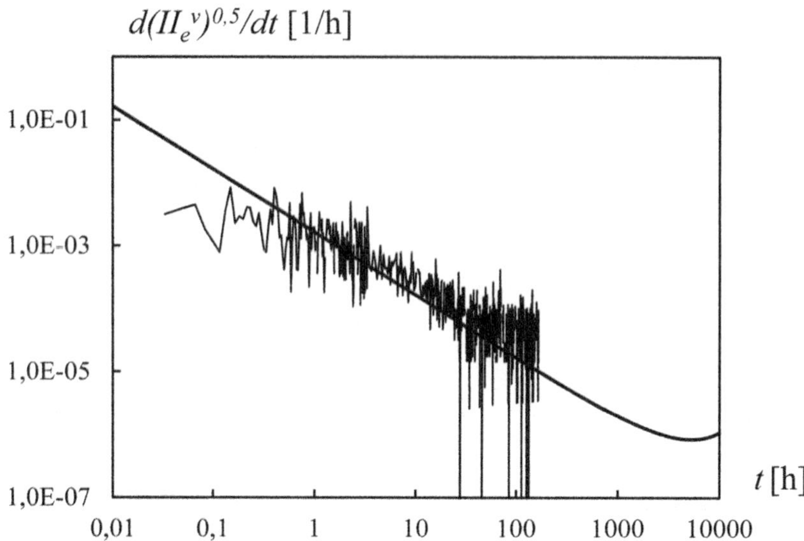

Abb. 6.14: Viskose deviatorische Formänderungen über die Kriechzeit mit Approximation durch Gleichung 6.11

Literaturverzeichnis

1. Bardet JP. (1990) Lode dependencies for isotropic pressure sensitive elastoplastic materials. J Appl Mech ASME 57:498-506.
2. Chen WF, Baladi GY (1985) Soil Plasticity: Theory and Implementation, Elsevier, Amsterdam, New York.
3. Goldscheider M (1976) Grenzbedingung und Fließregel von Sand. Mech Res Comm 3:463-468.
4. Klein J (1978) Nichtlineares Kriechen von künstlich gefrorenem Emschermergel. Schriftenreihe des Institutes für Grundbau, Wasserwesen und Verkehrswesen der Ruhr-Universität Bochum, Heft 2.
5. Ladanyi B (1999) Creep behavior of frozen and unfrozen soils - a comparison. In: Cold Regions Engineering: Putting Research into Practice: Proceedigsof the 10th International Conference on Cold Regions Engineering, Lincoln, NH, Zufelt JE (ed), ASCE, Reston, VA, pp. 173-186.
6. Meißner H (1997) Verhalten gefrorener kubischer Bodenproben unter dreidimensionalen Verformungszuständen. Arbeitsbericht zum DFG-Forschungsvorhaben ME 501/10.
7. Meißner H, Kroh, H (1994) Plastic and viscous potential of frozen sand. In: Ground Freezing 94: Proceedings of the 7th International Symposium on Ground Freezing, Nancy, France, Fremond M (ed), Balkema, Rotterdam, pp. 181-187.
8. Meißner H, Vogt J (1991) Tunnel construction in the protection of a frost cell in partially saturated soil. In: Ground Freezing 91: Proceedings of the Sixth International Symposium on Ground Freezing, Beijing, Yu X & Wang C (eds), Balkema, Rotterdam, pp. 337-344.
9. Meißner H, Merz K, Vrettos C (2009) Mechanisches Verhalten gefrorener Bodenproben und elasto-viskoplastisches Stoffmodell. Bericht zum DFG-Forschungsvorhaben ME 501/16-1.
10. Orth W (2009) Bodenvereisung. In: Grundbau-Taschenbuch: Teil 2: Geotechnische Verfahren, 7. Auflage, Witt KJ (ed), Ernst & Sohn, Berlin, pp. 233-302.
11. Schwarz V, Vrettos C (2012) Mechanisches Verhalten eines teilgesättigten Kaolinit-Tons: Experimentelle Untersuchungen, Stoffmodell und Implementierung. geotechnik 35:236-244.
12. Stutz P (1972) Comportement élasto-plastique des milieux granulaires. In: International Symposium on Foundations of Plasticity, Sawczuk A (ed), Warsaw, pp. 37-49.

Teil II
Boden als Mehrphasensystem

Kapitel 7
Soil modelling considering the influence of gas inclusions in pore water below the piezometric line - a short introduction

Roland Schulze & Oliver Stelzer

Abstract When modelling soil below the piezometric line, mostly two-phase models are used in traditional soil mechanics. Such two-phase models consider solids and water, which is mostly assumed to be non-compressible. Under certain conditions it may be beneficial to incorporate the variable compressibility of water, resulting from gas inclusions contained in the pore water. Especially if looking at relatively fast load changes such an approach may lead to improved solutions concerning time-dependent distribution of pore water pressure and deformation characteristics of soil. The paper takes reference of past developments and illustrates the current state with practical geotechnical applications.

7.1 Introduction

The loading process of low permeable soil is often described in terms of the principle of effective stress [29], leading to temporarily increased pore water pressures, which dissipate as time elapses. The same principle is commonly applied to unloading processes. Thus unloading can lead to a temporarily decreased pore water pressure which may recover with time toward the original state.

To predict pore pressure development with time, consolidation theory is applied. A one-dimensional solution was presented by Terzaghi [28, 29, 30], regarding pore water as being incompressible. An enhanced solution has been published by Biot [1], additionally volume change effects of water (fluid) compressibility according to

Dipl.-Ing. Roland Schulze
Bundesanstalt für Wasserbau (BAW), Abteilung Geotechnik, Kußmaulstr. 17, 76187 Karlsruhe,
E-mail: roland.schulze@baw.de

Dipl.-Ing. Oliver Stelzer
Bundesanstalt für Wasserbau (BAW), Abteilung Geotechnik, Kußmaulstr. 17, 76187 Karlsruhe,
E-mail: oliver.stelzer@baw.de

the *Theory of Porous Media*, or poromechanics (porous solid with fluid filled interconnected voids), may be considered.

Skempton [26] introduced the pore pressure coefficients A and B, commonly known as „Skempton's coefficients", for estimating pore water pressure reaction to undrained stress changes in terms of total stress. Practical applications of this concept to earth dams are shown by Bishop [2].

In Jardine et al. [6] the historic development of the concept of effective stress may be found briefly summarized. For details on the *Theory of Porous Media* see e.g. deBoer [3] or Verruijt [31].

To describe the time-dependent reaction of soils between load changes and final steady state more realistically, the influence of gas inclusions in the pore water, as found in 1979 by Köhler, was included in specific applications, presented by Schulz [20], Schulz & Köhler [21], Köhler & Schwab [12], Montenegro et al. [16] and Köhler & Montenegro [15], which refer e.g. to implications for the stability of riverbeds.

7.2 Compressibility of pore water with gas inclusions

Observations and laboratory measurements have shown that pore water under natural conditions contains a quantity of microscopic air bubbles up to 15% embedded within the pore fluid inside the soil skeleton. Such gas bubbles exist in almost any naturally occurring water which is not treated in order to remove the bubbles. They play a key role in soil behaviour in transient states, contributing to explaining soil failure and structure deformation. Pressure changes applied to such „nearly saturated" submerged soils initiate changes in volume of the embedded gas inside the gas-water mixture [26] due to the increased compressibility of the gas-water mixture.

The inverse of compressibility is the bulk stiffness expressed by the bulk modulus. The bulk modulus of pure water K_w is large $\left(\approx 2 \cdot 10^6\,\text{kN/m}^2\right)$ compared to the bulk modulus of air under atmospheric pressure K_g $\left(\approx 100\,\text{kN/m}^2\right)$. As depicted in Figure 7.1 a relatively small amount of gas contained in the pore water decreases the bulk modulus K_{wg} of the mixture considerably: E.g. only 1% of occluded gas in the water (equivalent to a water saturation $S = 0.99$) reduces the gas-water mixture bulk modulus by two orders of magnitude compared to pore water without gas.

The immediate volumetric reaction of the gas bubbles causes local transient pore water flow. This process is hampered by relatively low soil permeability, creating a delayed pore water pressure response and initiating excess pore water pressures. The effective stress level may be reduced, leading to a loss of frictional strength.

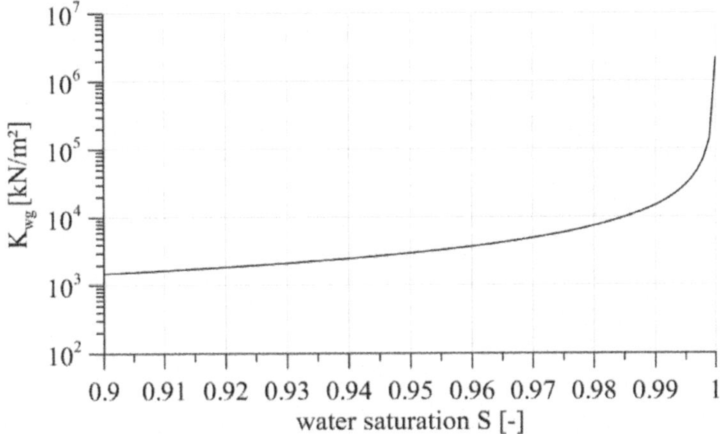

Fig. 7.1: Bulk modulus of water-gas mixture K_{wg} over water saturation S [27].

In non-cohesive soils microscopic structure changes may take place. Heaving and settling of soil regions and even interweaving soil motion (translation and rotation) may be induced. The decrease of external pressures acting on unsaturated submerged soils may therefore induce fluidization [10, 24] Failure conditions caused by changing water pressures may be taken into consideration in the design practice for safety assessment and can be analyzed by using numerical simulations.

In the past unsaturated soil analysis has mainly considered soil regions above the water level, where capillary suction occurs. Taking into account the content of micro-sized occluded gas bubbles in natural pore water, the region of unsaturated soil conditions needs to be extended to soil areas below the water table. Introducing a pressure dependent degree of saturation S of the submerged soil below the phreatic level, it can be elaborated, that within a certain depth of soil, a „nearly saturated" transition zone between the unsaturated zone (above water level) and fully saturated soil (located deeply below the phreatic level) may be defined.

Figure 7.2 (left) shows a schematic view of a vertical section through the soil above and below the phreatic level. The phreatic level is defined as the location where pore water pressure equals atmospheric air pressure. The figure depicts the zones of a so-called water saturated submerged soil, filled by pore water, which contains occluded gas bubbles and larger macro pores filled by gas. In this case the fluid phase below the phreatic level remains continuous. Below this „nearly saturated" transition zone containing pore fluid with occluded gas bubbles one will find pore water in the deeper regions without these gas bubbles due to collapse from high water pressure. The region above the phreatic level also consists of two zones. First the capillary fringe of a continuous water-phase containing occluded gas bubbles or even macro pores and secondly the adjacent unsaturated soil zone with a continuous

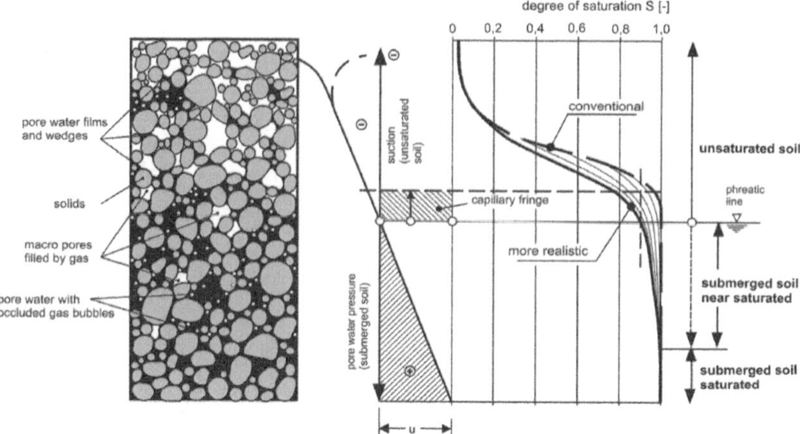

Fig. 7.2: Schematic view of the soil above and below the phreatic level (left) and schematic distribution of saturation (right) [25].

gas phase reaching far above the capillary fringe. The continuous gas phase pressure is always controlled by the currently acting atmospheric pressure. The line where the pore pressure equals atmospheric pressure is defined as the phreatic level. Figure 7.2 (right) displays the phreatic line which divides the soil into a pore water pressure area (below phreatic line) and a suction area (above phreatic line). Hydrostatic pore pressure distributions however may consequently often not be expected due to the gas content and the externally acting pressure changes. Deviating pressure contours may easily appear.

The initial degree of saturation S is suggested to be selected in a more realistic way between 0.9 and 1.0 at the entry level of the phreatic surface. An increasing saturation S can be expected with soil depth z up to a fully saturated soil region at a deeper level, which is elaborated in the next chapter.

7.3 Consolidation analysis considering compressible pore water - theoretical background

To examine the effect of entrapped gas on excess pore pressure generation and dissipation in a deformable soil, coupled groundwater flow-deformation (consolidation) analyses based e.g. on Biot's theory [1] have to be performed. A coupled system of two equations has to be solved for the unknown deformations and pore water pressures p_w. The first one is the linear momentum balance for the soil and the second one is the saturated/unsaturated transient groundwater flow equation. For the complete set of coupled equations see e.g. Plaxis Scientific Manual [19].

To discuss how an increased water compressibility caused by occluded gas can be considered in the consolidation process the transient groundwater flow equation has to be regarded (neglecting the deformations of solid particles and gradients of water density):

$$\underbrace{S\frac{\partial \varepsilon_{\mathrm{v}}}{\partial t}}_{\text{(a)}}\underbrace{-n\frac{s}{K_{\mathrm{w}}}\frac{\partial p_{\mathrm{w}}}{\partial t}}_{\text{(b)}}\underbrace{+n\frac{\partial S}{\partial p_{\mathrm{w}}}\frac{\partial p_{\mathrm{w}}}{\partial t}}_{\text{(c)}} = -\nabla^{\mathrm{T}}\mathbf{q} \tag{7.1}$$

with:

$\mathbf{q}$:	Darcy flow vector
ε_{v}:	Volumetric strain
S:	Water saturation
p_{w}:	Pore water pressure
n:	Porosity
K_{w}:	Bulk modulus of water

This equation has three storage terms on the left hand side related to (a) soil skeleton compressibility accompanied by volumetric strains ε_{v}, (b) water compressibility and (c) water retention curve storativity defined by the gradient $\partial S/\partial p_{\mathrm{w}}$, while the right hand side with the Darcy flow vector $\mathbf{q}$ represents the water outflow from the elemental volume.

7.3.1 Constant water-gas compressibility

Equation 1 offers different ways to consider the compressibility of the water-gas mixture in the storage terms [27]. As an approximation, a simplified engineering approach is to apply a mean constant water-gas bulk stiffness $\overline{K}_{\mathrm{wg}}$ instead of K_{w} in term (b) and assume full water saturation ($S = 1$) below the groundwater table in the calculation. As a consequence the term (c) vanishes as $\partial S/\partial p_{\mathrm{w}} = 0$:

$$\underbrace{\frac{\partial \varepsilon_{\mathrm{v}}}{\partial t}}_{\text{(a)}}\underbrace{-\frac{n}{\overline{K}_{\mathrm{wg}}}\frac{\partial p_{\mathrm{w}}}{\partial t}}_{\text{(b)}} = -\nabla^{\mathrm{T}}\mathbf{q} \tag{7.2}$$

Assuming an approximate mean gas saturation $\overline{S}_{\mathrm{g}}$ in the order of about 1 to 10% respectively a mean water saturation $\overline{S} = 1 - \overline{S}_{\mathrm{g}}$ and a mean pore pressure $\overline{p}_{\mathrm{w}}$ in the relevant model area, the mean compressibility of the water-gas mixture $\overline{C}_{\mathrm{wg}}$ (or stiffness $\overline{K}_{\mathrm{wg}}$) can be determined as the volumetric weighted sum of the bulk stiffness of water K_{w} and gas K_g. K_g relates to the total gas pressure, which is the sum of atmospheric pressure p_{atm} and gas pressure p_{g}. For the small volumes of occluded gas examined here, gas and water pressure can be assumed to be identical (see

Fredlund et al. [4]). Neglecting the solubility of gas in water leads to the following equation:

$$\overline{C}_{\mathrm{wg}} = \frac{1}{\overline{K}_{\mathrm{wg}}} = \frac{\overline{S}}{K_{\mathrm{w}}} + \frac{(1-\overline{S})}{\overline{K}_{\mathrm{g}}} = \frac{\overline{S}}{K_{\mathrm{w}}} + \frac{(1-\overline{S})}{(p_{\mathrm{atm}}+\overline{p}_{\mathrm{w}})} \tag{7.3}$$

7.3.2 Pressure-dependent water-gas compressibility

The second option to account for the compressibility of the water-gas mixture is to use the bulk stiffness K_{w} of pure water in term (b) of Equation (1) and to consider explicitly the pressure dependent gas phase saturation below the groundwater table in term (c). The compressibility of the pore water is then primarily governed by the expression $\partial S/\partial p_{\mathrm{w}}$, which is more realistic from a physical point of view compared to option 1 assuming a constant value.

The pressure dependence of the fluid saturation $S(p_{\mathrm{w}})$ can be determined considering Hilf's formula (see Fredlund et al. [4]), which relates a change in gas saturation ΔS_{g} to a gas pressure change Δp_{g} considering the porosity n_0 [-], the initial (i.e., at atmospheric conditions) water saturation S_0 [-], the atmospheric pressure p_{atm} and the volumetric coefficient of solubility h^* [-] quantifying the dissolved gas according to Henry's law:

$$\Delta S_{\mathrm{g}} = \frac{\Delta V_{\mathrm{g}}}{V_0 n_0} = \frac{\Delta p_{\mathrm{g}}}{(p_{\mathrm{atm}}+\Delta p_{\mathrm{g}})} \cdot (1 - S_0 + h^* \cdot S_0) \tag{7.4}$$

Assuming pore gas and pore water pressure to be equal ($\Delta p_{\mathrm{g}} = \Delta p_{\mathrm{w}}$) below the phreatic surface a pressure dependent relation for the water saturation $S = S_0 + \Delta S$ can be derived with $\Delta S = \Delta S_{\mathrm{g}}$ which is presented in Figure 7.3 (left) for initial water saturations S_0 = 95%, 98% and 99% (with $n_0 = 0.4$, $p_{\mathrm{atm}} = 100\,\mathrm{kN/m^2}$ and $h^* = 0.02$ for all). The solubility of the gaseous phase in water introduces a limit pressure for complete saturation to be reached which is dependent on the initial gas content.

The graph on the right shows the stiffness of the water-gas mixture $K_{\mathrm{wg}} = 1/(S/K_{\mathrm{w}} + \partial S/\partial p_{\mathrm{w}})$ determined by combining terms (b) and (c) of Equation 7.1 with increasing pore water pressure p_{w}. Reaching full water saturation, K_{wg} approaches K_{w} quite abruptly.

Differences in the generation and dissipation of pore pressure for the two options to consider gas compressibility described above are shown by means of an example in Stelzer et al. [27].

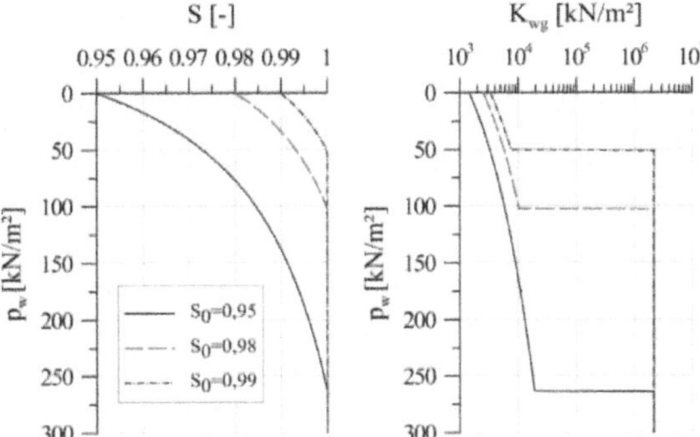

Fig. 7.3: Water saturation S (left) and water-gas-stiffness K_{wg} (right) below the phreatic surface as function of water pressure p_w [27].

7.4 Geotechnical applications

Due to rapid changes in external fluctuating pressures, such as pressure changes induced by water waves, water level drawdown, static and dynamic loading or even meteorological variations in atmospheric air pressure, the gas bubbles inside the pore water below the phreatic line tend to react immediately in volume change. This process is hampered by relatively low permeable soil causing transient excess pore pressures which dissipate towards steady state conditions with time [12]. Consequences of this effect are presented for a few selected geotechnical applications. Additionally this effect may be relevant for other problems such as e.g. loading of tunnel linings, liquefaction due to wave propagation [11] or hydraulic failure.

In many cases the loading process consists of a superposition of static and water loads. In order to illustrate the effect of each loading type two 1D numerical coupled consolidation analyses (Figure 7.4) have been computed by Köhler et al. [9] incorporating water-gas mixture compressibility for a constant water saturation degree S of 0.95.

In case of *static loading* applied during a short time period of 0.1 days, the unsaturated soil settles instantaneously due to the compression of the air occluded in the fluid phase (Figure 7.4 b). Consequently, the generated excess pore pressure (Figure 7.4 c) is lower than in saturated soil but the pore pressure dissipation follows a similar pattern as for saturated soil.

A *water level* change loads saturated soil in a neutral way, no changes in effective stress and hence no displacements occur. Under similar loading, unsaturated soil deforms due to the fluid compressibility. The initial excess pore pressure generated by loading is lower than the total water load and increases in time with a velocity controlled by soil permeability and drainage conditions (Figure 7.4 d).

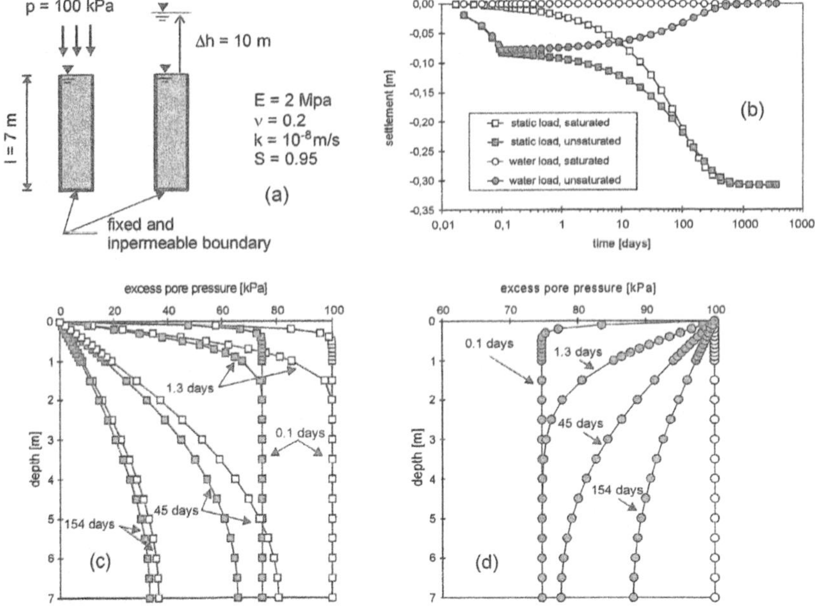

Fig. 7.4: Results from numerical 1D simulations of saturated consolidation (white dots) and of unsaturated consolidation (grey dots): (a) geometry and material properties; (b) settlement history; (c) pore pressure evolution - static loading; (d) pore pressure evolution - water loading [9].

7.4.1 *Effects of rapid water level drawdown on the stability of banks and bottom in rivers and canals*

Water level changes in rivers and canals, e.g. caused by passing ships, influence the geotechnical stability of the banks and the bottom of the waterway. In the BAW recommendations „Principles for the Design of Bank and Bottom Protection for Inland Waterways (GBB)“ [5] a differentiation is made between a slowly and rapidly falling water level comparing the drawdown rate v_{za} and the permeability k of the subsoil. For a rapidly falling water level ($v_{za} > k$) excess pore water pressure in the soil occurs because pressure equalization is delayed owing to gas bubbles in the pore water that increase in size as the pressure decreases. The excess pore water pressure causes seepage flow towards the ground surface (Figure 7.5), which leads to reduced effective stresses. This may cause sliding failure of the banks or loosening of the soil near the surface („hydrodynamic displacement of the soil“) of the slope or the bed [5]. Therefore a sufficiently heavy revetment (armour layer) has to be provided to prevent the occurrence of such limit states.

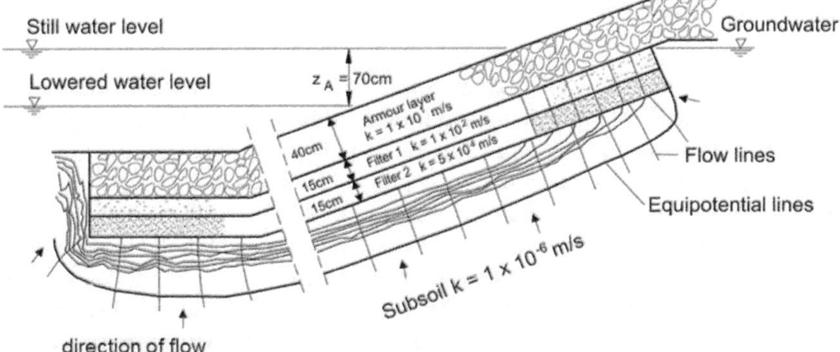

Fig. 7.5: Flow lines and equipotential lines in the ground below a permeable slope revetment during rapid drawdown of the water level [5].

The magnitude and development of excess pore water pressure due to rapid drawdown are primarily governed by the magnitude of the drawdown, the drawdown time, the permeability of the soil and the compressibility of the water-soil-mix (including the gas contained in the pore water). As shown in Figure 7.6 in case of rapid drawdown the excess pore pressure decreases over time. In GBB [5] a simple empirical practical approach to estimate excess pore water pressure as a function of depth and its implementation in the relevant geotechnical verifications of stability is described in detail.

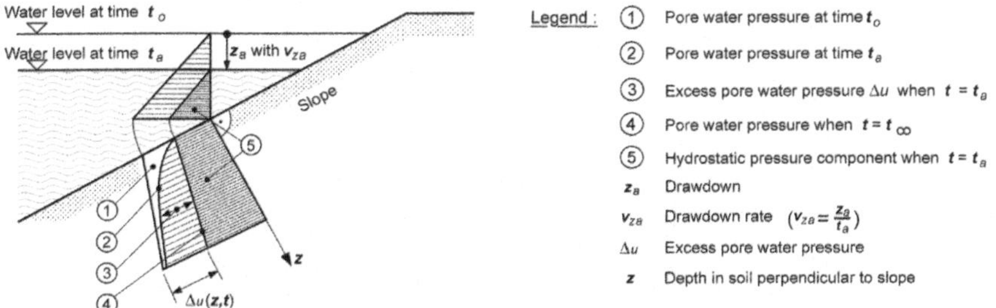

Fig. 7.6: Hydrostatic - and excess pore water pressure during rapid drawdown [5].

7.4.2 Retaining Walls

The stability of retaining walls may be influenced by transient pore water pressure developments and time-dependent local flow conditions. One of the main impacts in relation to subsoil stability is unloading due to rapid water level drawdown and/or excavation, which causes transient excess pore water pressures in relatively low permeable soils. In Figure 7.7 a retaining wall (lock chamber wall) is depicted, loaded by rapid drawdown in front of the wall. After the water level in the lock chamber is lowered, the pore pressure distribution in the soil body is adjusting to the new boundary conditions as time elapses. As elaborated in Figure 7.4 additional effects on the pore water distribution may occur when unloading due to excavation is considered.

Depending on the low stress level at ground surface and on the compressibility of the soil skeleton, the loading case of rapid water level drawdown and/or excavation in open pits may easily cause soil failure. Especially in low permeable soils, excavation of the open pit is usually performed without the help of ground water lowering. Although the water discharge is small in low permeable soils, the simultaneously acting pore pressure due to transient seepage needs to be taken into account in order to avoid hydraulic soil failure. Generally the time of lowering of the water level t_A as well as the excavation of the pit itself may in practice range between days, weeks and even months, which directly influences the excess pore water pressure development in the subsoil. The faster the external water level lowering by the depth d_h or excavation takes place, the more excess pore water pressure needs to be taken into account in the transient state. The velocity $v_{zA} = d_h/t_A$ of water level lowering or

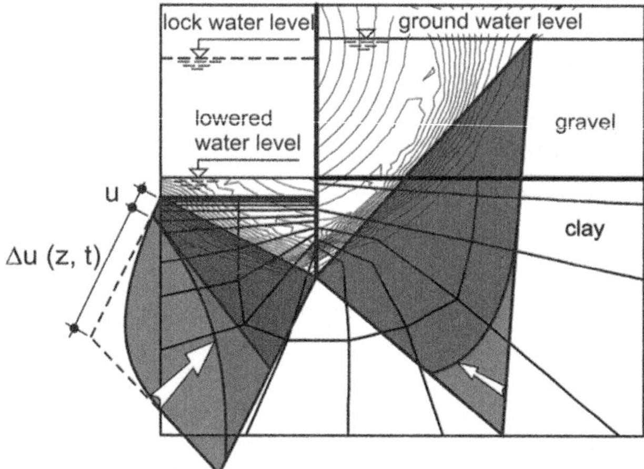

Fig. 7.7: Possible failure mode caused by excess pore pressure on the passive earth side due to drawdown and/or excavation [8].

of the excavation rate needs to be kept smaller than the prevailing permeability k of the subsoil ($v_{zA} < k$) in order to avoid transient pore pressure conditions, which may endanger stability. The stability of a retaining wall at the loading case of excavation and dewatering of the open pit may fail due to hydraulic soil failure. Usually such loading is solely considering seepage at steady state. The hydraulic influence on the passive earth pressure in front of the retaining wall and a selected endangered soil prism is evaluated. In addition the stability of the wall may be highly endangered in transient pore pressure conditions (see Figure 7.7), especially at the critical time just after water level lowering and excavation. In order to withstand such loading cases, both failure conditions (transient and steady state) need to be investigated, to ensure safe constructions [7]. The following three failure modes need to be investigated:

- stability against hydraulic soil failure due to seepage at steady state
- stability against hydraulic soil failure (hydrodynamic soil deformation) due to seepage at transient state in order to prevent uplift at the critical soil depth below the ground surface of the excavated pit
- sliding at the potential failure plane activating passive earth pressure by taking the time-dependent acting excess pore pressure $\Delta u(z,t)$ into account (see Figure 7.7).

7.4.3 Slope stability

The reduction of pore water pressure is a widely used method to stabilize endangered slopes. However this concept is applied with reluctance in low permeable soils such as clay. Usually great uncertainty exists regarding the estimation of transient pore pressure distributions covering the time between initial and final steady state conditions. Pore pressure measurements performed in the field have shown the effectiveness of such concepts of pore pressure dissipation (Figure 7.8). To ease application a model of solid and pore water containing gas allows an estimation of transient pressure states which might encourage further utilization of such methods.

It is widely assumed that drainage pipes need to withdraw water visibly in order to be effective. Thus apparently dry drainage pipes are often viewed incorrectly as being ineffective. Even the removal of small quantities of water (e.g. evaporation into the pipe, which is especially valid in low permeable soils) will allow a reduction of pore water pressure in the vicinity of the drain.

Pore pressure reduction may occur regardless of the inclination of the borehole or the water level inside the borehole [14]. Even reversely inclined boreholes or boreholes entirely filled with water may be able to decrease pore pressures. Removing water from the boreholes increases effectiveness, because atmospheric pressure is allowed to be transferred directly into the soil.

A successful application of this concept depends on the original magnitude of the pore pressures to be reduced. Looking at a borehole filled entirely with water, the piezometric level (= pressure head + elevation head) all over the borehole is constant and solely determined by the geodetic level of the borehole mouth (flow velocity in the borehole may safely be assumed to be negligible). In a borehole which is filled with air (water removed), the local piezometric level (hydraulic boundary condition along the borehole) will be the local geodetic level. Considering these facts will often allow a much more effective placement of the drainage pipes into the shear zone. In accordance with Terzaghi's principle of effective stress the stability of the slope will be increased directly as pore water pressure is reduced.

Geotechnical measurements have been carried out in a slope cut in clay, which originally had been constructed in the 1920s. The shear zone had been previously identified using inclinometer measurements. The soil consists of stiff, fissured Lower Lias clay ($w_L = 0.58$, $w_P = 0.22$, clay 40%, silt 60%). Narrow limestone bands are embedded occasionally. Although the fissures and limestone bands in the clay formation increase the large scale permeability of the soil, the permeability is still assumed to be as low as about 10^{-10} to 10^{-11} m/s. Pore water pressure sensors had been installed well ahead in order to measure the initial pore pressure distribution. Later, seven boreholes were drilled to provide pore pressure release. Changes in pore pressures were measured and documented continuously, as sketched in Figure 7.8. Pore pressure dissipation is clearly taking place, with a major pressure drop associated with the drilling process (due to volume change and other effects cau-

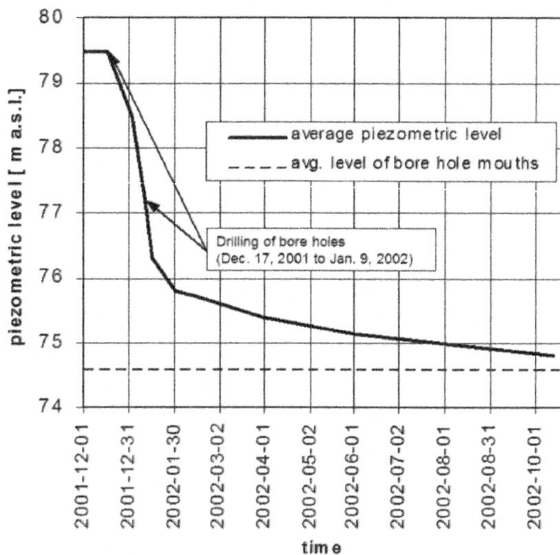

Fig. 7.8: Results of pore pressure measurements in the vicinity of bore holes / shear zone [25].

sed by drilling and installation). After this major drop a second phase of continuous pressure dissipation was observed which will last for a long period of time, finally approaching the level of the borehole mouths, indicated by a dashed line. Looking only at Figure 7.8, it may be concluded that water filled fissures were simply drained by the boreholes.

Figure 7.9 indicates that this may not be the case: It shows a schematic summary of pore pressure measurements in a vertical section: Although pore pressures in the vicinity of the shear zone were reduced considerably, pore pressures above the area being directly influenced by the boreholes show minor changes. This would not have been the case if fissures were drained only. Instead the pore pressure release above the drained area at the shear zone will take many years and may (or may not, depending e.g. on the amount of seasonal precipitation) approach final steady state conditions as indicated in Figure 7.9.

The measurements show that pore pressures in the vicinity of the boreholes (and the shear zone) have been reduced greatly, leading to improved safety. Pore pressures in other parts of the soil mass are also influenced. However their contribution to slope stability is minor, in those regions it may take a long time to reach final steady state.

An estimation concerning the velocity of pore pressure dissipation using compressible pore water has been performed in advance before the boreholes were drilled. The specific storage S_s was estimated to be $0.0035\,\mathrm{m}^{-1}$ and applied to confined conditions by using Equation (7.3) as follows $S_s = \gamma_w(1/E_s + n\overline{C}_{wg})$ with γ_w = unit weight of water; drainable porosity $n_{eff} = 0.2$; saturation $S = 0.9$; $1/E_s$ = coefficient

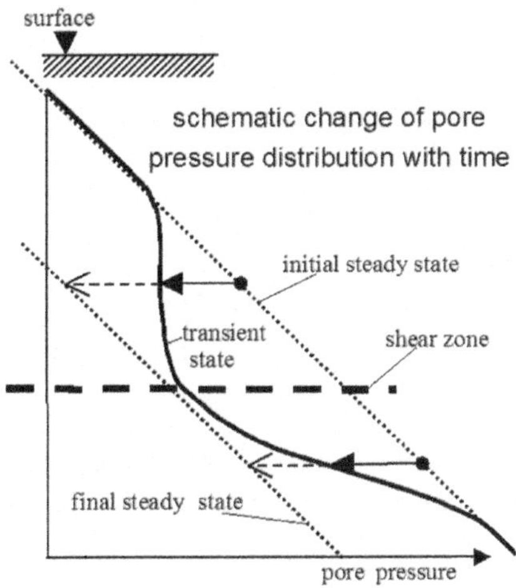

Fig. 7.9: Schematic pore pressure distribution [25].

of volume compressibility.

The distribution of the piezometric head in transient state as shown in Figure 7.10 was calculated by uncoupled groundwater analysis.

Additionally the influence of pore pressure reduction on increasing the safety of the slope has been assessed by using the Plaxis finite element code (Mohr-Coulomb model). In the examined case the final factor of safety may not necessarily meet legal requirements concerning the safety level of the slope, but a significant reduction of slope movements may certainly be expected. A considerable increase in safety may be expected especially in high slopes where the initial piezometric level is located closely below the surface. Details on the calculations using 2D finite element codes may be found in Köhler et al. [14] and Schulze & Köhler [23].

Thus it is concluded: Boreholes which are installed in low permeable soil for reasons of pore pressure reduction need to be placed as closely as possible to the vicinity of potential shear zones in order to be effective in reasonable time. The boreholes need to be extended sufficiently deep into the slope in order to avoid the development of new shear zones.

Time-dependent pore pressure spreading may further be applied to other aspects of slope stability: Unstable low permeable slopes approaching limit state may be influenced by fluctuating atmospheric pressure. In this case extremely falling atmospheric pressure is able to trigger slope movements [13].

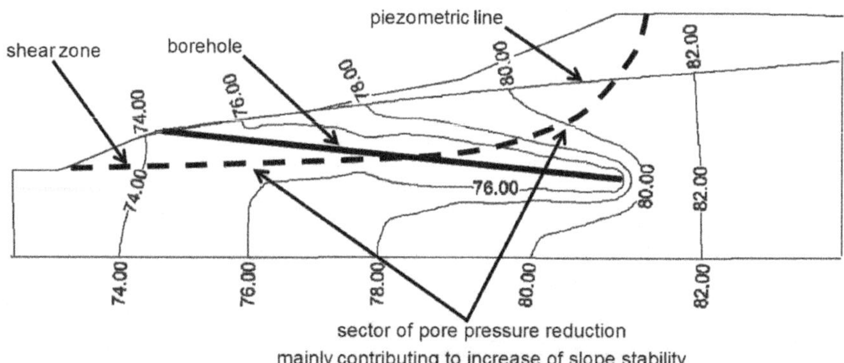

Fig. 7.10: Results of numerical analysis showing the change in pore pressures (piezometric head) in transient state shortly after the boreholes were installed [14].

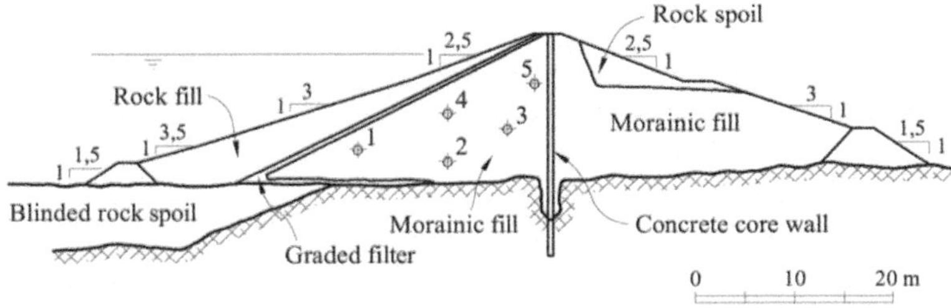

Fig. 7.11: Glen Shira Dam cross section [18]

7.4.4 Dam under rapid drawdown conditions

The effect of gas entrapment below the phreatic line on the propagation of pore pressures following rapid drawdown is examined below for the Glen Shira Dam in Northern Scotland based on measurements reported by Paton & Semple [17]. The maximum cross section of the 16 m high earth dam is presented in Figure 7.11. The dam has a concrete wall at its center and is made of compacted moraine soil covered by a rockfill shell to increase stability. Glen Shira Dam has been used as a case study by Pinyol et al. [18] due to the quality and documentation of the measurements.

A drawdown of about 9 m in four days was applied to Glen Shira dam reservoir, details on water level changes and the measured pore pressures in five locations in the dam (as indicated in Figure 7.11) during drawdown are shown in Figure 7.13.

The drawdown process is modelled at the upstream part of the dam (see Figure 7.12) with a 2D consolidation analysis using the Plaxis software [27]. The dam and the bedrock are assumed to behave linear elastic. In the absence of a precise

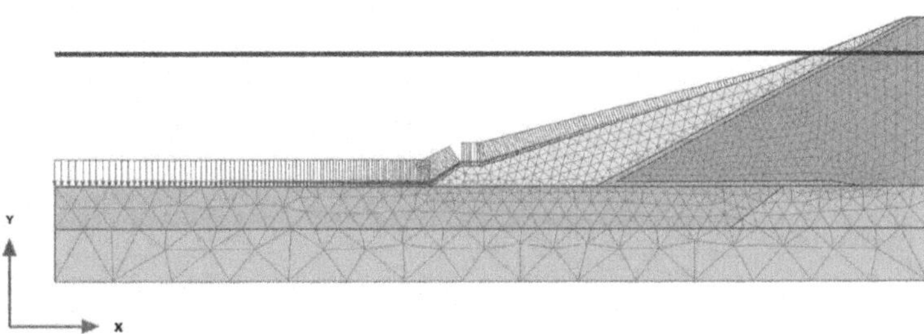

Fig. 7.12: FE-Modell (Plaxis) of Glen Shira dam with initial water level before drawdown.

Tab. 7.1: Model parameters

Parameter	Unit	Morainic fill	Rock fill
Hyd. conductivity k_{sat}	[m/s]	$1.6 \cdot 10^{-8}$	10^{-4}
Porosity n_0	[−]	0.25	0.4
Young's modulus E	$[\mathrm{MN/m^2}]$	100	100
Poisson's ratio ν	[−]	0.3	0.3

fill up history of the reservoir, hydrostatic conditions are assumed at the start of the drawdown from a water level of 12.6 m basically supported by the pore pressure measurements in the dam at time $t = 0$.

The model parameters of the dam material are summarized in Table 7.1. The bedrock has a low conductivity $(k = 10^{-10}\,\mathrm{m/s})$ and the same stiffness as the dam material. Unsaturated soil hydraulic properties were assigned based on the Van-Genuchten-Mualem model, however they are not relevant for the flow processes below the phreatic surface.

Two cases concerning gas entrapment below the phreatic level in the dam (morainic fill) were examined: (1) full water saturation without gas and (2) gas entrapment considering a pressure-dependent saturation according to Figure 7.3 for $S_0 = 98\%$.

Figure 7.13 shows a comparison of calculated and measured pore pressure during drawdown for case (1) where gas entrapment is not considered. The evaluation reveals that except for topmost piezometer 5 the calculated pore pressures react quite fast during the reservoir drawdown while the measured ones lag behind. The retarded propagation of pore pressures indicates a considerable larger storage, which was already presumed by Paton & Semple [17]: „The effect of air in the pores will be to increase this lag".

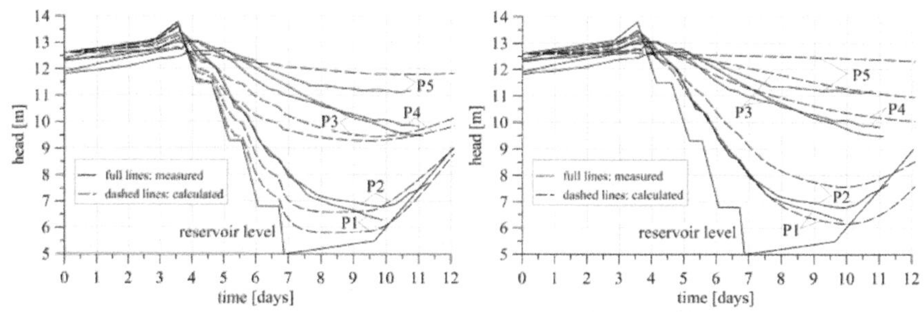

Fig. 7.13: Measured and calculated groundwater head in evaluation points P1-P5 without (left) and with (right) considering gas entrapment [27].

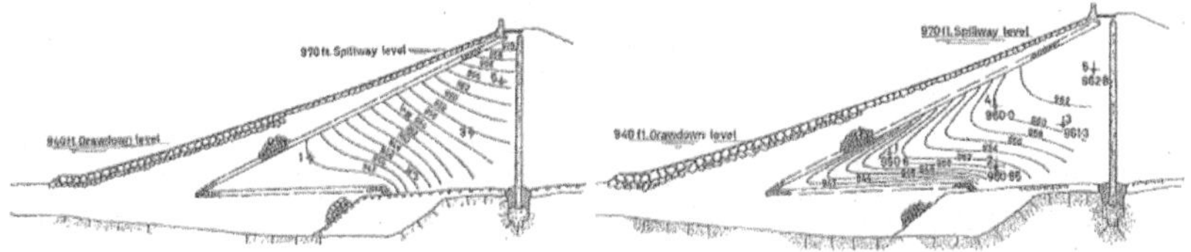

Fig. 7.14: Expected head distribution (isolines in [ft]) at the end of the drawdown process (left) and measured head distribution (right) in the dam core [17].

For case (2) considering gas entrapment the measured delayed pore pressure response can be reproduced quite well by the calculations, at least for piezometers 1, 2 and 4. For piezometers 3 and 5 a bit too much damping is present. However it must be considered that at these locations the simulations start from initial pore pressures higher than measured. Probably the assumed hydrostatic initial conditions may not be appropriate deep in the core of the dam.

Figure 7.14 shows the expected head distribution derived from conventional flownet analysis (left) and the observed head distribution (right) at the final drawdown level (940 feet) interpolated by Paton & Semple [17]. The observed bended isobars indicate outward hydraulic gradients.

In Figure 7.15 the results from the analysis without considering gas (left) and with gas entrapment (right) are presented. The comparison shows a far better agreement between the observed and the calculated head distribution for the entrapped gas case.

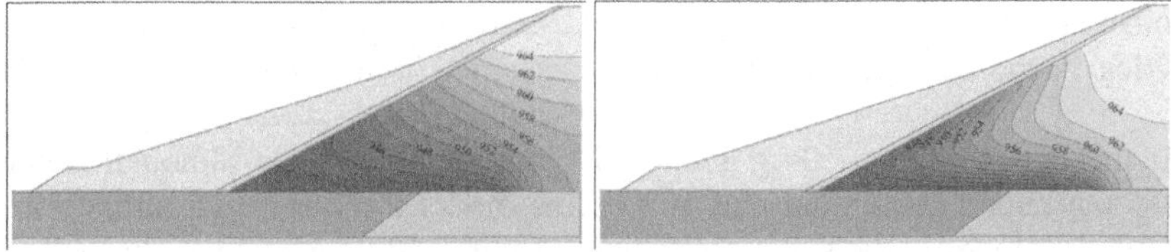

Fig. 7.15: Computed head distribution (Isolines in ft) at the end of the drawdown process without (left) and with (right) considering gas entrapment [27].

7.5 Summary and future perspective

Deformation characteristics and investigations in transient states in slopes and dams have been presented, based on the formulation of temporarily acting excess pore water pressure due to external pressure changes such as rapid water level lowering and/or excavation or time-dependent pore pressure release by drain borings.

Soil under water should be regarded as „nearly saturated“, containing solid soil particles and gas bubbles embedded in the pore fluid, causing unsaturated submerged soil conditions. Effective protection of structures and the influence of loading parameters such as the time of de-watering and/or excavation rate may be estimated by numerical analysis in order to ensure the required safety in transient states. During unloading a highly non-linear soil deformation of the unsaturated ground is induced. Most time-dependent deformations may be expected directly at ground surface of the excavated pit, the least in deeper soil levels, which are directly dependent on the rate of the actual pressure change, the governing stiffness and permeability of the soil at the actual loading stages and at the governing local drainage conditions. The development of transient ground deformation is typically accompanied by a reasonable large instantaneous deformation (e.g. at unloading - heave), which is controlled by the consolidation characteristics and the saturation of the soil.

Coupled numerical procedures based on Biot's theory, which are nowadays implemented in many standard FE-software packages, are a powerful tool to model complex coupled flow-deformation processes including the transient pore pressure response by introducing a compressible pore fluid. Several cases are presented in this paper, taking into account fluid compressibility in practical analyses. For improved results non-linear soil stiffness (e.g. stress and stress path dependency) and shear induced pore pressure changes may additionally be considered in an appropriate constitutive model.

To measure gas content in the field remains a difficult task. To stay on the safe side for practical applications the influence of the gas content on a particular problem should be assessed by varying the saturation in several calculation steps. For practical purposes the gas content may be assumed in the range of about 1 to 10%.

In this paper soil modelling is limited to continuum models, although under certain conditions a continuum may not be the model of choice. As outlined in [22] structural changes in the soil material may occur, leading to sudden changes of soil properties and thus soil behaviour. Such effects may be observed in the so-called Excavation Damaged Zone (EDZ) in clay and rock. Further research is needed to increase insight into such processes, especially concerning novel geotechnical applications related to time-dependent stability of e.g. „sudden“ collapse of slopes cut in clay or deep excavations.

Remark: This paper is based on two publications (co-)authored by the two underwriters, which appeared earlier: Schwab et al. [25] and Stelzer et al. [27].

References

1. Biot M.A. (1941): General Theory of Three-Dimensional Consolidation. Journal of Applied Physics, Vol. 12, February 1941, 155-164, New York
2. Bishop A.W. (1954): The use of pore-pressure coefficients in practice. Géotechnique, Vol. 4(4), 148-152
3. deBoer R. (2000): Theory of Porous Media, ISBN 3 540 65982 X, Springer Berlin
4. Fredlund, D.G., Rahardjo, H., Fredlund, M.D. (2012): Unsaturated Soil Mechanics in Engineering Practice. ISBN 978 1 118 13359 0, chapter 15, Wiley
5. GBB (2011): Principles for the Design of Bank and Bottom Protection for Inland Waterways (GBB) Issue 2010 - BAW Code of Practice. ISSN 2192 9807, published by Bundesanstalt für Wasserbau (BAW) Karlsruhe, download 2014-12-23: http://vzb.baw.de/publikationen.php?file=merkblaetter/0/BAWCodeofPractice_Principles _Bank_Bottom_Protection_Inland_Waterways_GBB_2010.pdf
6. Jardine R.J., Gens A., Hight D.W., Coop M.R. (2004): Developments in understanding soil behaviour. In: Advances in Geotechnical Engineering: The Skempton Conference, Jardine et al. (eds), Vol. 1, ISBN 0 7277 3264 1, 103-206, Thomas Telford London
7. Köhler H.-J. (2003): Transient excess pore water pressure causing structure deformation and hydraulic soil failure. In: Reconstruction of Historical Cities and Geotechnical Engineering - Proc. Int. Geot. Conf. dedicated to the Tercentenary of St. Petersburg, Ilichev & Ulitskyk (eds), Vol. 1, ISBN 5 93093 204 2, 327-334,ASV Moscow
8. Köhler H.-J., Feddersen I., Schwab R. (1999a): Unsaturated conditions below the groundwater table and its effect on pore pressure, soil and structure deformation. In: Geotechnical Engineering for Transportation Infrastructure - Proc. 12th European Conference Soil Mechanics, Barends F.B.J. et al. (eds.), Amsterdam, 1109-1115, Balkema Rotterdam
9. Köhler H.-J., Feddersen I., Schwab R. (1999b): Soil and structure deformations due to reconstruction of an old lock built on unsaturated submerged clay. In: Pre-Failure Characteristics of Geomaterials - Proc. 2nd IS, Jamiolkowski, Lancellotta & Lo Presti (eds), Torino, Vol. 1, ISBN 90 5809 076 0, 793-800, Balkema Rotterdam
10. Köhler H.-J., Haussecker H., Spies H., Beringer, O. (1999c): Fluidisation and deformation of submerged soil due to fluctuating water level. In: Geotechnical Engineering for Transportation Infrastructure - Proc. 12th European Conference Soil Mechanics, Barends F.B.J. et al. (eds.), Amsterdam, 921-927, Balkema Rotterdam
11. Köhler H.-J. & Koenders M.A. (2003): Direct visualisation of underwater phenomena in soil-fluid interaction and analysis of the effects of an ambient pressure drop on unsaturated media. In: Journal of Hydraulic Research (JHR), García M. et al. (eds.), Madrid, Vol. 41, No 1, 69-78
12. Köhler H.-J. & Schwab R. (2001): Influence of external pressure changes acting on unsaturated submerged soils. In: Proc. 15th ICSMGE, Istanbul, Vol. 1, ISBN 90 2651 839 0, 593-596, Balkema Lisse
13. Köhler H.-J. & Schulze R. (2000): Landslides Triggered in Clayey Soils - Geotechnical Measurements and Calculations. In: Proc. 8th IS Landslides, Bromhead E. et al. (eds.), Cardiff, 837-842, Thomas Telford London
14. Köhler H.-J., Schulze R., Asami K. (2002): Protection measures in order to increase safety of unstable clay slopes by unconventional pore pressure release techniques. In: Landslides - Proc. 1st European Conference on Landslides, Rybár et al. (eds.), Prague, 597-601, Balkema Lisse
15. Köhler H.-J. & Montenegro H. (2003): Investigations regarding soils below phreatic surface as unsaturated porous media. In: From Experimental Evidence towards Numerical Modelling of Unsaturated Soils, Weimar, Germany, T. Schanz (ed), 139-157, ISBN 3 540 21122 5, Springer Berlin
16. Montenegro H, Köhler H.-J., Holfelder T. (2003): Inspection of pressure propagation in the zone of gas entrapment below the capillary fringe. In: From Experimental Evidence towards Numerical Modelling of Unsaturated Soils, Weimar, Germany, T. Schanz (ed), 159-172, ISBN 3 540 21122 5, Springer Berlin

17. Paton J. & Semple N.G. (1961): Investigation of the Stability of an Earth Dam Subject to Rapid Drawdown including Details on Pore Pressures recorded during a Controlled Drawdown Test. In: Pore Pressure and Suction in Soils, 85-90, Butterworth London
18. Pinyol N., Alonso, E.E., Olivella S. (2008): Rapid drawdown in slopes and embankments. Water Resources Research, Vol. 44.
19. Plaxis (2014): Plaxis Scientific Manual by Brinkgreve R., Engin E., Swolfs W., Plaxis 2D finite element code
20. Schulz H. (1986): Kompressibilität und Porenwasserüberdruck - Bedeutung für Gewässersohlen (Compressibility and excess pore water pressure - implications for river beds). In: Mitteilungsblatt der BAW No. 58, 13-28
21. Schulz H. & Köhler H.-J. (1999): A soil mechanical design approach for permeable revetments on inland waterways. . In: Geotechnical Engineering for Transportation Infrastructure - Proc. 12th European Conference Soil Mechanics, Barends F.B.J. et al. (eds.), Amsterdam, Vol. 2, ISBN 90 5809 049 3, 835-843, Balkema Rotterdam
22. Schulze R. (2011): Pore water pressure effects in clay due to unloading - long term measurements, change of soil fabric and application. 8th IS on Field Measurements in GeoMechanics (FMGM), Berlin, download 2014-12-23: http://vzb.baw.de/publikationen/vzb_dokumente_oeffentlich/0/FMGM_2011_Berlin _Schulze_Pore-water-pressure_effects_in_clay.pdf
23. Schulze R. & Köhler H.-J. (2003). Stabilisation of endangered clay slopes by unconventional pore pressure release technique. In: Proc. 6th IS on Field Measurements in GeoMechanics (FMGM), Oslo, 347-353, Balkema Lisse
24. Schwab R., Köhler H.-J. (2003). Behaviour of near saturated soils under cyclic wave loading. In: Deformation Characteristics of Geomaterials - Proc. 3rd IS, DiBenedetto H. et al. (eds.), Lyon, France, Vol. 1, 857-862, Balkema Lisse
25. Schwab R., Köhler H.-J., Schulze R. (2004): Pore water compressibility and soil behaviour - excavations, slopes and draining effects. In: Advances in Geotechnical Engineering: The Skempton Conference, Jardine et al. (eds), Vol. 2, ISBN 0 7277 3264 1, 1169-1182, Thomas Telford, London
26. Skempton A.W. (1954): The pore-pressure coefficients A and B. Géotechnique, Vol. 4(4), 143-147
27. Stelzer O., Montenegro H., Odenwald B. (2014): Consolidation Analyses Considering Gas Entrapment below the Phreatic Surface. In: Numerical Methods in Geotechnical Engineering - Proc. 8th European Conference on Numerical Methods in Geotechnical Engineering NUMGE, Hicks et al. (eds.), Delft, Vol. 2, 1037-1042, ISBN 978 1 138 02688 9, Taylor & Francis, London
28. Terzaghi K. (1923): Die Berechnung der Durchlässigkeitsziffer des Tones aus dem Verlauf der hydrodynamischen Spannungserscheinungen. Akad. der Wissenschaften, mathem.-naturw. Klasse, Sitzungsbericht 7. Juni 1923, Abt. IIa, Bd. 132, 125-138, Wien
29. Terzaghi K. (1925): Erdbaumechanik. Franz Deuticke, Leipzig und Wien
30. Terzaghi K. (1943): Theoretical Soil Mechanics, John Wiley & Sons, New York
31. Verruijt A. (2014): Theory and Problems of Poroelasticity, download 2014-12-23: http://geo.verruijt.net/software/PoroElasticity2014.pdf

Kapitel 8
Untersuchung der metastabilen Struktur teilgesättigter Böden

Claas Meier

Zusammenfassung Anhand von Eluatanalysen und röntgendiffraktometrischen Untersuchungen wurden die mikrostrukturelle Beschaffenheit, die mineralische Zusammensetzung sowie der Anteil an leicht wasserlöslichen Mineralien der metastabilen Struktur eines rezent gebildeten, afghanischen Lössbodens ermittelt. Der Einfluss der Porengröße auf den Grad der infolge Hydrokonsolidation zu erwartenden Verformung wurde anhand rasterelektronenmikrokopischer Aufnahmen untersucht.

Im Schwerpunkt der Untersuchungen stand die Erfassung und Bewertung der beim Vorgang der Hydrokonsolidation maßgebenden Bodenkennwerte. Hierzu wurden modifizierte Ödometerversuche durchgeführt. Basierend auf den ermittelten Versuchsergebnissen wurde eine empirisch-deduktiv abgeleitete Prognosemethode formuliert, anhand derer die infolge Hydrokonsolidation zu erwartenden Setzungen quantitativ abgeschätzt werden können.

8.1 Einführung in die Thematik

Löss und lössähnliche Ablagerungen bedecken mehr als 10 % der Erdoberfläche und stellen die meist verbreitete Ablagerung der Quartärzeit dar [15]. Als aeolisches oder fluviales Sediment ist der Löss einer Gruppe von Böden zuzuordnen, die im erdfeuchten teilgesättigten Zustand eine hohe Festigkeit und Tragfähigkeit aufweisen. Ein Anstieg der Bodenfeuchte führt bei diesen Böden zu einer Umlagerung des Korngerüstes. Die bei dieser Umlagerung einhergehende Verringerung des Volumens wird im Allgemeinen als „Sackung" bezeichnet. Der Anstieg des Wassergehalts führt zum Verlust der eigentlich hohen Stabilität sowie zu einer qualitativen Änderung des bodenmechanischen Verhaltens [3]. Die vor der Sackung vorhandene

Dr.-Ing. Claas Meier
Boley Geotechnik - Beratende Ingenieure, Auenstraße 100, 80469 München, E-mail: c.meier@boleygeotechnik.de

Struktur dieser Art von Böden wird im Folgenden als „metastabil“ bezeichnet. Ein Boden wird dann als „metastabil“ bezeichnet, sofern er durch folgende, zugleich auftretenden Charakteristiken gekennzeichnet ist [16]:

- geologisch rezente oder rezent umgebildete Sedimente
- hoher Porenanteil
- offenes Porengefüge
- hohe Sensitivität gegenüber Wassergehaltsänderungen
- schwache interpartikulare Bindungskräfte

Die im Rahmen des Forschungsprojekts untersuchten afghanischen Lössböden der Hindukuschregion um Mazar-e-Sharif und Kunduz weisen alle zuvor genannten Charakteristika auf und führen nach Rogers [16] zu einer Klassifizierung als sackungs-, d.h. kollapsanfälligen[1] Boden.

Metastabilität

Der Begiff Stabilität ist geläufig, wenn es um die Beschreibung des Gleichgewichtszustandes eines mechanischen Systems geht. Für die angestellten Untersuchungen wird neben den Begriffen *stabil* und *labil* der Bergiff *metastabil* verwendet. Zum besseren Verständnis eignet sich die Betrachtung möglicher Gleichgewichtslagen eines Massenpunktes (Abbildung 8.1). Ein System wird als stabil bezeichnet, wenn es:

- äußeren Einwirkungen entgegenwirkt, ohne eine "Anderung im Gleichgewicht zu erfahren oder
- nach Änderung des Gleichgewichtszustandes in seinen stabilen Zustand (Ruhezustand Z_1) zurückkehrt (Abbildung 1(a)).

Besitzt ein System ein schwaches Gleichgewicht im Ausgangszustand Z_1, so können bereits geringste äußere Einwirkungen eine "Anderung des Systems bewirken. Doch entgegen dem in Abbildung 1(a) dargestellten stabilen System nimmt

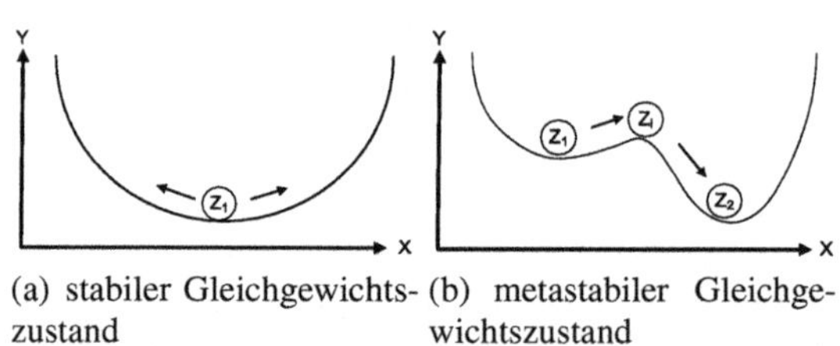

(a) stabiler Gleichgewichtszustand (b) metastabiler Gleichgewichtszustand

Abb. 8.1: Gleichgewichtszustände eines Massenpunktes

[1] Der eingangs eingeführte Begriff „Sackung“ beschreibt eine vom Druck auflastender Schichten unabhängige Verformung des Bodens. Eine sich infolge Wassergehaltsänderung vollziehende Sackung wird nachfolgend als „Kollaps“, „Kollapsverformung“ oder auch „Hydrokonsolidation“ bezeichnet.

dieses System einen neuen, zum Ausgangszustand Z_1 verschiedenen, Gleichgewichtszustand ein. Ein System wird somit im Ausgangszustand Z_1 als metastabil bezeichnet, wenn der eingenommene Gleichgewichtszustand Z_2 nach einer äußeren Einwirkung verschieden vom Ausgangszustand Z_1 ist, d.h. $Z_1 \neq Z_2$. Abbildung 1(b) veranschaulicht das Prinzip eines solchen metastabilen Gleichgewichtszustandes.

Der in Abbildung 1(b) abgebildete Punkt Z_i kennzeichnet den Grenzzustand zwischen dem metastabilen, d.h. schwachen Gleichgewichtszustand Z_1 und dem stabileren Zustand Z_2 des Systems. Der Zustand Z_i wird als labil bezeichnet.

Im Kontext der hier geführten bodenmechanischen Untersuchungen versteht sich Metastabilität wie folgt:

Das Gefüge eines Bodens, welches aufgrund verschiedener Einflussfaktoren (z.B. Partikelform, Porenraum, mineralische Bestandteile, interpartikulare Bindungskräfte) das Potential zur plötzlichen Setzung unter Wasserzugabe besitzt, wird im präkonsolidierten Zustand als metastabil bezeichnet.

8.2 Untersuchung der Bodenstruktur

Die Sackungsanfälligkeit von Lössböden steht im direkten Zusammenhang mit der Struktur des Bodens sowie der Porosität und hierbei insbesondere mit der Porengröße [22]. Zur genauen Abgrenzung der einzelnen Porenfraktion, werden folgende Definitionen angewandt:

- Megaporen $d_{mega} > 500 \mu m$
- Makroporen $500 \mu m > d_{makro} > 100 \mu m$
- Mesoporen $100 \mu m > d_{meso} > 10 \mu m$
- Mikroporen $10 \mu m > d_{mikro}$

Die zur Untersuchung der Struktur gewählte Vorgehensweise gliedert sich in zwei Abschnitte:

In einem ersten Schritt wurde der augenscheinliche (makroskopische) Aufbau des Löss untersucht. Diese makroskopischen Betrachtungen beinhalten primär Aussagen zum Porengefüge im Bereich $d > 100\ \mu m$ (Mega- und Makroporen). In einem weiteren zweiten Schritt wurde die Porosität im Bereich $d < 100\ \mu m$ (Meso- und Mikroporen) mittels Rasterelektronenmikroskop-Aufnahmen (REM-Aufnahmen) untersucht.

Schritt 1: Makroskopische Untersuchungen

Das untersuchte Probenmaterial erscheint im Licht gelblich-braun. Die geringe Dichte, d.h. der hohe Porenanteil von bis zu 50 %, lässt sich bereits mit bloßem

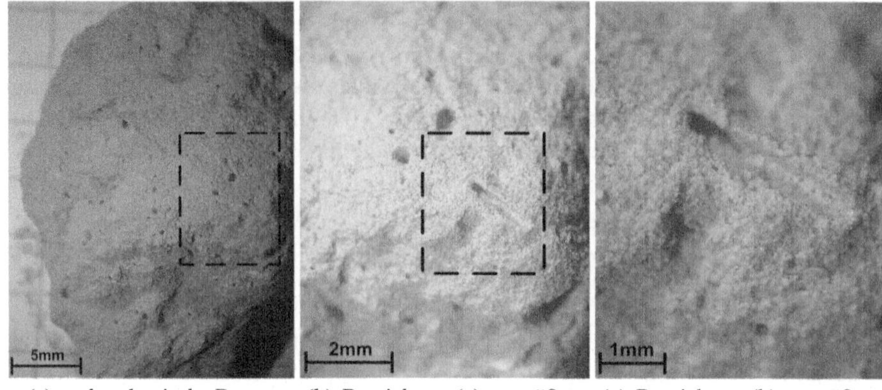

(a) makroskopische Poren (b) Bereich aus (a) vergrößert (c) Bereich aus (b) vergrößert

Abb. 8.2: Betrachtung der makroskopischen Struktur, Probe 08082

Auge anhand einer Vielzahl von Mega- und Makroporen erkennen. Der Durchmesser dieser Poren liegt im Bereich $d > 100\ \mu m$. Bei genauerer Betrachtung kann in vielen Bereichen eine Vernetzung dieser Poren festgestellt werden. Hierbei handelt es sich um kreisrunde Kanäle mit Durchmessern von bis zu 5 mm (Abb. 8.2).

Schritt 2: Mikroskopische Untersuchungen

Die Untersuchung der Mikrostruktur sowie des Porenraumes im Bereich $d < 100\ \mu m$ erfolgte mittels REM-Aufnahmen. Ziel dieser mikroskopischen Betrachtungen war neben der Ermittlung der Partikelform, Porengröße und Anordnung der mineralischen Kornanhaftungen insbesondere die Erfassung der Änderung des Porengefüges infolge „Hydrokonsolidation".

Alle mikroskopischen Aufnahmen wurden an circa 1 cm^3 großen Proben mit ungestörter Oberfläche und ungestörtem Gefüge vorgenommen.

Die Proben wurden auf einen Probenträger geklebt und zur Sicherstellung qualitativ hochwertiger Aufnahmen mit einer Goldschicht belegt (Abb. 8.3). Die so erfolgte mikroskopische Detektion ermöglicht die Ermittlung des strukturellen Aufbaus der Partikelformen und die visuelle Darstellung vorhandener Festkörperbrücken sowie Porenraumänderung infolge Hydrokonsolidation. In Abbildung 4(b) ist das schematisiert dargestellte Modell der Mikrostruktur des untersuchten Lössbodens in Anlehnung an Locat [10] dargestellt.

Die im Rahmen der Untersuchungen ermittelten Anteile der genannten Porenfraktion am Gesamtporenvolumen sind in Tabelle 8.1 aufgeführt.

(a) Probenträger (b) Probenoberfläche (c) Bereich aus (b) vergrößert

Abb. 8.3: Präparierte Bodenprobe für REM-Aufnahmen

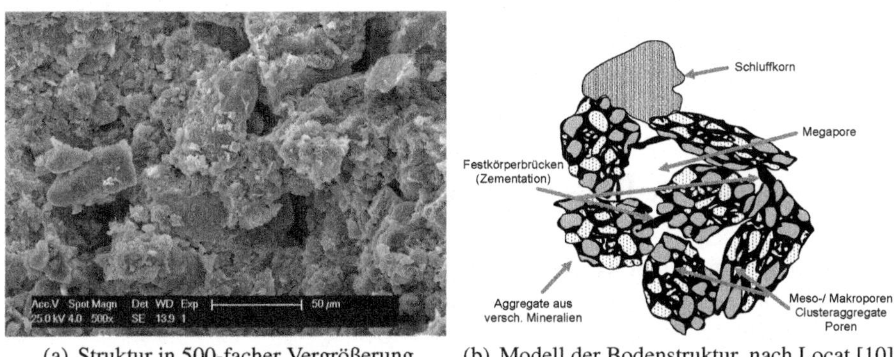

(a) Struktur in 500-facher Vergrößerung (b) Modell der Bodenstruktur, nach Locat [10]

Abb. 8.4: Modell der Bodenstruktur in Anlehnung an Locat

Tab. 8.1: Anteile der Porenfraktionen am Gesamtporenvolumen

Porenfraktion	**Größe**	**Anteil am Porenvolumen**
Mega- u. Makroporen	$d > 100\ \mu m$	≈ 10 Vol.-%
Mesoporen	$100\ \mu m > d > 10\ \mu m$	≈ 70 Vol.-%
Mikroporen	$10\ \mu m > d$	≈ 20 Vol.-%

Strukturverhalten bei Hydrokonsolidation

Abbildung 8.5 veranschaulicht die Änderung der Bodenstruktur infolge Hydrokonsolidation. Die deutlich erkennbare Abnahme des Porenanteils erfolgt bei den in dieser Arbeit untersuchten Böden bereits ohne zusätzliche Belastung. Der Beitrag der in Tabelle 8.1 genannten Poren an der Gesamtsetzung erfolgt äquivalent zu ih-

(a) Probe 08082 vor der Hydrokonsolidation

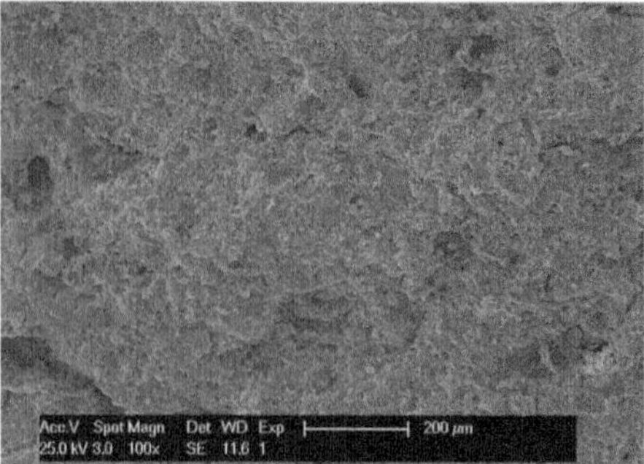

(b) Probe 08082 nach der Hydrokonsolidation

Abb. 8.5: Vergleichende Betrachtung der Bodenstruktur vor und nach der Hydrokonsolidation

rem Anteil am ursprünglichen Porenraum. Somit leisten die Mesoporen mit 7/10 den Hauptbeitrag zur Setzung (siehe auch Sajgalik [17]).

8.3 Geochemische Untersuchungen

Um die Bedeutung leicht wasserlöslicher mineralischer Bestandteile auf das Hydrokonsolidationsverhalten evaluieren zu können, wurden geochemische Untersuchungen durchgeführt.

Hierzu wurde in einem ersten Schritt die Ionenkonzentration mit Hilfe von Eluatanalysen ermittelt, um die mineralischen Anteile bestimmen sowie die dominierenden An- und Kationen benennen zu können. Die Analyse der Eluate des untersuchten Probenmaterials weist ohne Ausnahme Calcium (Ca) als dominierendes Kation sowie Sulfat (SO_4^{2-}) als dominierendes Anion aus. Die Dominanz von Calcium und Sulfat lässt sich über alle drei durchgeführten Eluationsschritte eindeutig erkennen.

Die hohe Wasserlöslichkeit sowohl von Calcium und Sulfat als auch anderen Mineralien wird u.a. in Arbeiten von Kraev [8], Osipov [14], Smalley et al. [19], Miller et al. [13] und Feeser et al. [4] als ein bedeutender Faktor für die kollapsartigen Sackungen infolge Hydrokonsolidation genannt. Angaben zur genauen Menge leicht wasserlöslicher mineralischer Anteile sind hingegen eher selten genannt.

Um die Frage der Löslichkeit der mineralischen Bestandteile und somit den Einfluss auf die Sackung abschließend bewerten zu können, wurde das Probenmaterial in einer weiteren Versuchsreihe röntgendiffraktometrisch analysiert.

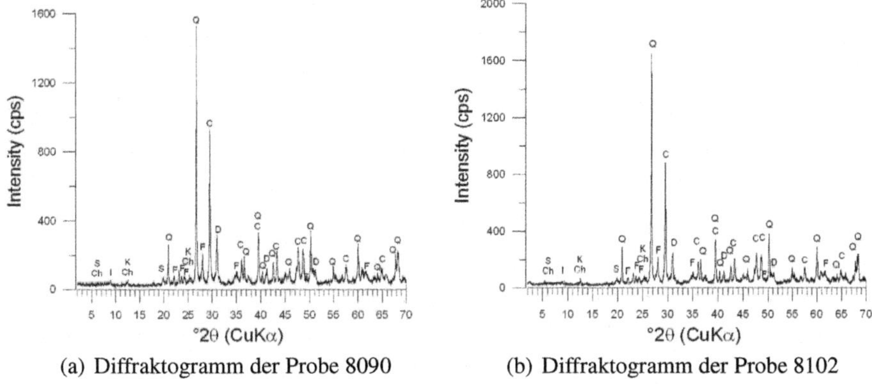

(a) Diffraktogramm der Probe 8090 (b) Diffraktogramm der Probe 8102

Abb. 8.6: Diffraktogramme der Gesamtgesteinsproben

Röntgendiffraktometer-Analyse

Abbildung 8.6 zeigt die Gesamtgesteins-Pulverdiffraktogramme im Bereich 2Θ = 2 - 70°. Bei der Analyse mit einer Schrittweite von $\Delta 2\Theta$ = 0,02° konnten zwei deutlich prävalente Peaks bestimmt werden. Der Haupt-Peak des Quarzminerals (SiO_2) liegt bei allen untersuchten Proben bei $2\Theta Cu_{K\alpha} \approx$ 26,7°, mit einer Intensität (I) von 1.500 cps bis 2.100 cps (cps = counts per second). Der Kalzit-Peak (Kalkspat $CaCO_3$) lag mit einer Intensität von 900 cps bis 1.000 cps im Bereich $2\Theta Cu_{K\alpha} \approx$ 29,5°.

Um den Anteil leicht löslicher Bestandteile bestimmen zu können, wurde ein Eluat aus Probenmaterial und deionisiertem Wasser angesetzt. Anschließend wurde das Eluat zentrifugiert und die nicht löslichen Bestandteile (disperse Phase) wurden durch Dekantierung von dem Dispersionsmedium getrennt. Die im Dispersionsmedium, d.h. im Wasser gelösten Bestandteile wurden bei 40°C eingetrocknet und anschlie"send röntgendiffraktometrisch analysiert.

Bezogen auf das Ausgangsgewicht der Probe und unter Berücksichtigung von Absorptions- und Massenschwächungskoeffizient (vgl. Tucker [21]) lässt sich aus den ermittelten Intensitäten der Massenanteil des jeweiligen Stoffs bestimmen. Der Gehalt an wasserlöslichen Bestandteilen im afghanischen Lössboden beträgt maximal 2 Gew.-%.

8.4 Hydrokonsolidationsverhalten bei statischer Belastung

Die versuchstechnische Bestimmung der infolge Hydrokonsolidation zu erwartenden Verformung ist in Deutschland nicht genormt. Internationale normative Regelungen, wie beispielsweise die russische Norm „GOST 23161-78“ oder das chinesische Regelwerk „GBJ 123-8“ beschreiben jedoch eine Methode zur Untersuchung des Hydrokonsolidationsverhaltens. Hierbei handelt es sich um eine Modifizierung des in der deutschen Norm DIN 18135 beschriebenen eindimensionalen Kompressionsversuchs. Dieser wurde, mit dem nachfolgend beschriebenen Versuchsaufbau und -ablauf, zur Ermittlung des Verformungsverhaltens unter statischer Last durchgeführt.

Für die modifizierten, eindimensionalen Kompressionsversuche wurden ungestörte Proben mit einem Durchmesser von 71 mm und einer Höhe von 14 bis 24 mm verwendet. Die Proben wurden aus einer ungestörten Bodenprobe herausgeschnitten und konnten so mit den in-situ vorliegenden Eigenschaften hinsichtlich Wassergehalt und Dichte eingebaut werden. Da ausschließlich natürliche Proben verwendet wurden, erfolgt die Ermittlung des Einflusses der untersuchten Parameter (Tongehalt, Porenanteil und Kalkgehalt) ausschließlich anhand der im natürlich gewachsenen Boden vorkommenden Bandbreite des jeweiligen Parameters. Eine Variation der Parameter, beispielsweise durch Zugabe von Ton oder Kalk, erfolgte im Rahmen dieses Forschungsprojektes nicht. Vor dem Einbau der Probe wurden die obere und untere Fläche der Probe plan gearbeitet und mit einer Filterplatte versehen. Diese Filterplatte gewährleistet sowohl eine Aufsättigung der Probe von oben als auch von der Probenunterseite. Aus einer Sonderprobe wurden fünf Proben mit den genannten Abmaßen gewonnen. Die Proben wurden über die Belastungsplatte in axialer Richtung stufenweise belastet. Die hierbei aufgebrachten vertikalen Spannungen betrugen σ_v = 15, 50, 100, 150 und 200kN/m^2. Vor jeder Erhöhung der Laststufe wurde das Ende der Setzung aus der vorherigen Laststufe abgewartet. Nach Abschluss der Verformung wurden die Proben gesättigt, wobei die Laststufe der Sättigung für jede der fünf Proben verschieden war. Die erste Probe wurde nach Abschluss der infolge der vertikalen Spannung der Laststufe 1 (σ_v = 15 kN/mÂš) hervorgerufenen Setzungen gesättigt. Alle weiteren Proben durchliefen die erste Laststufe ohne eine Wassergehaltsänderung. Die zweite Probe wurde nach Abschluss der Setzungen der Laststufe 2, die dritte bis fünfte Probe sinngemäß, aufgesättigt. Die sich infolge Belastung sowie Bewässerung vollziehende Verformung kann in Abhängigkeit von der wirksamen Spannung dargestellt werden. Die infolge Wasserzugabe (Sättigung) kollapsartig auftretende Setzung führt zu einem Sprung der Kompressionskurve. Diese schlagartige Verformung wird nachfolgend auch als Kollapsverformung ε_c bezeichnet.

Die zum Zeitpunkt der Aufsättigung auf den Boden wirkende, vertikale Spannung σ_v bestimmt maßgeblich den Grad der auftretenden kollapsartigen Verformung. Der nahezu lineare Verlauf des Graphen resultiert aus der Verbindung der gekennzeichneten Punkte. Diese wiederum kennzeichnen die mittleren Kollapsverformungen für die fünf Laststufen σ_v = 15, 50, 100, 150 und 200 kN/m^2.

Tongehalt

Im Gegensatz zur vertikalen Spannung lassen die ermittelten Versuchsergebnisse keinen Einfluss des Tongehalts auf die Verformung infolge Hydrokonsolidation erkennen [11]. Die vertikale Spannung σ_v zum Zeitpunkt der Hydrokonsolidation (Aufsättigung) betrug 200 kN/m^2. Der natürliche Tongehalt des verwendeten Probenmaterials lag zwischen 10 und 16 Gew.-%. Wie die geochemischen Untersuchungen von MEIER [11] zeigen, handelt es sich bei den Tonmineralien vornehmlich um Illit ($KAl_2(OH)_2$) und Muskovit ($AlSi_3O_{10}$). Die für den untersuchten afghanischen Löss ermittelten Ergebnisse können einen u.a. von Afes [1], Assaley [2], Grimmer [6], Miller [12] und Osipov [14] publizierten Anstieg der Kollapsverformung mit zunehmendem Tongehalt nicht bestätigen. Nach Assaley [2] steigt die Kollapsverformung bei einem Tongehalt zwischen 10 und 20 Gew.-% deutlich an. Die in den eigenen Untersuchungen für den Bereich zwischen 10 und 16 Gew.-% Tongehalt ermittelten Ergebnisse stehen somit konträr zu den bisherigen Meinungen über den Einfluss des Tongehalts auf das Hydrokonsolidationsverhalten.

Porengehalt

Neben den im Boden wirksamen Spannungen kommt der Bodendichte und somit auch dem Gehalt der im Boden vorhandenen Poren eine besondere Bedeutung in Bezug auf das Verformungsverhalten zu. Die Porenzahl des untersuchten Probenmaterials lag im Bereich $0,7 < e < 1,$. Wie erwartet, nimmt die Kollapsverformung mit steigender Porenzahl zu. Diese Zunahme stellte sich in allen Versuchen linear-proportional dar. Hierbei kommt weniger den Festkörperbrücken der locker gelagerten Struktur, sondern vielmehr den Flüssigkeitsbröcken eine größere Bedeutung zu. Durch die Reduzierung der scheinbaren Kohäsion infolge Wassergehaltsänderung verliert die metastabile Bodenstruktur ihre Festigkeit. Durch den Zusammenbruch der Struktur geht der Boden in eine dichtere und somit stabilere Lagerung über. Dieses Verhalten macht den Porengehalt und somit die Porenzahl e neben der vertikalen Spannung σ_v zum maßgebenden Parameter bei der Hydrokonsolidation.

8.5 Empirisch-deduktive Prognosemethode

Die anhand der modifizierten Kompressionsversuche geführte Studie zur Bestimmung des Einflusses verschiedener Parameter auf die Kollapsverformung ε_c ergab, dass sowohl der Tongehalt als auch der Anteil an Kalk (Kalzit $CaCO_3$) keinen eindeutigen Einfluss auf die Kollapsverformung besitzen. Die Berücksichtigung des Ton- oder Kalkgehalts bei einer Prognose der infolge Hydrokonsolidation zu erwartenden Sackung erschien als nicht sinnvoll. Der Einfluss der Porenzahl e erwies sich hingegen in allen Versuchen als eindeutig. Diese Zunahme der Kollapsverformung erfolgte stets linear-proportional zur Porenzahl. Neben der Porenzahl besitzt auch die zum Zeitpunkt der Wassergehaltsänderung herrschende vertikale Belastung einen großen Einfluss. Somit wird die infolge Hydrokonsolidation auftretende Sackung maßgeblich durch die in-situ vorherrschende Dichte, d.h. dem Porenraum, in Abhängigkeit von der wirkenden Auflast dominierend bestimmt. Die von Meier [11] angestellte Verifizierung der Anwendbarkeit existierenden Prognosemethoden auf den in dieser Arbeit untersuchten afghanischen Lössboden verdeutlicht, dass

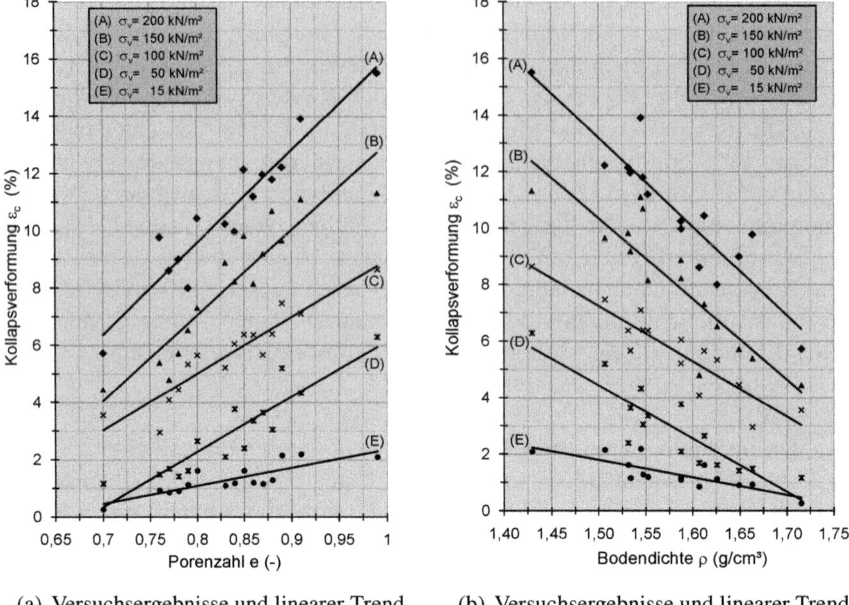

(a) Versuchsergebnisse und linearer Trend (b) Versuchsergebnisse und linearer Trend

Abb. 8.7: Einfluss der Porenzahl und der Bodendichte auf die Kollapsverformung bei statischer Belastung

trotz der bestehenden Ansätze eine Notwendigkeit hinsichtlich einer zuverlässigen sowie praxisorientierten Methode zur quantitativen Bestimmung des Hydrokonsolidationsverhaltens besteht. Auf Basis der aus den modifizierten, eindimensionalen Kompressionsversuchen gewonnenen Ergebnisse wurde eine neue empirische Prognosemethode vorgestellt [11]. Diese ermöglicht eine quantitative Abschätzung der Kollapsverformung für rezent gebildete fluviale und äolische Lössböden.

Die Bestimmung der die Kollapsverformung beeinflussenden Faktoren erfolgte auf empirischer Grundlage unter Verwendung der Ergebnisse der durchgeführten Parameterstudie und ergab, dass neben der Laststufe die Porenzahl respektive die Bodendichte als maßgebende Größe anzusehen ist. Abbildung 8.7 zeigt die Kollapsverformung ε_c in Abhängigkeit der Porenzahl e bzw. der Bodendichte ρ dargestellt. Die dargestellten Graphen entsprechen dem arithmetischen Mittelwert der Kollapsverformung für die jeweilige Laststufe und stellen gleichzeitig den linearen Trend der zugehörigen Punkteschar dar.

Bereits jetzt wäre es anhand der Geradengleichung möglich, einen Wert für die Kollapsverformung zu ermitteln, sofern die Belastung σ_v und die Porenzahl e respektive die Bodendichte ρ bekannt sind. Der so ermittelte Wert würde jedoch alle in den Abbildungen 7(a) und 7(b) dargestellten, oberhalb der jeweiligen Trendlinie

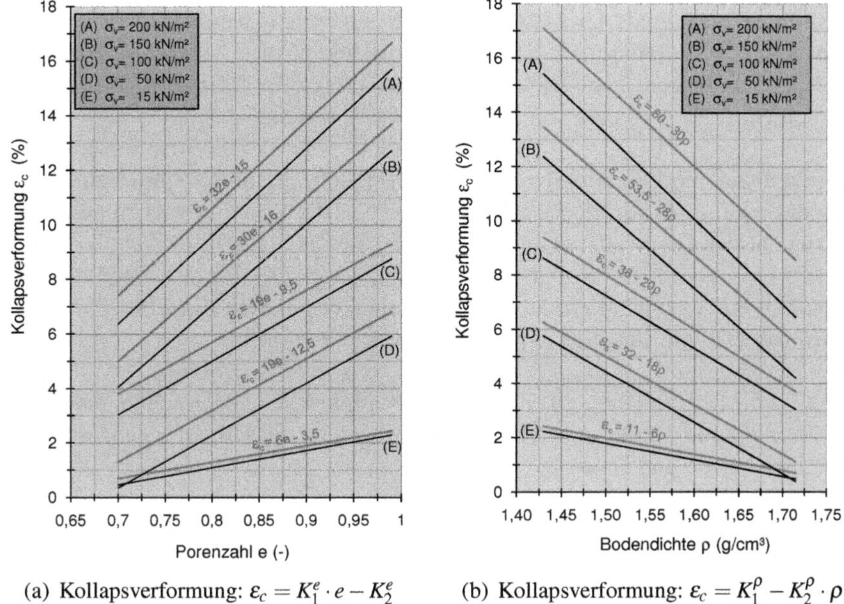

(a) Kollapsverformung: $\varepsilon_c = K_1^e \cdot e - K_2^e$ (b) Kollapsverformung: $\varepsilon_c = K_1^\rho - K_2^\rho \cdot \rho$

Abb. 8.8: Entwickelte Bemessungsdiagramme

liegenden, Messpunkte nicht berücksichtigen, da die Geradengleichung die Gleichung des arithmetischen Mittels darstellt. Zur Formulierung einer möglichst konservativen, d.h. sicheren Prognosemethode wurden die ermittelten Gleichungen mit einer Sicherheit von mindestens 10 % beaufschlagt.

Die in Abbildung 8.8 grau dargestellten Graphen stellen die Bemessungsgeraden für die jeweilige vertikale Belastung σ_v in Abhängigkeit der Porenzahl e (Abb. 8(a)) bzw. der Bodendichte ρ (Abb. 8(b)) dar. Sie ergeben sich aus der genannten linearen Trendlinie unter Berücksichtigung der Sicherheit.

8.6 Zusammenfassung

Die Analyse der Bodenstruktur führte zu der Erkenntnis, dass nicht eine hohe Porosität an sich der bestimmende Parameter bei Sackungsprozessen infolge Hydrokonsolidation ist. Eher der Anteil an Mesoporen am Gesamtporenvolumen bestimmt das Sackungsverhalten ma"sgebend. Dies bedeutet, dass bei einer Volumenreduzierung von 10 % lediglich 1/10 auf Mega- und Makroporen und 7/10 auf Mesoporen entfallen. Somit konnten die von Sajgalik [17] publizierten Aussagen bestätigt werden.

Untersuchungen zur Löslichkeit einzelner Bestandteile ergab, dass nur 2 Gew.-% des Probenmaterials als leicht wasserlöslich angesehen werden können. Die von Fujun et al. [5], Lefebvre [9], Smalley [20], Klukanova [7] und Sajgalik [17, 18] getroffenen Aussagen eines größeren Anteils (d.h. größer 2 Gew.-%) leicht wasserlöslicher Mineralien können somit nicht bestätigt werden.

Die anhand modifizierter Kompressionsversuche geführte Studie zur Bestimmung des Einflusses verschiedener Parameter auf die Kollapsverformung ε_c ergab, dass sowohl der Tongehalt als auch der Anteil an Kalk (Kalzit $CaCO_3$) keinen eindeutigen Einfluss auf die Kollapsverformung besitzt. Der Einfluss der Porenzahl e erwies sich hingegen in allen Versuchen als eindeutig. Diese Zunahme der Kollapsverformung erfolgte stets linear-proportional zur Porenzahl.

Die Formulierung einer, aus den Versuchsergebnissen abgeleiteten, praxisnahen Prognosemethode für den statischen Lastfall erschien mit Hilfe der genannten Parameter als möglich und sinnvoll.

Literaturverzeichnis

1. Afes, M.; Suratman, I.; Didier, G. *Study of salt and polymers influence on the clay swelling reduction* Problematic Soils - Yanagisawa, Moroto & Mitachi, pp. 297 - 300, Rotterdam 1998
2. Assallay, A.M.; Rogers, C.D.F.; Smalley I.J. *Hydrocollapse in a model loess soil* Problematic Soils - Yanagisawa, Moroto & Mitachi, pp. 449 - 452, Rotterdam 1998
3. Feda, J. *Structural stability of subsident loess soils from Praha-Dejvice* Engineering Geology **1**, pp. 201 - 219, Amsterdam 1966
4. Feeser, V.; Peth, S.; Koch, A. *Löß-Sackung* Geotechnik 24 Nr. 2, pp. 107 - 116, 2001
5. Fujun, N.; Wankui, N.; Yuhai, L. *Wetting-induced collapsibility of loess and its engineering treatments* Problematic Soils - Yanagisawa, Moroto & Mitachi, pp. 395 - 399, Rotterdam 1998
6. Grimmer, S. *Sackungsprozesse in natürlichen Lockergesteinsfolgen infolge Grundwasseranstiegs* Dissertation, Martin-Luther-Universität Halle-Wittenberg - ULB Sachsen-Anhalt (elektronisches Dokument), Halle 2006
7. Klukanova, A.; Sajgalik, J. *Changes in loess fabric caused by collapse: An experimental study* Quaternary International 24, pp. 35 - 39, 1994
8. Kraev, V.F. *On subsidence of loess of the Ukraine* Pbl. Int. Association Hydrol. Sci. Land Subsidence, Tokyo Symp., pp. 321 - 324, Tokio 1971
9. Lefebvre, G. *Collapse mechanism and design considerations for some partly saturated and saturated soils* Genesis and Properties of Collapsible Soils - E. Derbyshire et al. (eds.), pp. 361 - 374, 1995
10. Locat, J. *On the development of microstructure in collapsible soils* Genesis and Properties of Collapsible Soils - E. Derbyshire et al. (eds.), pp. 93 - 128, 1995
11. Meier, C. *Untersuchungen zur Mikrostruktur und zum Setzungsverhalten von Lössböden* Dissertation, Universität der Bundeswehr München, 2011
12. Miller, H.; Djerbib, I.Y.; Jefferson, I.J.; Smalley, *The modelling of foundations built on metastable loess* Problematic Soils - Yanagisawa, Moroto & Mitachi, pp. 515 - 518, Rotterdam 1998
13. Miller, H.; Djerbib, I.Y.; Jefferson, I.J.; Smalley, *Modelling the Collapse of Metastable Loess Soils* http://www.geocomputation.org; 1998

14. Osipov, V.I.; Sokolov, V.N. *Factors and mechanism of loess collapsibility* Genesis and Properties of Collapsible Soils - E. Derbyshire et al. (eds.), pp. 49 - 63, 1995
15. Pécsi, M.; Richter, G. *Löss - Herkunft, Gliederung, Landschaften* Zeitschrift für Geomorphologie 98, 1996
16. Rogers, C.D.F. *Types of distribution of collapsible soils* Genesis and Properties of Collapsible Soils - E. Derbyshire et al. (eds.), pp. 1 - 17, 1995
17. Sajgalik, J. *Sagging of loess and its problems* Quarternary International 7 (8), pp. 63 - 70, 1990
18. Sajgalik, J.; Klukanova, A. *Formation of loess fabric* Quarternary International 24, pp. 41 - 46, 1994
19. Smalley, I.J.; Jefferson, I.F.; Dijkstra, T.A.; Derbyshire, E. *Some major events in the development of the scientific study of loess* Earth-Science Reviews 54, pp. 5 - 18, 2001
20. Smalley, I.J. *„In-situ" theories of loess formation and the significance of the calcium-carbonat content of loess* Earth-Science Reviews 7, pp. 67 - 85, 1971
21. Tucker, M. *Methoden der Sedimentologie* Enke Verlag, Stuttgart 1996
22. Wang, Y.; Zhou, L. *Spatial distribution and mechansim of geological hazards along the oil pipeline planned in Western China* Engineering Geology 51, pp. 195 - 201, 1999

Kapitel 9
Gekoppelte strukturelle Veränderungen in schrumpfenden, verdichteten Tonen und deren dielektrische Eigenschaften

Maria Noack, Norman Wagner & Karl Josef Witt

Zusammenfassung In diesem Beitrag wurden systematische Untersuchungen variierender Anfangsparameter an einem Ton vorgenommen, um den Einfluss der Änderungen der hydraulisch-mechanisch gekoppelten Eigenschaften im Schrumpfungsprozess sowie deren dielektrische Charakteristik zu analysieren. Es wurden Saugspannungs- und freie Schrumpfversuche durchgeführt. An den Schrumpfproben wurden die dielektrischen Eigenschaften mittels einer minimalinvasiven hochfrequenten elekromagnetischen Messtechnik (HF-EM), basierend auf einer offenen koaxialen Nadelsonde, im breitbandigen Frequenzbereich (100 MHz bis 10 GHz) bestimmt. Die Abhängigkeit zu den initialen Randbedingungen konnte sowohl durch die strukturellen Anpassungen im Schrumpfungprozess, als auch auf die komplexe effektive relative Permittivität bewiesen werden. Die Änderungen in der Bodenstruktur stehen dabei in direkter Beziehung zu den elektromagnetischen Eigenschaften des Bodens. Die breitbandige dielektrische Spektroskopie stellt eine vielversprechende Anwendung dar, die komplexen Zusammenhänge gekoppelt hydraulisch-mechanischer Prozesse zu ergründen.

Dipl.-Ing. Maria Noack
Professur Grundbau, Fakultät Bauingenieurwesen, Bauhaus-Universität Weimar, Deutschland, E-mail: maria.noack@uni-weimar.de

Dr. rer. nat. Norman Wagner
Material-, Forschungs- und Prüfanstalt (MFPA) Weimar, Deutschland, E-mail: norman.wagner@mfpa.de

Univ. Prof. Dr.-Ing. Karl Josef Witt
Professur Grundbau, Fakultät Bauingenieurwesen, Bauhaus-Universität Weimar, Deutschland, E-mail: kj.witt@uni-weimar.de.de

9.1 Einleitung

Mögliche Veränderungen der hydraulisch-mechanisch gekoppelten Eigenschaften in ungesättigten, verdichteten feinkörnigen Böden sind Indikatoren für die Gebrauchstauglichkeit, die Stabilität und die Dauerhaftigkeit von Erd- und Gründungsbauwerken. Im Austrocknungsprozess eines feinkörnigen Bodens, der durch Evaporation oder Flüssigkeitsumlagerung hervorgerufen werden kann, führt der Verlust der flüssigen Phase zu einer Erhöhung der Saugspannungen im Boden, die durch eine Volumenänderung kompensiert wird. Der Boden schrumpft. Die Kenntnis des unbehinderten Schrumpfverhaltens von verdichteten Böden bildet die Grundlage für das Verständnis der Rissentwicklung im Trocknungsprozess. Beim Schrumpfungsprozess werden die Eigenschaften des verdichteten Bodens durch die stetige Änderung des Volumenanteils der einzelnen Bodenphasen (fest, Porenflüssigkeit, Porenluft) bestimmt. Diese Änderungen wiederum hängen maßgeblich vom Einbauzustand ab.

In der Literatur existieren umfangreiche Untersuchungen zum Einfluss der Anfangsparameter auf die Porenstruktur und die Saugspannungsbeziehungen im Boden. Delage et al. [4] und Romero et al. [6] stellten fest, dass sich in Böden, die auf der trockenen Seite des Proctoroptimums verdichtet wurden, eine bimodale Porenstruktur aus feinen Poren in den Aggregaten (Intraaggregatporen) und groben Poren zwischen den Aggregaten (Interaggregatporen) einstellt. Oberhalb des Optimums kann keine Unterscheidung mehr vorgenommen werden. Böden, die mit gleichen Wassergehalten und unterschiedlichen Trockendichten entlang der Proctorkurve verdichtet wurden, unterscheiden sich nur in ihrem Anteil der Interaggregatporen [6]. Die Saugspannungsbeziehungen werden sowohl vom initialen Wassergehalt [6] als auch von der Anfangstrockendichte [6, 7] beeinflusst. Schrumpfuntersuchungen an verdichteten feinkörnigen Böden unternahmen Daniel et al. [3], die feststellten, dass die Schrumpfverformungen unbeeinflusst von der Einbaudichte mit steigendem Einbauwassergehalt zunehmen. Diese Untersuchungen wurden von Birle et al. [1] bestätigt.

Die dielektrischen Eigenschaften von Böden sind abhängig von deren hydraulischen und strukturellen Eigenschaften. Somit bieten elektromagnetische Untersuchungen die Möglichkeit, bodenphysikalische Eigenschaften nicht- oder minimalinvasiv mit hoher räumlicher und zeitlicher Auflösung zu erhalten. Untersuchungen zum Einfluss variierender Wassergehalte und Trockendichten auf die frequenzabhängigen dielektrischen Eigenschaften an einem Ton wurden von Schwing et al. [8] vorgenommen. Sie nutzten ein nichtinvasives breitbandiges Messverfahren in einem Frequenzbereich von 1 MHz bis 3 GHz. Die Ergebnisse zeigen eine Frequenzabhängigkeit der realen Anteile der relativen effektiven komplexen Permittivität. Im unteren Frequenzbereich werden die dielektrischen Eigenschaften von Böden sowohl vom Wassergehalt als auch von strukturellen Eigenschaften bestimmt. Im oberen Frequenzbereich besteht eine starke Abhängigkeit vom Wassergehalt.

In diesem Beitrag wird der Einfluss unterschiedlicher initialer Verdichtungsparameter auf den Schrumpfungsprozess von Tonen untersucht. Die Untersuchungen wurden systematisch an Proben auf der trockenen und nassen Seite vom Standardproctoroptimum durchgeführt. Die hydraulisch-mechanisch gekoppelten Zusammenhänge im Schrumpfprozess wurden mittels Saugspannungsversuchen sowie freien Schrumpfversuchen untersucht. Der Einfluss der variierenden Anfangsbedingungen auf die dielektrischen Eigenschaften wurde mit einer offenen Koaxialsonde in Kombination mit dem Netzwerkanalyseverfahren im breitbandigen hochfrequenten Bereich analysiert. Erste Ergebnisse dieser Versuchsreihen werden hier vorgestellt.

9.2 Materialbeschreibung und Probenvorbereitung

Der im Rahmen dieser Untersuchungen eingesetzte Ton Plessa zählt zu den ausgeprägt plastischen Tonen, mit den Wassergehalten an der Fließgrenze von $w_l = 54,5\%$, an der Ausrollgrenze von $w_p = 21,02\%$ und an der Schrumpfgrenze von $w_s = 16,69\%$. Die Korndichte wurde mit $\gamma_d = 2,691 kN/m^3$ ermittelt. Die Korngrößen unterteilen sich in einen Anteil von 42,8% kleiner als 2 μm und 57,2% liegen zwischen 2 μm und 2 mm. Die eigenschaftsbestimmenden Tonminerale sind Kaolin mit 18,0% sowie die Gruppe der Illite und Glimmer mit 9,0% Anteil an der Gesamtmenge der Mineralarten.

Um vergleichbare Testergebnisse zu garantieren, wurde der Boden vor den Untersuchungen, angelehnt an die Empfehlungen von Birle et al. [1] homogenisiert und aufbereitet. Vor dem Verdichtungseinbau wurde der auf den entsprechenden Wassergehalt eingestellte Boden durch ein Sieb mit einer Maschenweite von 4 mm gearbeitet, um eine einheitliche Anfangsprobenstruktur zu sichern.

Auf Grundlage eines Standard-Proctorversuchs ($W = 0,6 MNm/m^3$) nach DIN 18127 sowie eines teilreduzierten Proctortests ($W = 0,4 MNm/m^3$) und eines reduzierten Proctortests ($W = 0,21 MNm/m^3$) wurden die Anfangsparameter Wassergehalt und Trockendichte für die geplanten Versuche bestimmt. Die Ergebnisse sind in der Abb. 9.1 dargestellt. In dieser Studie werden die Ergebisse der Punkte D1 ($\rho_d = 1,512 g/cm^3$, $w = 17\%$) B1 ($\rho_d = 1,615 g/cm^3$, $w = 21\%$), B2 ($\rho_d = 1,512 g/cm^3$, $w = 21\%$), B3 ($\rho_d = 1,345 g/cm^3$, $w = 21\%$) und A2 ($\rho_d = 1,512 g/cm^3$, $w = 25\%$) vorgestellt. Dabei liegt der Punkt D1 auf der trockenen Seite des Proctoroptimums, während die anderen Punkte repräsentativ für Eigenschaften über dem Wassergehaltoptimum stehen. Die Punkte D1, B2 und A2 weisen bei unterschiedlichen Anfangswassergehalten eine gleiche Trockendichte auf. Gleiche Wassergehalte bei unterschiedlichen Trockendichten ergibt der Vergleich der Punkte B1, B2 und B3. Die Punkte B1 und A2 besitzen zudem noch eine nahezu gleiche Anfangssättigung.

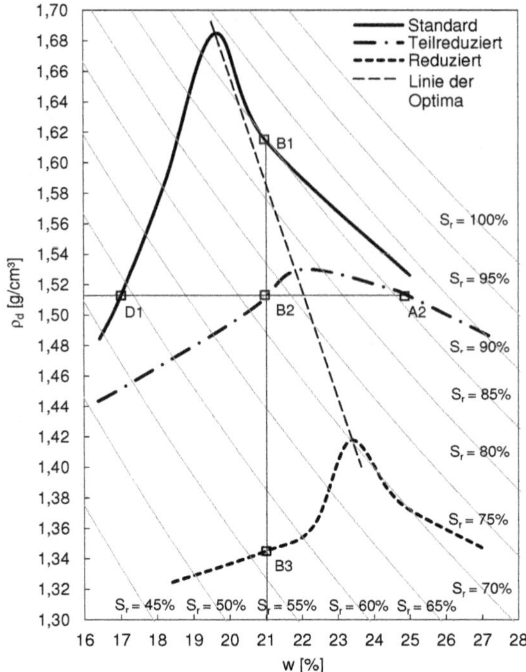

Abb. 9.1: Proctordiagramm mit Versuchspunkten

9.3 Versuchsausstattung und Durchführung

Um den Einfluss der hydraulischen und mechanischen Veränderungen auf die dielektrischen Eigenschaften während des Austrocknungsprozesses zu untersuchen, wurden Schrumpfversuche, Saugspannungsversuche und dielektrische Untersuchungen an Schrumpfproben vorgenommen. Dabei wurden alle Versuche im selben klimatisierten Raum unter vergleichbaren Bedingungen vorgenommen. Die Ausgangsparameter zu den Untersuchungen sind in der Tab. 9.1 zusammengefasst.

9.3.1 Freie Schrumpfversuche und Saugspannungsversuche

In Anlehnung an die DIN 18122-2 wurden Schrumpfuntersuchungen für die jeweils 5 verschiedenen Einbauzustände durchgeführt. Dazu wurden jeweils 3 Proben mit einem Durchmesser von 7,156 cm und einer Höhe von 2 cm mit den gewählten Wassergehalten und Trockendichten hergestellt. Anschließend wurden die Proben bei konstanten Umgebungsbedingungen getrocknet. Während der Austrocknung wurden regelmäßig die Änderungen der Probengeometrie und der Masse erfasst. Am Ende des Trocknungsprozesses wurden die Trockendichten an zwei der drei Probe-

Tab. 9.1: Initial erreichte Bodenparameter

D1	B1	B2	B3	A2
Schrumpfversuche				
$\rho_d = 1,512 g/cm^3$	$\rho_d = 1,620 g/cm^3$	$\rho_d = 1,517 g/cm^3$	$\rho_d = 1,350 g/cm^3$	$\rho_d = 1,519 g/cm^3$
$w = 17,09\%$	$w = 20,48\%$	$w = 20,84\%$	$w = 20,48\%$	$w = 24,29\%$
Saugspannungsversuche				
$\rho_d = 1,549 g/cm^3$	$\rho_d = 1,615 g/cm^3$	$\rho_d = 1,592 g/cm^3$	$\rho_d = 1,324 g/cm^3$	$\rho_d = 1,526 g/cm^3$
$w = 17,71\%$	$w = 19,88\%$	$w = 19,58\%$	$w = 19,71\%$	$w = 24,78\%$
Dielektrische Versuche				
$\rho_d = 1,510 g/cm^3$	$\rho_d = 1,603 g/cm^3$	$\rho_d = 1,519 g/cm^3$	$\rho_d = 1,423 g/cm^3$	$\rho_d = 1,513 g/cm^3$
$w = 17,44\%$	$w = 21,69\%$	$w = 20,83\%$	$w = 21,38\%$	$w = 25,19\%$

körper mittels Tauchwägung bestimmt. Wassergehalt und Trockenmasse wurden an den jeweils verbleibenden Proben mittels Ofentrocknung ermittelt. Die Ergebnisse der Untersuchungen ergaben sich aus den Mittelwerten der Messungen. Aus diesen Untersuchungen sind Aussagen zur Änderung der Trockendichte, des Volumens, der Porenzahl und der Sättigung während des Austrocknungsprozesses abgeleitet worden.

Zur Ermittlung der Beziehungen zwischen Saugspannung und der Änderung des Wassergehalts während der Austrocknung wurden Messungen mit dem Gerät Dewpoint Potentiometer WP4-T der Fa. Decagon durchgeführt. Dieses Gerät nutzt den Zusammenhang zwischen totaler Saugspannung, der relativen Luftfeuchtigkeit und der Temperatur, beschrieben in der Kelvin Gleichung, um die totalen Saugspannung zu ermitteln.

Die Saugspannungsmessungen wurden an jeweils 3 Proben entsprechend der gewählten Initialparameter vorgenommen. Die zu untersuchenden Proben, mit einem Durchmesser von 3,875 cm und einer Höhe von 0,506 cm, wurden aus großen verdichten Proben, entsprechend den Abmessungen der Schrumpfversuche herausgearbeitet. Nach jeder Messung wurden die Proben gewogen und bis zum nächsten Wassergehalt luftgetrocknet. Nach 24 Stunden Homogenisierung wurden die Messungen fortgesetzt. Zum Ende wurde der Wassergehalt mittels Ofentrocknung ermittelt. Im Ergebnis wurden aus den Mittelwerten der Messungen neben den Saugspannungs-Wassergehalts-Beziehungen auch die Porenradienverteilung der Proben bestimmt. Die volumetrischen Wassergehalte und Sättigungsgrade wurden mit den Trockendichten aus den Schrumpfversuchen ermittelt.

9.3.2 Dielektrische Untersuchungen

Die Veränderungen der Volumenanteile der einzelnen Phasen in der Bodenstruktur beim Schrumpfungsprozess stehen in direkter Beziehung zu den elektromagnetischen Eigenschaften des Bodens, wie der komplexen effektiven Permittivität $\varepsilon^*_{r,eff} = \varepsilon'_{r,eff} - j\varepsilon''_{r,eff}$, welche hauptsächlich durch die Porenfluidkomponente beeinflusst wird. In diesen Untersuchungen wurden Breitband-Hochfrequenzmessungen in einem Bereich von 100 MHz bis 10 GHz mittels zweier offener Koaxial-Nadelsonden vorgenommen. Eine Sonde ist in Abb. 9.2 dargestellt. Die Sonden wurden über ein Koaxialkabel an einen Netzwerkanalysator (Agilent-PNA E8363B) angeschlossen. Beide Sonden wurden in einem Abstand von etwa 20 mm in der Probenmitte angeordnet.

Während der Versuchsdruchführung wurden die Bodenproben bei gleichbleibender Geschwindigkeit in das elektromagnetische Feld der Nadelsonden gebracht. Die zu untersuchenden Bodenproben wurden entsprechend den Proben der Schrumpfversuche vorbereitet. Eine Einschränkung für die Anwendung der Nadelsonden gibt die Erhöhung der Materialsteifigkeit im Schrumpfungsprozess, so dass die Messungen der Punkte A2, B1, B2 und B3 in dieser Studie mit Erreichen eines Wassergehaltes von etwa 20% beendet wurden. Die Proben des Punktes D1 wurden in unterschiedlichen Tiefen vorgebohrt, um die Nadeln unbeschadet hereinzuführen. Untersucht wurden pro Punkt im Procotordiagramm, je zu untersuchenden Wassergehalt, jeweils 3 Proben. Am Punkt A2 wurden Messungen an den Wassergehalten $25,2\%, 23,9\%, 23,2\%$ und $22,1\%$ vorgenommen. Die Punkte der B-Reihe etwa an den Wassergehalten 21% und 20%. Am Punkt D1 wurde der Ausgangswassergehalt untersucht.

Vor den Schrumpftests wurde ein zweistufiger Kalibriervorgang vorgenommen, der in Noack et al. [5] beschrieben ist.

Um die hydraulisch-strukturell gekoppelten Veränderungen beim Schrumpfen auf die dielektrischen Eigenschaften zu untersuchen, wurden die realen und imaginären Anteile der gemessenen komplexen effektiven relativen Permittivität $\varepsilon^*_{r,eff}$ in Relation zu den unterschiedlichen Ausgangsbedingungen gesetzt.

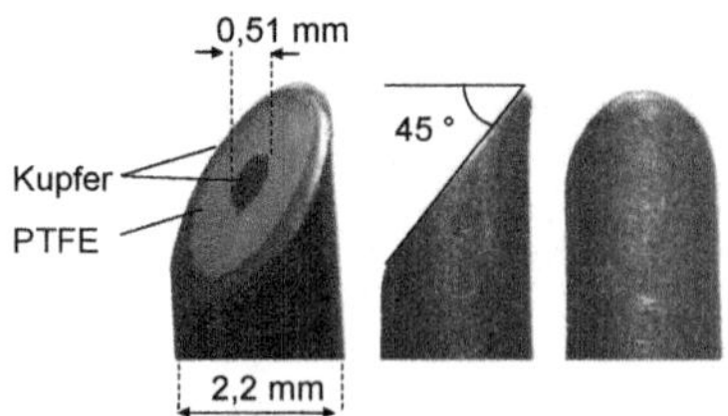

Abb. 9.2: verwendete Nadelsonde (Länge 17cm)

9.4 Ergebnisse und Diskussion

9.4.1 Freie Schrumpfversuche und Saugspannungsversuche

Die Saugspannungen konnten in einem Messbereich von 0,5-300 MPa untersucht werden. Aus der Beziehung der Saugspannungen über dem volumetrischen Wassergehalt wurde, mit den Trockendichteergebnissen aus den Schrumpfversuchen, die Porenradienverteilung für alle Proben abgeleitet, siehe Abb. 9.3 rechts. Sie enthält Aussagen über die Porenhäufigkeit der wassergefüllten Poren.

In Abb. 9.3, links sind die Saugspannungsergebnisse der Proben D1, B2 und A2 mit gleicher Anfangstrockendichte in Bezug zum gravimetrischen Wassergehalt aufgetragen. Da die Verläufe der B-Reihe hier deckungsgleich sind, wie auch aus der Literatur bekannt, stehen die Ergebnisse der Probe B2 repräsentativ für die Proben B1 und B3. Die Ursache dafür liegt in der ähnlichen Entwicklung der Porenstrukur, womit die Kapillarkräfte unbeeinflusst von der initialen Trockendichte bei gleichem Wassergehalt sind. Dies ist auch in der Porenradienverteilung, in Abb. 9.3, rechts zu erkennen. Die Proben B1 bis B3 haben eine änhliche Häufigkeitsverteilung. Ursächlich dafür ist die gleichbleibende Intraaggregat Porenstruktur im Verdichtungsprozess, währenddessen sich der Interaggregatporenbereich verminderte. D.h., die Ergebnisse im hier untersuchten Saugspannungsbereich begründen sich auf den Eigenschaften der Intraaggregatporen. Der Grund dafür ist der begrenzte untere Bestimmungsbereich des Dewpoint Potentiometers, womit keine Kapillarkräfte für den Interaggregatporenanteil im Messbereich 0-0,5 MPa bestimmt werden konnten. Der indentische Intraaggregatporenbereich der B-Reihe bildete sich vermutlich während des langen Homogenisierungsprozesses der Probenaufbereitung aus.

Die Saugspannungskurven der Proben D1, B2, A2 nähern sich während der Austrocknung bis zu einer Saugspannung von etwa 7,59 MPa und einem Wassergehalt von 10,7% an, darüber hinaus verlaufen sie deckungsgleich. Der untere Saugspannungsbereich ist somit vom initialen Wassergehalt abhängig. Mit gleicher Einbau-

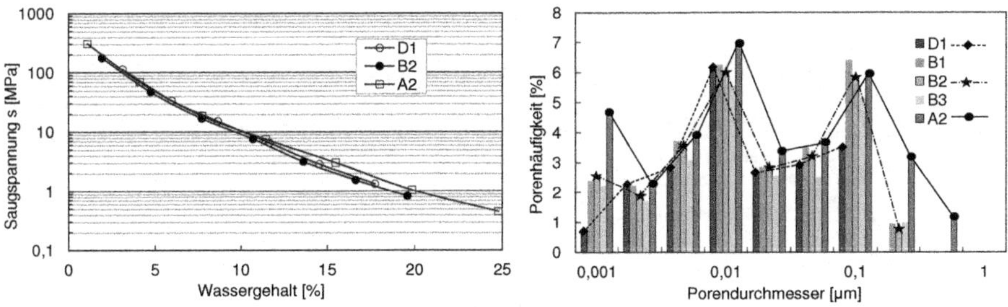

Abb. 9.3: links: Saugspannungs-Wassergehalt Beziehung, rechts: Porenradienverteilung

dichte nimmt der Intraagregatporenraum mit steigendem Anfangswassergehalt zu. Die Struktur der Aggregate wird gleichmässiger, entsprechend dem Porenradienverlauf der Probe A2. Der Einfluss des initialen Wassergehaltes wird unbedeutend, wenn der Wassergehalt unter einen bestimmten Wert fällt, siehe auch Birle et al. [1] und Romero et al. [6]. Im Porenverteilungsdiagramm entspricht das den Werten ab $d \leq 0,01\mu$ m.

In Abb. 9.4, links sind die Beziehungen der Änderungen der luft- und wassergefüllten Poren im Austrocknungsprozess, sowie rechts, die Volumenänderungen, ausgedrückt in der Änderung der volumetrischen Dehnung, aus den Schrumpfversuchen dargestellt. Die Verläufe ähneln dem gesättigter Schrumpfproben. Ein steiler Normalschrumpfungsbereich geht nach Erreichen der Schrumpfgrenze SG in eine flachere Restschrumpfungsphase über, wie es in Noack et al. [5] für gesättigte Proben beschrieben wurde. Die Entwicklung der Porenzahl ist dabei von der Sättigung abhängig. Die gleichen Anfangssättigungen der Proben B1 und A2 führen zu einer gleichen Änderung der Porenzahl, unabhängig von den initialen Parametern Wassergehalt und Trockendichte. Im Normalschrumpfungsbereich nehmen die Poren genau um den Anteil der Änderung der wassergefüllten Poren ab. Die Änderung des geometrischen Volumens der Probe entspricht also in diesem Bereich dem Volumenanteil aus dem Verlust der entwässerten Poren. Weil die umgebende relative Luftfeuchtigkeit für alle Proben identisch ist, entwässern sie um den gleichen Anteil, unabhängig von den verschiedenen strukturellen Eigenschaften der Proben. Der Anteil luftgefüllter Poren bleibt im Normalschrumpfungsbereich in allen Proben annährend unverändert zum Ausgangswert, bis zum Erreichen der Schrumpfgrenze. Ab hier steigt der Luftporenanteil. Aufgrund der zunehmenden Materialsteifigkeit infolge der Kornkontakte beim Schrumpfen führen die anziehenden intergranularen Spannungen in den entwässerten Poren ab diesem Punkt nicht mehr zu einer Volumenabnahme. Aus ehemalig wassergefüllten Poren werden nun vermehrt Luftporen. Die Änderung der Luftporen im Bereich der Restschrumpfung ist wiederum für alle Proben identisch, da der Anteil der wassergefüllten Poren auch in diesem Bereich gleichmäßig ist.

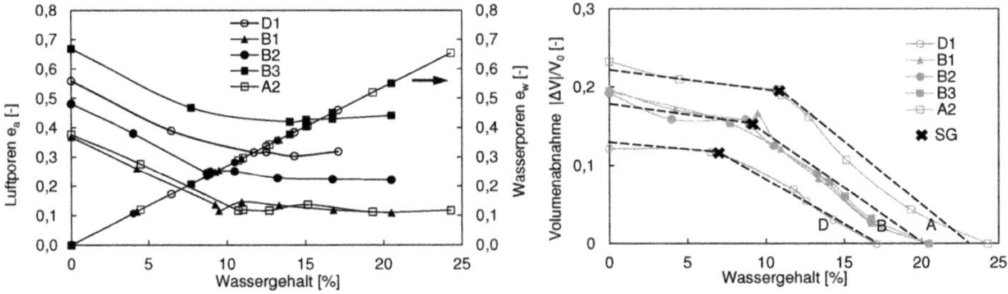

Abb. 9.4: Porenzahl- und Volumenänderung im Schrumpfungsprozess

Die Veränderung der Porenzahl bestimmt maßgeblich den Verlauf der volumetrischen Dehnungen, siehe Abb. 9.4 rechts. Dabei nehmen sie mit steigendem Einbauwassergehalt zu (von D1 nach A2), weil anteilig mehr Wasser vorhanden ist, bis sich eine Ausgleichsfeuchte der umgebenden Luft eingestellt hat und der Boden nicht mehr schrumpft. Zu erkennen ist, dass der Anstieg des Astes im Normalschrumpfungsbereich mit steigendem Wassergehalt zunimmt. Das bedeutet, dass neben dem gleichmäßigen Verlauf der Änderung der wassergefüllten Poren noch ein anderer Effekt auf die Volumenänderung einen Einfluss hat. Eine Erklärung findet sich auch hier in der unterschiedlichen Ausbildung der Poren- und Aggregatsstruktur der Proben. In der Probe A2 ist der Anstieg am größten, weil grobe entwässernde Poren zu einer größeren Volumenabnahme führen. Begründet liegt dies im steigendem Porendurchmesser am Maximalwert der Dichteverteilung, vergl. Birle [2]. Die Ergebnisse der Proben der Reihe B zeigen eine gleiche Volumenabnahme unabhängig von der Ausgangstrockendichte. Dies läßt sich aus der unterschiedlichen Porenverteilung ableiten. Höhere Verdichtungen, von B3 zu B1, führen zu einer Abnahme der Gesamtporenzahl und führen, wie zuvor beschrieben, zu einer Verringerung der Interaggregatporen bei gleichbleibender Intraaggregatporenstruktur. Die Größe der anziehenden intergranularen Spannungen, die zum Schrumpfen des Bodens führen, wird durch unterschiedliche Porenradien stärker beeinflusst, als durch den Einfluss der Saugspannungen, vergl. Wheeler et al. [9]. Bei gleichen Saugspannungen sind die kapillaren Anziehungskräfte bei kleinen Poren größer und nehmen mit zunehmenden Radius ab. Somit gleicht sich die Abnahme des Volumenanteils über die Porengrößen wieder aus. Die Proben der Reihe B schrumpfen somit um den gleichen Anteil. Diese Verläufe der ungesättigten Schrumpfproben bestätigen die Ergebnisse von Birle et al. [1].

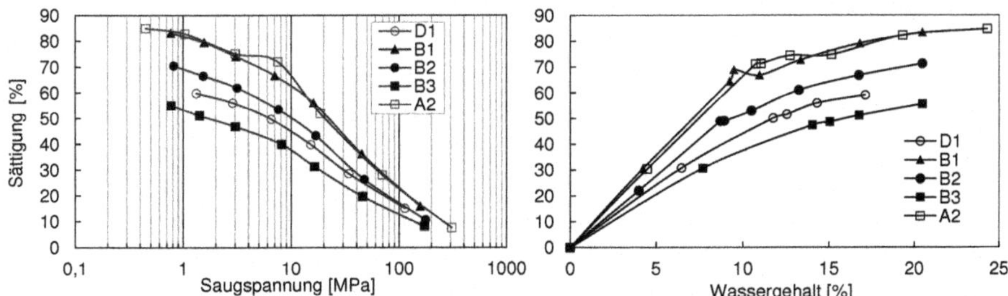

Abb. 9.5: Sättigungsverlauf aus den Saugspannungs-(links) und aus den Schrumpfversuchen (rechts)

Das Sättigungsverhalten während des Austrocknens verhält sich in den Saugspannungs- und Schrumpfversuchen nahezu identisch, vergl. Abb. 9.5. Es ist sowohl der Einfluss verschiedener Ausgangswassergehalte, als auch der Einfluss verschiedener Trockendichten zu erkennen. Gleiche Anfangssättigungen (A2 und B1) haben gleiche Sättigungsverläufe zur Folge. Je größer der Unterschied der Anfangs-trockendichten bei gleichem initialen Wassergehalt ist (B1, B2, B3), je größer ist der Bereich zwischen den Kurven. Gleiches trifft auch auf die Verläufe verschiedener Initialwassergehalte bei gleichen Ausgangstrockendichten zu (D1, B2, A2). Der flachere Verlauf der Sättigung im Normalschrumpfungsbereich stellt sich bis zum Erreichen der Schrumpfgrenze bei allen Proben annährend gleich ein. Ursächlich dafür ist die fortwährende Anpassung der Porenzahl zum gleichen Wassergehaltsverlust. Die Sättigungsänderung in diesem Bereich ist somit in allen Proben nahezu identisch. Nach Erreichen der Schrumpfgrenze liegt der erkennbare steilere Verlauf der Kurve in der weiteren Wassergehaltsabnahme bei etwa gleichbleibender Porenzahl begründet.

9.4.2 Dielektrische Untersuchungen

Die Ergebnisse der dielektrischen Messungen wurden bei einer Frequenz von 100 MHz, 1 GHz und 10 GHz analysiert. Mit Hilfe der hier gewonnenen Daten konnte der Einfluss der initialen Randparameter auf den realen und imaginären Anteil der dielektrischen Permittivität untersucht werden. In der Tiefe wurden die Permittivitäten des Bodens alle 0,5 mm aufgenommen, was pro Probe einen Datensatz aus 35 untersuchten Tiefen ergab. Um einen Eindruck über die Homogenität der jeweiligen Bodenprobe zu erhalten, wurden die Messungen in einer Tiefe von 4,5 mm sowie in einer Tiefe von 16 mm analysiert.

In Abb. 9.6 sind für die Proben A2, B2 und D1 die realen und imaginären Anteile der Permittivität über dem untersuchten Frequenzbereich im dekadischen Logarithmus dargestellt. Hieraus lässt sich der Einfluss des initialen Wassergehaltes ableiten. Der Vergleich der Tiefen zeigt ähnliche Ergebnisse. Im Frequenzbereich zwischen 1 GHz und 10 GHz wird der reale Anteil der Permittivität mit sinkendem Ausgangswassergehalt kleiner. Im unteren Frequenzbereich bei etwa 200 MHz ist ein Abfall der Kurve der Probe A2 zum Punkt D1 zu erkennen. Die Kurvenschar routiert nach innen, um eine gedachte Achse längs zum Frequenzbereich. Ab 200 MHz wird somit im realen Teil der Einfluss der Struktur deutlich. Die Proben gleicher Anfangstrockendichte liegen ab hier aufeinander. Diese Ergebnisse stimmen mit den Untersuchungen von Schwing et al. [8] überein. Die Ursache hierfür sind verschiedene Relaxationsprozesse über dem gemessenen Frequenzbereich. Der imaginäre Anteil liefert in einem Frequenzbereich von 100 MHz bis 1 GHz fast identische Werte. In diesem Frequenzbereich ist die Gleichstromleitfähigkeit der gelösten Ionen deutlich höher als die Relaxation der Waserstoffbrücken. Erst ab einer Frequenz von 1 GHz wird der Einfluss des Wassergehaltes mit steigender Frequenz deutlich sichtbar. Dieser Effekt tritt ein, da die gelösten Ionen bei hohen Frequenzen immer träger der Änderung des aufgebrachten elektrischen Feldes folgen können und demzufolge die Rotation der Wassermoleküle den überwiegenden Beitrag zum imaginären Anteil der Permittivität liefern. Je niedriger dabei der Wassergehalt ist, desto mehr sinkt der imaginäre Anteil der Permittivität. Der imaginäre Teil der komplexen

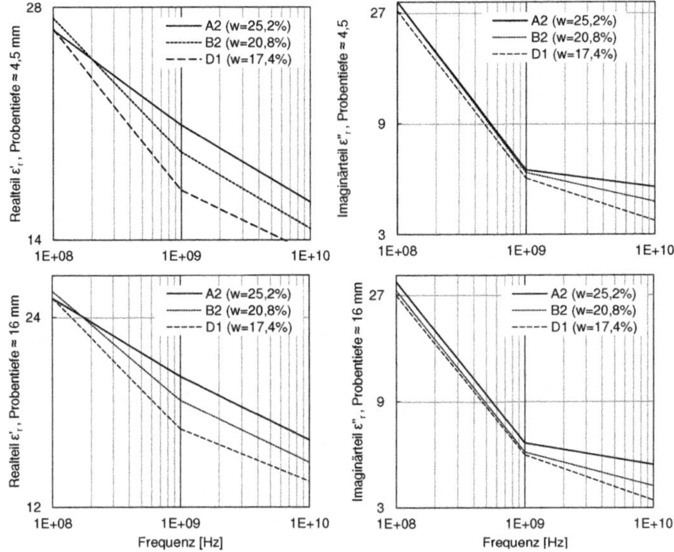

Abb. 9.6: Einfluss des initialen Wassergehaltes auf die Real- (links) und Imaginärteile (rechts) der komplexen Permittivitäten

Permittivitäten im hohen Frequenzbereich wird somit vom Wassergehalt bestimmt. Strukturelle Einflüsse lassen sich nicht ableiten.

Die Abb. 9.7 zeigt den Einfluss der initialen Trockendichte aus den Ergebnissen der Proben B1 bis B3, dargestellt im dekadischen Logarithmus. Beide Tiefen haben dabei ähnliche Kurvenverläufe. Auch hier ist im Realteil eine Frequenzabhängigkeit zu erkennen. Im hohen Frequenzbereich werden mit steigender initialer Trockendichte niedrigere Werte erreicht. Wie zu erkennen ist, beginnt dieses Verhältnis im niedrigen Frequenzbereich umzukippen. Der reale Anteil der Permittivität steigt dann mit steigenden Trockendichtewerten. Die Kurvenverläufe des Imaginärteils gliedern sich erst ab Frequenzen um 1 GHz auf. Dies begründet sich wieder in der frequenzabhängigen Gleichstromleitfähigkeit. Zu erkennen ist, dass im hohen Frequenzbereich mit steigender initialer Trockendichte der Imaginärteil kleiner wird. Somit konnte ein Einfluss der Trockendichte auf beide Anteile der Permittivität nachgewiesen werden. Dies hängt mit der Porenstruktur infolge der Verdichtung bei gleichbleibenden Anfangswassergehalt zusammen. Mit abnehmender Trockendichte steigt der Anteil der Interaggregatporen. Der höhere Anteil an freiem Wasser kann sich besser nach dem aufgebrachten elektrischen Feld ausrichten und höhere Permittivitätswerte erzielen.

Diese Ergebnisse lassen sich auch aus den Untersuchungen des Schrumpfprozesses ableiten. In Abb. 9.8 sind die Anteile der Permittivität über dem Frequenzbereich während der Austrocknung der Probe A2 dargestellt. Die Probe befindet

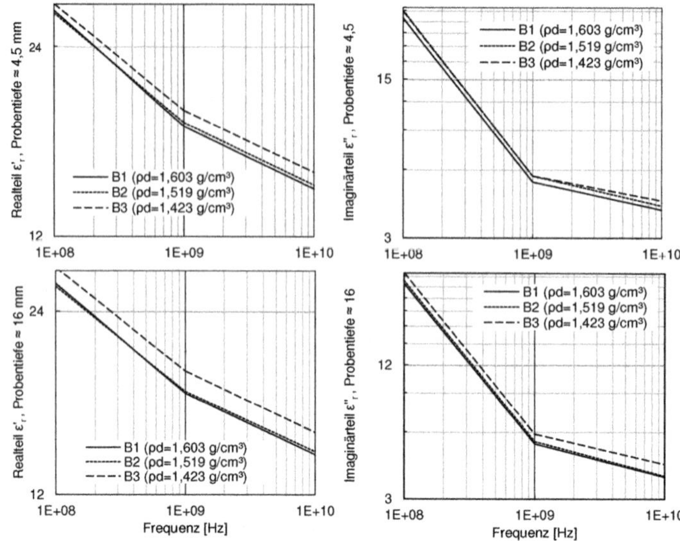

Abb. 9.7: Einfluss der initialen Trockendichte auf die Real- (links) und Imaginärteile (rechts) der komplexen Permittivitäten

sich in der Phase der Normalschrumpfung. Hierbei ändert sich der wassergefüllte Porenanteil konstant zur Wassergehaltsabnahme, mit steigender Trockendichte. Die Kurvenanordnung im Realteil bei hohen Frequenzen wird von der Wassergehaltsänderung bestimmt. Mit sinkendem Wassergehalt sinkt der Realanteil. Im Frequenzbereich ab 200 MHz beginnt die Kurvenschar in sich zu routieren. Woraus sich der Einfluss der unterschiedlichen Dichten während der Austrocknung ableiten lässt. Bei höheren Wassergehalten besitzt die Probe geringere Dichten. Im Prozess der Austrocknung nimmt die Dichte zu. Was bedeutet, dass die Kurvenschar im weiteren abnehmenden Frequenzbereich komplett kippen würde. Es würden sich geringe Permittivitäten bei hohen Wassergehalten und geringen Dichten ($w=25,2\%$), sowie hohe Permittivitäten bei geringen Wassergehalten und höheren Dichten ($w=22,1\%$) ergeben. Die Permittivitäten des Imaginärteils nehmen mit steigender Trockendichte und sinkendem Wassergehalt ab.

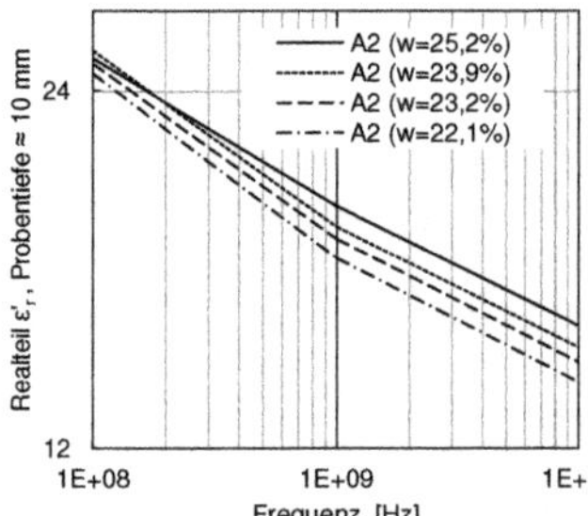

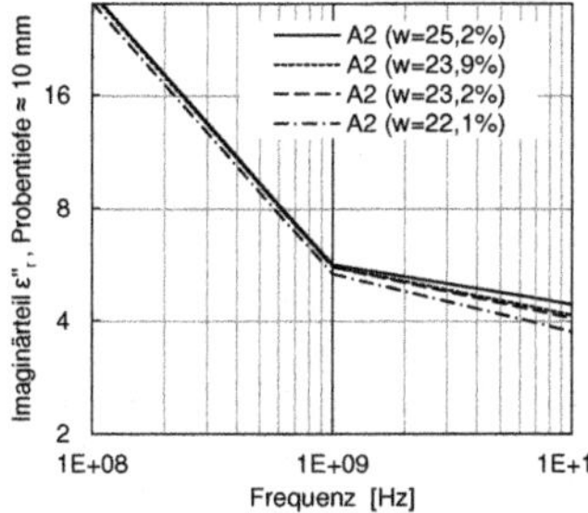

Abb. 9.8: Real- (links) und Imaginärteil (rechts) der komplexen Permittivitäten während der Anfangsaustrocknung der Probe A2

9.5 Fazit

In diesem Beitrag wurden Schrumpfversuche und Saugspannungsuntersuchungen in Kombination mit dielektrischen Messungen bei unterschiedlichen Randbedingungen durchgeführt. Die Schrumpfuntersuchungen zeigten, dass die Volumenänderung unbeeinflusst von der gleichen Ausgangstrockendichte ist. Dies konnte mit der unterschiedlichen Strukturbildung begründet werden. Die Größe der Volumenänderung über dem Wassergehalt wird von der gleichmäßigen Änderung der wassergefüllten Poren und zusätzlichen Einflüssen aus der Poren- und Aggregatstruktur bestimmt. Bei der Gegenüberstellung der Ergebnisse der Sättigungsentwicklung aus den Saugspannungs- und Schrumpfversuchen konnten nahezu identische Verläufe gefunden werden. Die Ergebnisse der Schrumpftest können somit in direkter Beziehung zu den Ergebnissen der Saugspannungsversuche gesetzt werden. In die Bewertung des Schrumpfpotentials müssen also die Betrachtungen aus der Poren- und Aggregatstruktur des Bodens mit einfließen. Aus den Ergebnissen der elektromagnetischen Untersuchungen ließ sich der Einfluß variierender Anfangsparameter, sowie der hydraulisch-mechanisch gekoppelten Änderungen im Trocknungsprozess auf die dielektrischen Eigenschaften beweisen. Die realen Anteile der komplexen Permittivität zeigten im hohen Frequenzbereich eine starke Abhängigkeit zum Wassergehalt. Im Bereich niedriger Frequenzen, etwa ab 200 MHz wurden die Einflüsse struktureller Unterschiede sichtbar. Ab einer Frequenz von 1 GHz nehmen die Permittivitäten des Imaginärteils mit steigender Trockendichte und sinkendem Wassergehalt ab. Diese Ergebnisse zeigen die vielversprechende Anwendung einer minimal invasiven offenen koaxialen Messtechnik, um die direkte Beziehung zwischen den dielektrischen Eigenschaften in einem breiten Frequenzbereich und die Änderungen der gekoppelt mechanisch-hydraulischen Eigenschaften im austrocknenden feinkörnigen Boden zu ermitteln.

Literaturverzeichnis

1. Birle E, Heyer D, Vogt N (2008) Influence of the initial water content and dry density on the soil water retention curve and the shrinkage behaviour of a compacted clay. Acta Geotechnica 3:191-200
2. Birle E (2011) Geohydraulische Eigenschaften verdichteter Tone unter besonderer Berücksichtigung des ungesättigten Zustandes. Doctoral thesis, TU München, München
3. Daniel DE, Wu Y-K (1993) Compacted clay liners and covers for arid sites. J Geotech Eng 119(2):227-237
4. Delage P, Audiguier M, Coi YJ, Howat MD (1996) Microstucture of a compacted silt. Can Geotech J 33:150-159
5. Noack M, Wagner N, Wuttke F, Witt K (2013) Determination of coupled structural changes in shrinking clays with high frequency electromagnetic minimal invasive techniques in real time. In: Kupfer K and Wagern N (eds) Proc. of the 10th Int. Conference on Electromagnetic Wave Interaction with Water and Moist Substances (ISEMA 2013), Weimar, Germany:231-241
6. Romero E, Gens A, Lloret A (1999) Water permeability, water retention and microstucture of unsaturated compacted Boom clay. Eng Geol 54:117-127
7. Romero E, Vecchia GD, Jommi C (2011) An insight into the water retention properties of compacted clayey soils. Géotechnique 61(4): 313-328
8. Schwing M, Chen Z, Scheuermann A, William DJ, Wagner N (2014) Experimental study on the relationship of mechanic and hydraulic state variables, and the dielectric properties of clays. In: Khalili K, Russell AR, Khoshghalb A (eds) Unsaturated Soils: Research and Applications - Proceedings of the 6th International Conference on Unsaturated Soils, UNSAT 2014. 6th International Conference on Unsaturated Soils (UNSAT 2014), Sydney, Australia:247-253. doi:10.1201/b17034-33
9. Wheeler SJ, Sharma RS, Buisson MSR (2003) Coupling of hydraulic hysteresis and stress-strain behaviour in unsaturated soils. Géotechnique 53(1): 41-54

Kapitel 10
ISA: A constitutive model for deposited sand

William Fuentes & Theodoros Triantafyllidis

Abstract The mechanical behavior of dry and saturated sands not only depend on the current void ratio and effective stress but also on their deposition method. This latter can be reproduced in the laboratory by considering samples with different preparation methods. In this work, an extension to an existing constitutive model for sands is presented to account the inherent fabric effects. The reference constitutive model corresponds to the ISA (Intergranular Strain Anistropy) model, which has been recently proposed to simulate sandy materials under static and dynamic analysis. The formulation of the inherent fabric assumes an initial isotropic structure typical of sands with predominant round shaped particles. Some simulations with the Karlsruhe fine sand are at the end analyzed considering two different preparation methods.

10.1 Introduction

The ISA (Intergranular Strain Anisotropy) model is a rate-type constitutive model for sands under quasi-static and dynamic conditions. The model has been recently proposed by Fuentes and Triantafyllidis [7] and can be considered as a novel framework which somehow achieves to join some concepts of the bounding surface elasto-plasticity [4, 3] and the Karlsruhe hypoplasticity [10, 24]. The main idea behind the model is quiet simple: an elastic domain exists but is rather interpreted in terms of strain amplitudes. To accomplish this, the model adopts the intergranular strain concept [16], this latter being a strain-type state variable "following"

Dr.-Ing. William Fuentes
Name, Institute of Soil Mechanics and Rock Mechanics, Karlsruhe Institute of Technology KIT, E-mail: william.lacouture@kit.edu

Univ. Prof. Dr.-Ing. habil. Theodoros Triantafyllidis
Name, Institute of Soil Mechanics and Rock Mechanics, Karlsruhe Institute of Technology KIT
E-mail: theodoros.triantafyllidis@kit.edu

always the strain rate $\dot{\boldsymbol{\varepsilon}}$. The model proposes a yield function describing a surface within the intergranular strain space and allows to interpret therewith the elastic domain in terms of strain amplitudes in the range of $\| \Delta\boldsymbol{\varepsilon} \| \approx 10^{-4}$. Furthermore, the intergranular strain brings to the model additional information about the recent strain history, which probably occurred within a strain amplitude of approximately $\| \Delta\boldsymbol{\varepsilon} \| \approx 10^{-3}$ for typical material parameters. This information is very valuable to simulate for example small strain effects, meaning the increase of the stiffness and reduction of the plastic strain rate due to a reversal loading. The yield surface provides also a memory to the material responsible of stiffness changes as observed in the experiments upon reloading paths. With this, the model basically lacks of the overshooting problem, a common issue of many existing models thought for dynamic applications (e.g. [18], [5]).

Despite all these advantages, the original formulation of the ISA model does not consider the material inherent fabric. This type of fabric is the one arising from the material deposition, or in the case of laboratory samples, from the sample preparation method. Actually, constitutive models considering the inherent fabric are rare, implying that some material parameters of most of the models in the literature may depend on the initial structure of the material. The original formulation of the ISA model is not absent to this critic, and actually a fabric-dependence has been detected in some of its parameters.

The few extended models considering the inherent fabric usually introduce in their formulations additional fabric tensors (e.g. [22, 6, 12, 9]) and incorporate them in the stress-dilatancy function or in the definition of the critical state void ratio e_c. These approaches have shown to work well, although their additional material parameters for the simulation of fabric are sometimes difficult to determine considering the tensorial nature of their formulation. Furthermore, their proposed relations may be rather complex for materials showing isotropic inherent fabric, as for example, sands with a predominant round particle shape.

This article presents a simple extension of the ISA model to consider the inherent fabric effects. The calibration is performed with the Karlsruhe fine sand considering different sample preparation methods. According to the experiments reported by [23, 7], this sand presents mostly round shaped particles responsible of an almost isotropic inherent fabric after its deposition. Therefore, an extension is proposed to account this type of fabric. Two additional parameters are required for this extension, the first responsible of the dessertion of the fabric influence after the application of large deviatoric strains, and the second representing the fabric intensity arising from the sample preparation method. At the beginning of this work, a brief description of the model formulation is given. This is followed by the proposed extension to account the inherent fabric of the material. Subsequently, a short explanation of the material parameters and the numerical integration of the model are provided.

At the end, some simulations considering the Karlsruhe fine sand are analyzed with samples prepared with different methods.

The notation of this article is as follows. Scalar quantities are denoted with italic fonts (e.g. a,b), second rank tensors with bold fonts (e.g. $\mathbf{A}$, $\boldsymbol{\sigma}$), and fourth rank tensors with Sans Serif type (e.g. E, L). Multiplication with two dummy indices, also known as double contraction, is denoted with a colon ":" (e.g. $\mathbf{A} : \mathbf{B} = A_{ij}B_{ij}$). When the symbol is omitted, it is then interpreted as a dyadic product (e.g. $\mathbf{AB} = A_{ij}B_{kl}$). The deviatoric component of a tensor is symbolized with an asterisk as superscript $\mathbf{A}^*$. The effective stress tensor is denoted with $\boldsymbol{\sigma}$ and the strain tensor with $\boldsymbol{\varepsilon}$. The Roscoe invariants are defined as $p = -\mathrm{tr}\boldsymbol{\sigma}/3$, $q = \sqrt{3/2} \parallel \boldsymbol{\sigma}^* \parallel$, $\varepsilon_v = -\mathrm{tr}\boldsymbol{\varepsilon}$ and $\varepsilon_s = \sqrt{2/3} \parallel \boldsymbol{\varepsilon}^* \parallel$. The stress ratio η is defined as $\eta = q/p$. [23]

10.2 Reference model formulation

The ISA model bases its formulation in the evolution equation of the intergranular strain $\mathbf{h}$. Considering the importance of this variable, it is then explained at the beginning of this section. Subsequently, the mechanical model relating the effective stress tensor $\boldsymbol{\sigma}$ with the strain tensor $\boldsymbol{\varepsilon}$ is briefly described. Detailed description of the formulation of the ISA model is given in [7].

10.2.1 Intergranular strain evolution equation

The intergranular strain tensor $\mathbf{h}$ is a strain-type state variable providing information about the recent strain history of the material. Its evolution equation follows from the elastoplastic form:

$$\dot{\mathbf{h}} = \dot{\boldsymbol{\varepsilon}} - \dot{\lambda}_H \mathbf{N} \tag{10.1}$$

whereby $\dot{\lambda}_H$ is the consistency parameter ($\dot{\lambda}_H \geq 0$) related with the yield surface function F_H and $\mathbf{N}$ is the intergranular strain flow rule. The yield function $F_H \equiv F_H(\mathbf{h}, \mathbf{c}) = 0$ describes an (hyper-)sphere within the intergranular strain space through the relation:

$$\text{IS yield surface:} \qquad F_H \equiv \parallel \mathbf{h} - \mathbf{c} \parallel - R/2 = 0 \tag{10.2}$$

whereby the tensor $\mathbf{c}$ is the hardening variable describing the center of the sphere and is termed "back-intergranular strain" and R is a material parameter representing the diameter of the yield surface. In the space of the volumetric invariant $h_v/\sqrt{3} = -\mathrm{tr}(\mathbf{h})/\sqrt{3}$ and the deviator invariant $\sqrt{3/2}h_s = \parallel \mathbf{h}^* \parallel$, where $\mathbf{h}^*$ is the deviator intergranular strain, the yield surface from Equation 10.2 takes exactly the form of a circle, as illustrated in Figure 10.1.a.

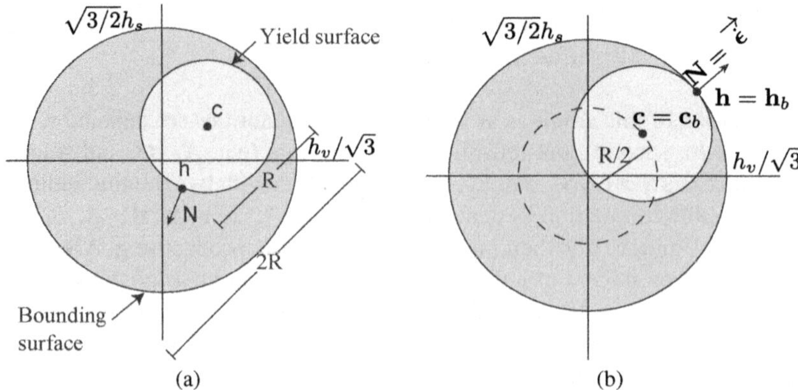

Abb. 10.1: Yield and bounding surface of the intergranular strain model. a) Geometry. b) Example of the bounding condition $F_{Hb} = 0$ (see Equation 10.4).

The flow rule tensor $\mathbf{N}$ is unit $\| \mathbf{N} \| = 1$ and normal to the IS yield surface (see Figure 10.1.a):

$$\mathbf{N} = (\mathbf{h} - \mathbf{c})^{\rightarrow} \tag{10.3}$$

whereby the operator $\sqcup^{\rightarrow}$ normalize the tensor $\sqcup^{\rightarrow} = \sqcup / \| \sqcup \|$. The model introduces a bounding surface within the intergranular strain space as depicted in Figure 10.1.a. This surface has the same shape as the yield surface but with twice its size and a center at the origin. The bounding surface function is:

$$\text{IS bounding surface:} \qquad F_{Hb} \equiv \| \mathbf{h} \| - R = 0 \tag{10.4}$$

The evolution equation for the back-intergranular strain $\mathbf{c}$ can be written with the general form:

$$\dot{\mathbf{c}} = \dot{\lambda}_H \bar{\mathbf{c}} \tag{10.5}$$

whereby $\bar{\mathbf{c}}$ is its hardening function. The hardening function $\bar{\mathbf{c}}$ presents the following relation:

$$\bar{\mathbf{c}} = \beta(\mathbf{c}_b - \mathbf{c})/R, \qquad \text{with} \qquad \mathbf{c}_b = R/2(\dot{\boldsymbol{\varepsilon}})^{\rightarrow} \tag{10.6}$$

whereby β is a material parameter and $\mathbf{c}_b$ is the image of $\mathbf{c}$ at the bounding surface.

From the consistency condition $\dot{F}_H = 0$ and substituting with Equations 10.2, 10.5, 10.6 and 10.1 one can solve for the consistency parameter $\dot{\lambda}_H$:

$$\dot{\lambda}_H = \frac{\langle \mathbf{N} : \dot{\boldsymbol{\varepsilon}} \rangle}{1 + H_H} \tag{10.7}$$

where the operator $\langle\rangle$ are the Macaulay brackets and $H_H = -(\partial F_H / \partial \mathbf{c}) : \bar{\mathbf{c}}$ is the hardening modulus.

In the following lines, a scalar function is introduced to quantify how close is the intergranular strain $\mathbf{h}$ from the bounding surface $F_{Hb} = 0$. Similar to the image tensor $\mathbf{c}_b$, one can propose an image tensor of the intergranular strain at the bounding surface denoted by $\mathbf{h}_b$ and defined as:

$$\mathbf{h}_b = R\mathbf{N} \tag{10.8}$$

The distance $\| \mathbf{h}_b - \mathbf{h} \|$ provides information of how close is the intergranular strain $\mathbf{h}$ to the bounding surface $F_{Hb} = 0$. According to the proposed model, the bounding condition $\mathbf{h} = \mathbf{h}_b$ should be asymptotically reached after applying large strains in a constant direction $\overrightarrow{\dot{\boldsymbol{\varepsilon}}}$. This particular state $\mathbf{h} = R\overrightarrow{\dot{\boldsymbol{\varepsilon}}}$ has been called as the "fully mobilized" state. The scalar function ρ is introduced to consider how close is the current state to this state:

$$\rho = 1 - \frac{\| \mathbf{h}_b - \mathbf{h} \|}{2R} \tag{10.9}$$

This scalar function renders $\rho = 0$ when $\| \mathbf{h}_b - \mathbf{h} \| = 2R$ (strain reversal after fully mobilized state) and $\rho = 1$ when $\mathbf{h} = \mathbf{h}_b$ (fully mobilized state) and will be used for the formulation of the mechanical model.

10.2.2 Mechanical model formulation

The mechanical constitutive model relates the rate of the (effective) stress $\dot{\boldsymbol{\sigma}}$ with the rate of the strain tensor $\dot{\boldsymbol{\varepsilon}}$ through the elastoplastic relation:

$$\dot{\boldsymbol{\sigma}} = \mathsf{E} : (\dot{\boldsymbol{\varepsilon}} - \dot{\boldsymbol{\varepsilon}}^P) \tag{10.10}$$

where E is the stiffness tensor and $\dot{\boldsymbol{\varepsilon}}^P$ is the plastic strain rate tensor defined as:

$$\dot{\boldsymbol{\varepsilon}}^P = y_h Y \| \dot{\boldsymbol{\varepsilon}} \| \mathbf{m}, \qquad \text{and} \qquad y_h = \rho^{\chi_h} \langle \mathbf{N} : \overrightarrow{\dot{\boldsymbol{\varepsilon}}} \rangle \tag{10.11}$$

whereby $\mathbf{m}$ is the flow rule of the mechanical model ($\| \mathbf{m} \| = 1$), the factor y_h is a function depending on the intergranular strain $\mathbf{h}$ and responsible of the reduction of $\| \dot{\boldsymbol{\varepsilon}}^P \|$ due to an unloading process, Y is a scalar function and χ_h is a material parameter. Notice that if $y_h = 0$ the response is elastic whereas $y_h = 1$ implies fully mobilized states. It is reminded that according to the intergranular strain model, fully mobilized states ($\rho = 1$ or $y_h = 1$) is only reached after the application of large strains in a constant direction.

One of the characteristic of the ISA model is the fact that at fully mobilized states the model yields to the mathematical structure of Karlsruhe hypoplastic models $\dot{\boldsymbol{\sigma}} = \mathsf{E} : (\dot{\boldsymbol{\varepsilon}} - Y\mathbf{m} \parallel \dot{\boldsymbol{\varepsilon}} \parallel)$ [10, 24, 16], with the scalar function Y named "degree of non-linearity" after [16]. This can be easily proved by substitution of the condition $y_h = 1$ in the proposed constitutive model (Equations 10.10 and 10.11).

In order to complete the ISA model, the definition of the elastic stiffness tensor E, the flow rule $\mathbf{m}$ and the degree of non-linearity Y are required. In the next sections, the relations of these „ingredients“ are provided. The definitions of E, $\mathbf{m}$ and Y will be based on the characteristic void ratios (maximum and critical void ratio) and the characteristic stress surfaces (bounding, dilatancy and critical stress surface) defined also in the sequel.

Characteristic void ratios and stress surfaces

The ISA model uses the concept of characteristic void ratios and stress surfaces as in others. The following lines provide a short description of these relations.

The model considers a maximum void ratio at isotropic compression $e_i = e_i(p)$ and a critical state void ratio $e_c = e_c(p)$ whereby $p = -1/3\mathrm{tr}\boldsymbol{\sigma}$ is the mean pressure. They are refereed as the characteristic void ratios. The maximum void ratio e_i is defined through the following function:

$$e_i = \left[-\lambda_i p^{1-n_{pi}}(1-n_e)/(1-n_{pi}) + e_{i0}^{1-n_e}\right]^{1/(1-n_e)} \tag{10.12}$$

where e_{i0} is the value of the maximum void ratio e_i at $p = 0$ and the scalars $\lambda_i > 0$, $n_{pi} > 0$ and $n_e > 1$ are material parameters. The critical void ratio e_c is also pressure dependent and follows a similar exponential relation as the one from Bauer and Wu [25]:

$$e_c = e_{c0} \exp\left(\lambda_c (p^{1-n_{pc}})/((n_{pc}-1))\right) \tag{10.13}$$

where e_{c0} is the critical void ratio e_c at $p = 0$, and λ_c and n_{pc} are material parameters.

The model considers also the following three stress surfaces: the critical state surface, the dilatancy surface and the bounding surface. These surfaces have been already employed in the formulation of existing models, e.g. [14, 11, 19, 1, 8] and are herein adopted as well.

Accordingly, a mapping rule is required for the definition of the stress surface. Its purpose is to project the current stress $\boldsymbol{\sigma}$ at these surfaces. The ISA model considers the following deviatoric loading tensor $\mathbf{n}$ for this purpose:

$$\mathbf{n} = \begin{cases} \vec{\mathbf{r}}, & \text{for } \vartheta > 0 \\ \left[\vec{\mathbf{r}} - \vartheta(\vec{\mathbf{N}^*} - \vec{\mathbf{r}})\right]^{\rightarrow}, & \text{for } \vartheta \leq 0 \end{cases} \quad (\text{with } \vartheta = \vec{\mathbf{r}} : \mathbf{N}^*) \tag{10.14}$$

Having defined the deviatoric loading tensor $\mathbf{n}$, it is now proceeded with the definition of the characteristic stress surfaces. The first corresponds to the critical state surface which is described though the function:

$$\text{Critical state surface:} \qquad F_c \equiv \mathbf{r} : \mathbf{n} - r_c = 0, \qquad r_c = \sqrt{2/3} M_c g(\theta_{\mathbf{n}}) \tag{10.15}$$

where M_c is the critical state slope for triaxial compression in the p-q space and the scalar function $g = g(\theta_{\mathbf{n}})$ is a factor evaluated with the Lode's angle $\theta_{\mathbf{n}}$ of the deviatoric loading tensor $\mathbf{n}$. The function $g = g(\theta_{\mathbf{n}})$ takes values within the range $c \leq g \leq 1$, whereby the factor $c = M_e/M_c = 3/(3+M_c)$ represents the ratio between the critical state slope for triaxial extension M_e and triaxial compression M_c. For the scalar function g the following relation is adopted:

$$g(\theta) = \frac{2c}{(1+c) - (1-c)\cos(3\theta)} \tag{10.16}$$

The definition of the dilatancy surface is exactly the same as in the Sanisand model [11]: is the one at which the volumetric plastic strain rate $\dot{\varepsilon}_v^P = -\text{tr}\dot{\boldsymbol{\varepsilon}}^P$ changes of sign. For the current model, the function proposed by Dafalias [11] is adopted:

$$\text{Dilatancy surface:} \qquad F_d \equiv \mathbf{r} : \mathbf{n} - r_c f_d = 0, \qquad f_d = \exp(n_d(e - e_c)) \tag{10.17}$$

where $n_d > 0$ is a material parameter, and $e_c = e_c(p)$ is the critical state void ratio.

The bounding surface is the one at which the stress rate vanishes $\dot{\boldsymbol{\sigma}} = \mathbf{0}$ when the strain rate points in the direction $\vec{\dot{\boldsymbol{\varepsilon}}} = \mathbf{m}$. The ISA model employs a wedge-capped type bounding surface as depicted in 10.2.b through the following function:

$$\text{Bounding surface:} \qquad F_b \equiv \mathbf{r} : \mathbf{n} - r_c f_b = 0, \qquad f_b = f_{b0} \left(1 - \left(\frac{e}{e_i}\right)^{n_F}\right)^{1/2} \tag{10.18}$$

where $f_{b0} \approx 1.3$ is a parameter and n_F is an exponent to be defined. The exponent n_F guarantees that the bounding surface intercepts the critical state surface when $e = e_c$ with the following relation:

$$n_F = \frac{\log\left((f_{b0}^2 - 1)/f_{b0}^2\right)}{\log(e_c/e_i)} \tag{10.19}$$

Figure 10.2.a shows the characteristic void ratio curves $e = e_i(p)$ and $e = e_c(p)$ and their interceptions at the void ratio equal to $e = 0.94$ (see points A and B). The same two points can be also identified within the $p - q$ space, in the Figure 10.2.b. Therein, the bounding surface $F_b = 0$ is plotted according to the Equation 10.18. Notice that the interception of the bounding surface $F_b = 0$ with the critical state line CSL lies exactly at the point B for the void ratio $e = 0.94$.

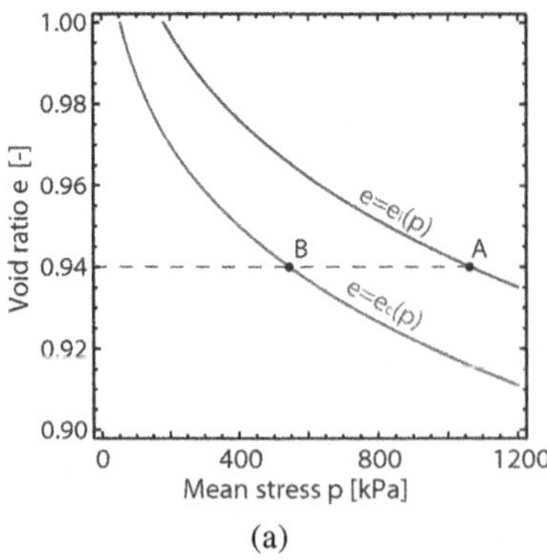

(a)

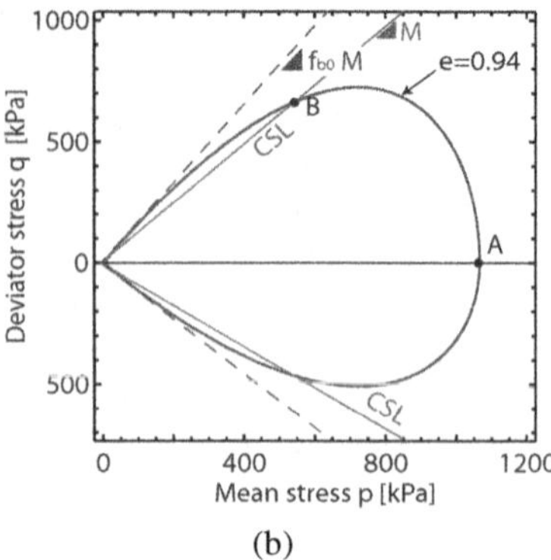

(b)

Abb. 10.2: a) Characteristic void ratios. b) Characteristic stress surfaces.

Finally, the image of the stress ratio tensor $\mathbf{r}$ are projected at the critical, dilatancy and bounding surface using the following mapping rule:

$$\mathbf{r}_c = r_c\mathbf{n}, \quad \text{with} \quad r_c = \sqrt{2/3}M \tag{10.20}$$

$$\mathbf{r}_d = r_d\mathbf{n}, \quad \text{with} \quad r_d = r_c f_d \tag{10.21}$$

$$\mathbf{r}_b = r_b\mathbf{n}, \quad \text{with} \quad r_b = r_c f_b \tag{10.22}$$

with the scalar function $M = M_c g(\theta_{\mathbf{n}})$.

Stiffness tensor

The ISA model proposes the following function for the stiffness tensor E:

$$\mathsf{E} = m\bar{\mathsf{E}} \tag{10.23}$$

where $m \geq 1$ is a scalar function responsible of the stiffness increase upon reversal loading and $\bar{\mathsf{E}} = \bar{\mathsf{E}}(\boldsymbol{\sigma}, e)$ is the residual elastic stiffness at fully mobilized states $\rho = 1$.

The maximum value of m corresponds to the parameter $m = m_R$. The function m simulates the increase of stiffness due to reversal loading through the following relaiton:

$$m = m_R + (1 - m_R)y_h \tag{10.24}$$

The residual stiffness $\bar{\mathsf{E}}$ follows from similar relations to Fuentes et al. [8]:

$$\bar{\mathsf{E}} = 3\bar{K}\vec{\mathbf{1}}\vec{\mathbf{1}} + 2\bar{G}\left(\mathsf{I} - \vec{\mathbf{1}}\vec{\mathbf{1}}\right) - \frac{\bar{K}}{\sqrt{3}M_c}(\mathbf{1r} + \mathbf{r1}) \tag{10.25}$$

which considers the anisotropic terms $-\bar{K}/\sqrt{3}M_c(\mathbf{1r}+\mathbf{r1})$ to account the stress ratio $\mathbf{r}$ dependence. The following hypoelastic relations for the bulk modulus $K = m\bar{K}$ and shear modulus $G = m\bar{G}$ are adopted:

$$\bar{K} = \frac{K^L}{(1-Y_{im})} = \frac{1}{\lambda_i} p^{n_p} \frac{1+e}{e^{n_e}(1-Y_{im})} \tag{10.26}$$

$$\bar{G} = Kr \quad \text{, with} \quad r = \frac{1-2\nu}{2(1+\nu)} \tag{10.27}$$

where ν is the Poisson ratio and $Y_{im} = 1/3$ is the value which takes the factor Y at isotropic stress states ($q = 0$). The details of the formulation of tensor $\bar{\mathsf{E}}$ can be found in [16] and [8].

Plastic strain rate

The plastic strain rate tensor $\dot{\boldsymbol{\varepsilon}}^P$ requires the definition of the degree of non-linearity Y and the flow rule $\mathbf{m}$. The flow rule $\mathbf{m}$ is defined similar to the Sanisand model [11]:

$$\mathbf{m} = (-1/2(r_d - \mathbf{r} : \mathbf{n})\mathbf{1} + \| \mathbf{N}^* \| \mathbf{n})^{\rightarrow} \tag{10.28}$$

The degree of non-linearity adopts the following function:

$$Y = \left(\frac{\| \mathbf{r} - \mathbf{r}_0 \|}{\| \mathbf{r}_b - \mathbf{r}_0 \|} \right)^{n_Y} \tag{10.29}$$

whereby $\mathbf{r}_0$ is an image stress ratio pointing in the direction $-\mathbf{n}$ and computed with the following mapping rule:

$$\mathbf{r}_0 = -r_c f_{b0} g(\theta_{-\mathbf{n}})\mathbf{n} \tag{10.30}$$

The exponent n_Y is calibrated to control the value of Y at isotropic states $q = 0$ through the relation:

$$n_Y = \frac{\log(Y_{im}/g)}{\log(f_{b0}/(f_{b0} + f_b/c))} \tag{10.31}$$

Box 1: Summary of equations of the reference model

Constitutive equation:

$$\dot{\boldsymbol{\sigma}} = \mathsf{E} : (\dot{\boldsymbol{\varepsilon}} - \dot{\boldsymbol{\varepsilon}}^P) \quad \text{with} \quad \dot{\boldsymbol{\varepsilon}}^P = y_h Y \mathbf{m} \parallel \dot{\boldsymbol{\varepsilon}} \parallel$$

and $y_h = \rho^{\chi_h} \langle \mathbf{N} : \vec{\dot{\boldsymbol{\varepsilon}}} \rangle$.

Hypo-elastic modulus $\mathsf{E} = m\bar{\mathsf{E}}$:

$$\bar{\mathsf{E}} = K\mathbf{1}\mathbf{1} + 2G\left(\mathsf{I} - \frac{1}{3}\mathbf{1}\mathbf{1}\right) - \frac{K}{\sqrt{3}}(\mathbf{1}\mathbf{r}_c + \mathbf{r}_c\mathbf{1})$$

$$m = m_R + (1 - m_R)y_h$$

Degree of non-linearity:

$$Y = \left(\frac{\parallel \mathbf{r} - \mathbf{r}_0 \parallel}{\parallel \mathbf{r}_b - \mathbf{r}_0 \parallel}\right)^{n_Y}$$

Flow rule:

$$\mathbf{m} = (-1/2(r_d - \mathbf{r} : \mathbf{n})\mathbf{1} + \parallel \mathbf{N}^* \parallel \mathbf{n})^{\rightarrow}$$

Interpolation function ρ:

$$\rho = 1 - \frac{\parallel \mathbf{h}_b - \mathbf{h} \parallel}{2R} \quad \text{with} \quad \mathbf{h}_b = R\mathbf{N}$$

Evolution equation of the intergranular strain IS:

$$\dot{\mathbf{h}} = \dot{\boldsymbol{\varepsilon}} - \dot{\lambda}_H \mathbf{N} \quad \text{with} \quad \mathbf{N} = (\mathbf{h} - \mathbf{c})^{\rightarrow}$$

with $\dot{\lambda}_H \geq 0, \quad F_H \leq 0, \quad \dot{\lambda}_H F_H = 0.$

IS yield surface:

$$F_H \equiv \parallel \mathbf{h} - \mathbf{c} \parallel - R/2 = 0$$

Back-intergranular strain hardening $\dot{\mathbf{c}} = \dot{\lambda}_H \bar{\mathbf{c}}$:

$$\bar{\mathbf{c}} = \beta(\mathbf{c}_b - \mathbf{c})/R \quad \text{with} \quad \mathbf{c}_b = R/2\,\vec{\dot{\boldsymbol{\varepsilon}}}$$

10.3 Extension to consider inherent fabric

An extension of the ISA model to consider the influence of the inherent fabric arising from the sample preparation method is herein given and is based in the experimental observation described in the following lines. The Figure 10.3 presents the experimental results of monotonic undrained triaxial tests with air pluviated AP and moist tamped samples MT using samples of Karlsruhe fine sand within the $e-p$ space. Each figure presents the results at different levels of vertical deformation

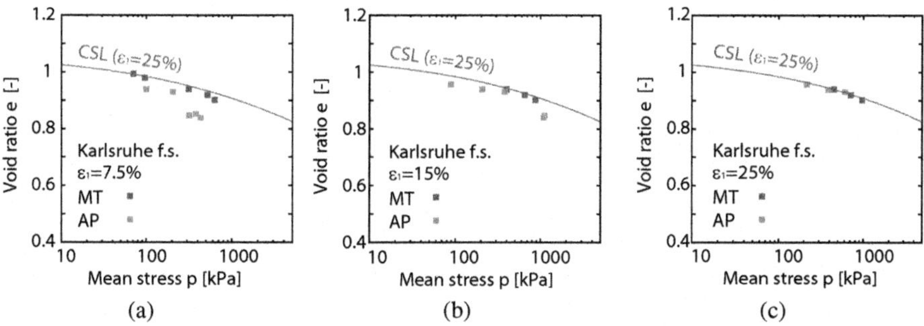

Abb. 10.3: Results of the undrained triaxial test plotted in the $e-p$ space at the vertical deformations a) $\varepsilon_1 = 7.5\%$, b) $\varepsilon_1 = 15\%$ and c) $\varepsilon_1 = 25\%$. Variation of the sample preparation method with Karlsruhe fine sand. MT: moist tamping, AP: air pluviation.

$\varepsilon_1 = \{7.5\%, 15\%, 25\%\}$. The plotted critical state line CSL is the one adjusted to the results at large vertical deformations $\varepsilon_1 > 25\%$. The results show that samples prepared with the AP method give a "slower" dilatant behavior than those prepared with the MT method, i.e. they approach slower to the critical state line CSL. Evidently at the value $\varepsilon_1 = 7.5\%$ the experimental points of the MT samples adjust to the CSL very well. Thus, it can be affirmed that the effect of the inherent fabric vanishes after the application of large deviatoric deformations, conclusion in accordance with the theory from Dafalias et al. [12].

Considering similar experimental observations, some authors have proposed to capture this effect through the critical state line in the $e-p$ space [21, 15, 13, 12] and the maximum void ratio line [15]. The proposed extension considers this dependence similarly with the relation:

$$\frac{e_{c0}}{e_{c0s}} = \frac{e_{c0}}{e_{i0s}} = r_{e0} + (1 - r_{e0}) \exp(-f_r) \tag{10.32}$$

whereby e_{c0s} and e_{eis} are material parameters to describe the characteristic void ratios curves when the influence of the inherent fabric has been erased through the application of large deviatoric stains, f_r is a function of the deviatoric strains and r_{e0} represents the maximum ratio of e_{c0}/e_{c0s} to avoid static liquefaction under undrained conditions ($e > e_{c0}$) and computed with:

$$r_{e0} = \begin{cases} e/e_{c0s}, & \text{for } e \leq e_{c0s} \\ 1, & \text{for } e > e_{c0s} \end{cases} \tag{10.33}$$

Notice that when using this extension, the scalars e_{c0} and e_{i0} are not anymore material parameters as in the reference ISA model and depends rather on the deviatoric strains through the function f_r. Accordingly, the function f_r has been proposed to depend on the deviatoric deformations with the relation:

$$f_r = \frac{r_F}{1 + \exp\left(\boldsymbol{\varepsilon}^* : \mathbf{n}/\varepsilon_f - 1\right)} \tag{10.34}$$

whereby r_F is a material parameter related to a particular preparation method and ε_f is a parameter controlling the rate at which the inherent fabric is erased with the application of deviatoric strains. According to the equations 10.32 and 10.34, if $r_F = 0$ then the relation $e_{c0}/e_{c0s} = e_{c0}/e_{i0s} = 1$ holds. With other words, the extended model delivers the same response as the reference model when $r_F = 0$.

According to the experiments shown in the Figures 10.3, the elimination of the inherent fabric under undrained triaxial compression takes place at a vertical deformation larger than $\varepsilon_1 > 0.25$. This would in turn give a value of $\varepsilon_f \approx 0.03$, which can be taken as default parameter when lacking of enough experimental evidence.

Figure 10.4 presents some simulations of undrained triaxial tests with the variation of the parameter r_F to show its influence on the model response. The remaining parameters corresponds to the Karlsruhe fine sand which are listed in the Table 10.1. The simulations show that as r_F approaches to $r_F = 0$ the behavior is more dilatant. In fact, the simulation performed with $r_F = 0$ is equivalent to the one that the reference ISA model would deliver. Thus, the state $r_F = 0$ represents the behavior of the material at its most dilatant state. This particular state ($r_F = 0$) can be obtained when the sample is prepared with a method delivering such behavior, for example the moist tamped method, which in contrast to other methods, seems to be most dilatant. As long as the value of r_F increases, the simulations in the Figure 10.4 show a more contractant behavior. Note that after the application of large vertical strains $\varepsilon_1 \approx 0.25$, the simulations converge to the same critical state as observed in the experiments from Figure 10.3.

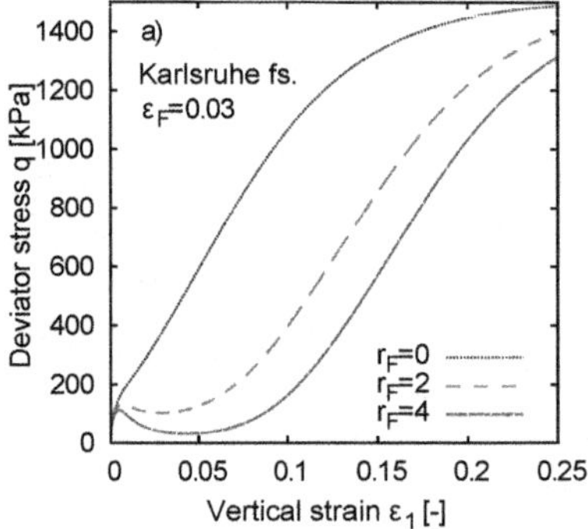

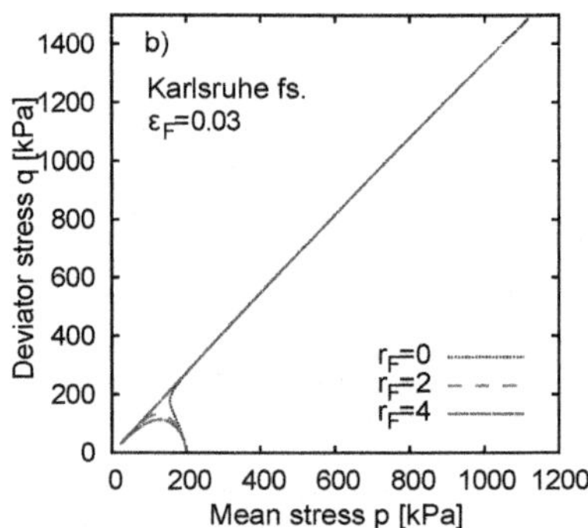

Abb. 10.4: Simulations of monotonic undrained triaxial test. Variation of parameter r_F.

Tab. 10.1: Material constants of the reference constitutive model for the Karlsruhe fine sand

	Description	Units	Approx. range	Value	Useful experiments
Hypo-elasticity					
λ_i	Compression index	[-]	$10^{-6}-1$	0.0057	IC$^{(i)}$
e_{i0}	Maximum void ratio	[-]	$0.5-2$	1.21	IC
n_{pi}	Barotropy factor	[-]	$0.5-1$	0.7	IC
n_e	Void ratio factor	[-]	$1-3$	2.5	IC
ν	Poisson ratio	[-]	$0-0.5$	0.18	UTC$^{(ii)}$
Critical state					
λ_c	CS index	[-]	$10^{-6}-1$	0.00573	UTC, DTC$^{(iii)}$
e_{c0}	CS void ratio	[-]	$0.5-2$	1.067	UTC, DTC
n_{pc}	CS barotropy factor	[-]	$0-1$	0.68	UTC, DTC
M_c	CS slope	[-]	$10-40$	1.33	UTC, DTC
Characteristic surfaces					
n_d	Dilatancy surface parameter	[-]	$0-5$	1.0	UTC, DTC
f_{b0}	Bounding surface factor	[-]	$1-2$	1.35	UTC, DTC
Intergranular strain					
m_R	Stiffness factor	[-]	$1-7$	5	CUTC$^{(iv)}$
R	IS yield surface radius	[-]	$10^{-5}-10^{-4}$	1.4×10^{-4}	–
β	IS hardening parameter	[-]	$0-1$	1.0	CUTC
χ_h	IS exponent	[-]	$1-10$	7	CUTC

$^{(i)}$ IC: Isotropic compression
$^{(ii)}$ UTC: Undrained triaxial test
$^{(iii)}$ DTC: Drained triaxial test
$^{(iv)}$ CUTC: Cyclic undrained triaxial test

10.4 Material parameters

The reference ISA model (see Section 10.2.2) without the extension to incorporate the inherent fabric (see Section 10.3) requires the calibration of 15 parameters. These are subdivided into some categories according to the experimental curves required for their determination. The parameter categories are given in Table 10.1 and correspond to hypo-elasticity, critical state, characteristic stress surfaces and intergranular strain. The Table 10.1 provides for each parameter a suggested range and some useful experiments for its determination. These 15 parameters require at least the conduction of three monotonic triaxial tests (drained or undrained), two isotropic compression tests and one cyclic triaxial tests. Of course, the more number of experiments the more precise the calibration. A detailed description providing helpful relations for their determination can be found in [7].

In this document, samples of Karlsruhe sand prepared with the moist tamped method (MT) and air pluviated method (AP) are simulated. Considering that the extension to account the inherent fabric effect (see Section 10.3) delivers a more contractant behavior than the reference model, the latter has been directly calibrated with moist tamped (MT) samples of Karlsruhe fine sand. With other words, the value of $r_F = 0$ has been set for this particular preparation method. Once these 15 parameters are determined, it is then proceed to adjust r_F by trial and error with air pluviated (AP) samples. A value of $r_F = 1.6$ for the AP samples has been found in this calibration.

10.5 Numerical implementation

The model has been implemented for the software ABAQUS standard within the FORTRAN subroutine UMAT. A time increment is within the UMAT subdivided into subincrements (substepping scheme) to improve the numerical integration. The size of the subincrements are small enough to achieve convergence and to avoid an error accumulation. For each subincrement, an elastic predictor is evaluated to define wether an elastic or plastic step is to be performed. The numerical integration was performed using the software INCREMENTAL DRIVER from Niemunis [17].

10.6 Simulations of element test with Karlsruhe fine sand

In this section, some simulations of element test are presented of experiments using samples of Karlsruhe fine sand prepared with the moist tamped method (MT) and air pluviation method (AP). The Karlsruhe fine sand KFS shows a mean particle size $D_{50} = 0.18$ mm, and maximum and minimum void ratio equal to $e_{\max} = 1.054$ and $e_{\min} = 0.677$ respectively. These experiments were conducted in the Institute of Soil Mechanics and Rock Mechanics from the University KIT of Karlsruhe, Germany [23]. Table 10.2 summarizes the relevant information of the experiments with Karlsruhe Fine Sand. The parameters used by the model are listed in Table 10.1. In all the experiments the intergranular strain $\mathbf{h}$ and back-intergranular strain $\mathbf{c}$ have been initialized to the state corresponding to a fully mobilized state after isotropic compression ($\mathbf{h} = -R\overrightarrow{\mathbf{1}}, \mathbf{c} = -R/2\overrightarrow{\mathbf{1}}$).

The Figure 10.5 presents the results of six moist tamped samples shared under undrained triaxial conditions. These samples present in general three different void ratios $e = \{1.039, 0.977, 0.941\}$ each with two different initial mean pressures $p_0 = \{100, 500\}$ kPa. They correspond to the samples $M1 - M6$ listed in Table 10.2. The reference model captures satisfactorily the monotonic behavior of these test by assuming a value of $r_F = 0$.

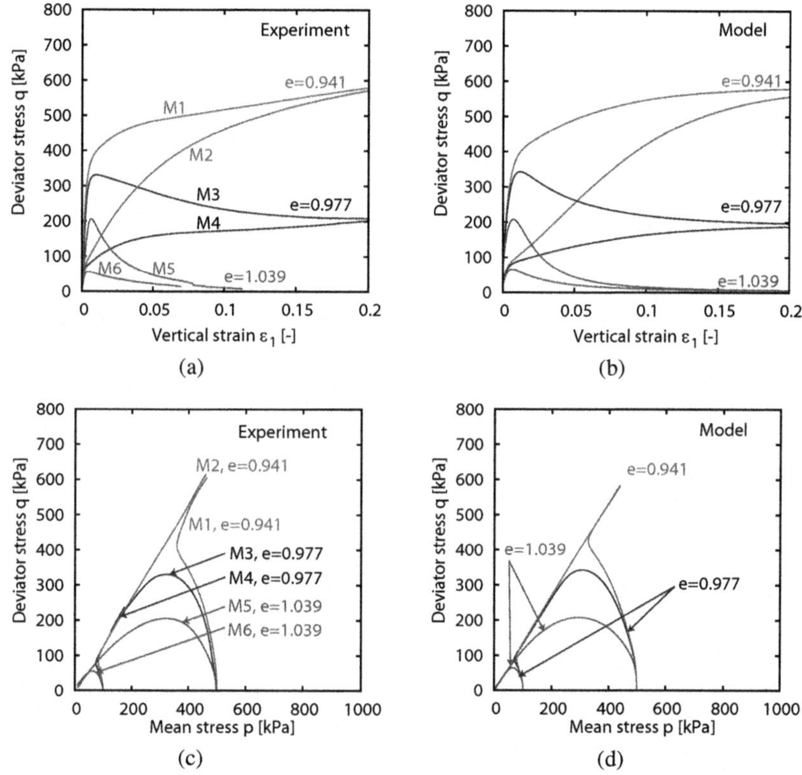

Abb. 10.5: Simulations of monotonic undrained triaxial test with moist tamped samples of Karlsruhe fine sand. Experiments performed during this work by Wichtmann [23].

The next simulations are performed with air pluviated samples instead and are plotted in Figure 10.6. They correspond to the samples $A1 - A6$ listed in Table 10.2. These samples have in general shown a more contractant behavior than the moist tamped samples when comparing their behavior with samples presenting the same initial state (p_0, e_0). The inherent fabric parameter was set to $r_F = 0$. The simulations show a satisfactory agreement except for the densest sample (sample A2) whereby a "slower" hardening is observed in the simulation in the q vs. ε_1 plot, see Figures 10.6.a and 10.6.b.

The last simulations consider a sample sheared under cyclic undrained triaxial conditions and is plotted in the Figure 10.7. This sample has been prepared with the moist tamped method (MT), and has been isotropically consolidated till it reached the initial state ($e_0 = 0.968$, $p_0 = 100$ KPa), see experiment M7 in Table 10.2. The cycles were performed under constant deviator stress amplitude $q^{\text{amp}} = 15$ kPa, and stopped just before the effective stress path "touched" the critical state line $q = Mp$.

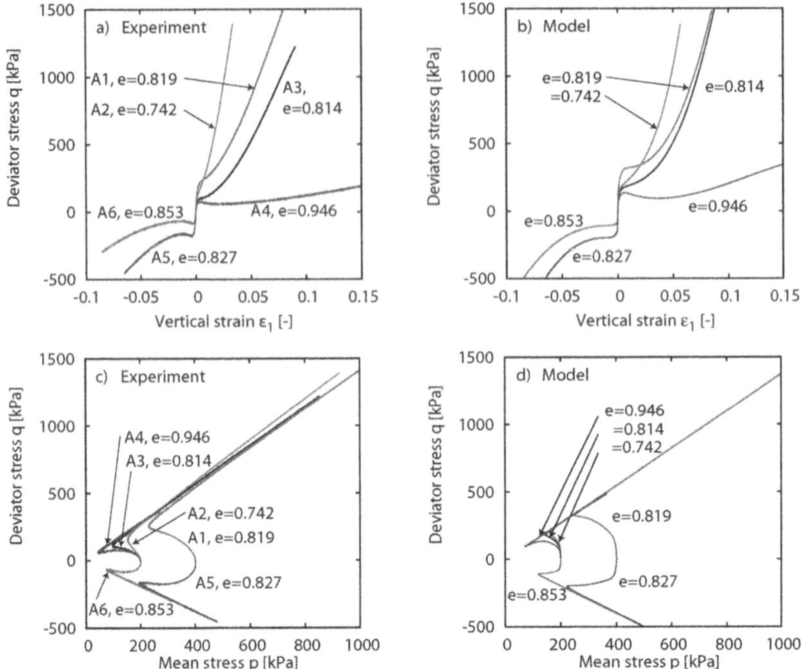

Abb. 10.6: Simulations of monotonic undrained triaxial test with air pluviated samples of Karlsruhe fine sand. Experiments performed during this work by Wichtmann [23].

At this point, the experiment counted 195 cycles (see Figure 10.7.e). The simulations were performed by setting a value of $r_F = 0$ considering the sample preparation method. Although the model is able to capture the stiffness increase after reversal loading, it shows a faster pore water pressure accumulation during the undrained cycles. The model took over 40 cycles to touch the critical state line (see Figure 10.7.d) which is evidently far from the experimental result. This is attributed to the hardening rule from the intergranular strain model which needs to be improved. Currently, some investigation is advancing towards a formulation delivering more a realistic simulation after many cycles.

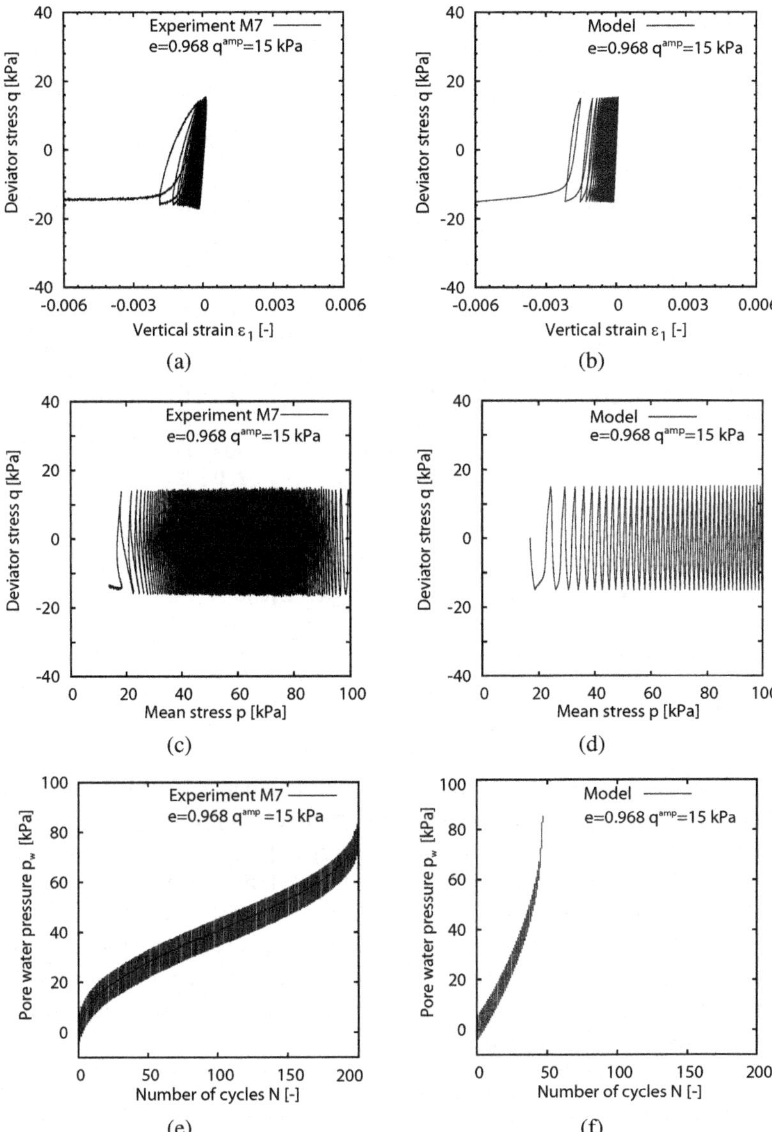

Abb. 10.7: Simulations of cyclic undrained triaxial test with moist tamped samples of Karlsruhe fine sand. Experiments performed during this work by Wichtmann [23].

Tab. 10.2: Summary of experiments with Karlsruhe fine sand KFs.

Name	Prep. method	Description	p_0 [kPa]	q_0 [kPa]	e_0 [−]
M1	MT	CU Mon.Comp.	100	0.	0.941
M2	MT	CU Mon. Comp.	500	0.	0.941
M3	MT	CU Mon. Comp.	100	0.	0.977
M4	MT	CU Mon. Comp.	500	0.	0.977
M5	MT	CU Mon. Comp.	100	0.	1.039
M6	MT	CU Mon. Comp.	500	0.	1.039
M7	MT	CU Cyc.* $q^{amp} = 15$ kPa	100	0.	0.968
A1	AP	CU Mon. Comp.	400	0.	0.819
A2	AP	CU Mon. Comp.	200	0.	0.742
A3	AP	CU Mon. Comp.	200	0.	0.814
A4	AP	CU Mon. Comp.	200	0.	0.946
A5	AP	CU Mon. Ext.*	400	0.	0.827
A6	AP	CU Mon. Ext.	200	0.	0.853

CU: Undrained triaxial test
Mon: Monotonic
Comp: Compression
Ext: Extension
q^{amp}: deviator stress amplitude
MT: Moist tamped method
AP: Air pluviated method
Cyc: Cyclic

10.7 Final remarks

In this article the recently proposed ISA model has been extended to consider the inherent fabric effect. This formulation is relative simple because it assumes an isotropic inherent fabric arising from the sample preparation. The assumption is valid only for sands presenting particles with predominant rounded shape, as the Karlsruhe fine sand. The formulation considers the desertion of the fabric influence after the application of large shear strains with a simple relation. A simple extension like the one presented herein can be useful for the simulations of some structures with fill materials, whereby the deposition method has shown to play an important role in their mechanical behavior.

Acknowledgements The authors express their gratitude for the financial support given by the German Research Council DFG with the project No. TR 218/22-1 entitled „Modellierung der induzierten und inhrenten Anisotropie von Sand", which covered a significant part of this work.

References

1. K. Andrianopoulos, A. Papadimitriou, and G. Bouckovalas. Bounding surface plasticity model for the seismic liquefaction analysis of geostructures. Soil Dynamics and Earthquake Engineering, 30:895-911, 2010.

2. R. Boulanger and K. Ziotopoulou. Pm4sand (version2): a sand plasticity model for erthquake engineering applications. Technical Report UCD/CGM-12/01, University of California at Davis, 2012.
3. Y. Dafalias. Bounding surface plasticity. I: Mathematical foundation and hypoplasticity. J. Engrg. Mech., ASCE, 112(9):966-987, 1986.
4. Y. Dafalias and L. Herrmann. Bounding surface formulation of soil plasticity. In G. Pande and O. Zienkiewicz, editors, Transient and Cyclic Loads, chapter 10, pages 253-282. John Wiley and Sons, 1982.
5. Y. Dafalias and M. Manzari. Simple plasticity sand model accounting for fabric change effects. Journal of Engineering Mechanics ASCE, 130(6):662-634, 2004.
6. Y. Dafalias, A. Papadimitriou, and X. Li. Sand plasticity model accounting for inherent fabric anisotropy. Journal of engineering mechanics ASCE, 130(11):1319-1333, 2004.
7. W. Fuentes. Contributions in Mechanical Modelling of Fill Materials. PhD thesis, Karlsruhe Institute of Technology KIT, Karlsruhe, Germany, 2014. Heft No. 179.
8. W. Fuentes, T. Triantafyllidis, and A. Lizcano. Hypoplastic model for sands with loading surface. Acta Geotechnica, 7:177-192, 2012.
9. Z. Gao, J. Zhao, X. Li, and Y. Dafalias. A critical state sand plasticity model accounting for fabric evolution. Int. J. Num. Anal. Meth. Geomech., 2013. DOI: 10.1002/nag.2211.
10. D. Kolymbas. Eine konstitutive Theorie für Böden und andere körnige Stoffe. Habilitation Thesis, Universität Karlsruhe, Germany, 1988. Institut für Boden- und Felsmechanik, Heft 109.
11. X. Li and Y. Dafalias. Dilatancy for cohesionless soils. Géotechnique, 50(4):449-460, 2000.
12. X. Li and Y. Dafalias. Anisotropic critical state theory: Role of fabric. J. Eng. Mech., ASCE, 138:263-275, 2012.
13. X. Li and X. Li. Micro-macro quantification of the internal structure of granular materials. Journal of engineering mechanics, 135(7):641-656, 2009.
14. M. Manzari and Y. Dafalias. A critical state two-surface plasticity model for sands. Géotechnique, 47(2):255-272, 1997.
15. D. Masin. Incorporation of meta-stable structure into hypoplasticity. In T. Triantafyllidis, editor, Numerical modelling of construction processes in geotechnical engineering for urban environment, pages 283-290, Bochum, 2006. Taylor and Francis.
16. A. Niemunis. Extended hypoplastic models for soils. Schriftenreihe des Institutes für Grundbau und Bodenmechanik der Ruhr-Universität Bochum. Habilitation., 2003. Germany. Heft 34.
17. A. Niemunis. Incremental Driver, user's manual. University of Karlsruhe KIT, Germany, March 2008.
18. A. Niemunis and I. Herle. Hypoplastic model for cohesionless soils with elastic strain range. Mechanic of cohesive-frictional materials, 2:279-299, 1997.
19. A. Papadimitriou and Y. Dafalias. Plasticity model for sand under small and large cyclic strains. J. of Geotech. and Geoenv. Engng., ASCE, 127(11):973?983, 2001.
20. L. Prada. Paraelastic description of small-strain soil behavior. PhD thesis, Karlsruhe Institute of Technology KIT, Karlsruhe, Germany, 2011. Heft No. 173.
21. J. Tejchman and A. Niemunis. FE-studies on shear localization in an anisotropic micro-polar hypoplastic granular material. Granular matter, 8:205?220, 2006.
22. R. Wan and P. J. Guo. Drained cyclic behavior of sand with fabric dependence. Journal of Engineering Mechanics, 127(11):1106-1116, 2001.
23. T. Wichtmann. Internal report. Institute of Soil Mechanics and Rock Mechanics. Karlsruhe Institute of Technology KIT., 2012. Germany.
24. V. Wolffersdorff. A hypoplastic relation for granular materials with a predefined limit state surface. Mechanics of cohesive-frictional materials, 1:251-271, 1996.
25. W. Wu and E. Bauer. A simple hypoplastic constitutive model for sand. International Journal for Numerical and Analytical Methods in Geomechanics, 18:833-862, 1994.

Teil III
Anwendungsbezogene Herausforderungen in der Bodenmechanik

Kapitel 11
Anforderungen an die bodenmechanische Modellbildung in der Baupraxis

Rolf Katzenbach, Steffen Leppla, Hendrik Ramm & Gregor Bachmann

11.1 Einleitung

Die Modellbildung ist für jedwede Untersuchung der Standsicherheit und der Gebrauchstauglichkeit von Tragwerksstrukturen von entscheidender Bedeutung [1], da sie die qualitative und quantitative Zuverlässigkeit der Prognose bestimmt [2]. Dies gilt insbesondere, wenn den Untersuchungen zur Standsicherheit und Gebrauchstauglichkeit nicht mehr analytische, sondern numerische Verfahren zugrunde liegen. Zu diesen numerischen Verfahren zählen z.B. die Finite-Element-Methode (FEM) oder die Diskrete-Element-Methode (DEM).

Für Untersuchungen zur Gebrauchstauglichkeit (engl.: serviceability limit state, SLS) geotechnischer Systeme ist die Anwendung der FEM und anderer numerischer Ver-fahren durchaus gängig. Im Hinblick auf Untersuchungen zur Standsicherheit (engl.: ultimate limit state, ULS) geotechnischer Systeme ergeben sich aber in der Anwen-dung numerischer Berechnungsmethoden immer wieder Fragen, die auch Gegen-stand der aktuellen Forschung sind [3].

Univ.-Prof. Dr.-Ing. Rolf Katzenbach
Technische Universität Darmstadt, Institut und Versuchsanstalt für Geotechnik, Franziska-Braun-Straße 7, 64287 Darmstadt, E-mail: katzenbach@geotechnik.tu-darmstadt.de

Dipl.-Ing. Steffen Leppla
Technische Universität Darmstadt, Institut und Versuchsanstalt für Geotechnik, Franziska-Braun-Straße 7, 64287 Darmstadt, E-mail: leppla@geotechnik.tu-darmstadt.de

Dipl.-Ing. Hendrik Ramm
Technische Universität Darmstadt, Institut und Versuchsanstalt für Geotechnik, Franziska-Braun-Straße 7, 64287 Darmstadt, E-mail: ramm@geotechnik.tu-darmstadt.de

Dr.-Ing. Gregor Bachmann
ITASCA Consultants GmbH, Leithestraße 111, 45886 Gelsenkirchen, E-mail: g.bachmann@itasca.de

Die derzeitigen normativen Regelungen erlauben zwar die Anwendung numerischer Berechnungsmethoden, gehen aber nicht explizit auf die Anforderungen ein [4]. Daher wurden mit [5] ergänzende Regelungen entwickelt. Diese ergänzenden Regelungen umfassen z.B. die Wahl der Materialgesetze, die Festlegung von Randbedingungen und geometrischen Abmessungen sowie die Diskretisierung eines FE-Modells.

Für die numerische Untersuchung der Standsicherheit (ULS) gibt es prinzipiell zwei Möglichkeiten:

- φ-c-Reduktion (engl.: strength reduction method):
  Bei der φ-c-Reduktion wird die Festigkeit des Bodens bzw. Fels künstlich reduziert, bis ein definiertes Versagenskriterium erfüllt ist. Diese Methode wurde in [6] erstmals erläutert und ist in der Zwischenzeit Grundlage für viele numerische Un-tersuchungen zur Standsicherheit von Böschungen [7, 8, 9].
- Numerische Probebelastungen (engl.: numerical load test method):
  Die numerischen Untersuchungen erfolgen mit charakteristischen Festigkeit-keitsparametern des Bodens bzw. Fels. Damit können z.B. Flachgründungen, klassische Tiefgründungen oder die Kombinierte Pfahl-Plattengründung (KPP) [10, 11, 12, 13] untersucht werden.

Da das gesamte Thema der Modellbildung in der Geotechnik überaus vielfältig ist, werden im vorliegenden Beitrag einige ausgewählte Aspekte betrachtet.

11.2 Reduktion der Scherparameter (φ-c-Reduktion) zur numerischen Bestimmung der Standsicherheit

11.2.1 Grundlagen der φ-c-Reduktion

Während in [6] zur Untersuchung der Standsicherheit einer Böschung nur die Kohäsion reduziert wurde, werden auf Basis neuerer Forschungen sowohl der Reibungswinkel φ als auch die Kohäsion c gleichmäßig reduziert. Für beide Scherparameter wird ein einheitlicher Sicherheitsfaktor gemäß Gleichung (11.1) definiert:

$$\eta = \frac{\tan\varphi_k}{\tan\varphi_{\text{Bruch}}} = \frac{c_k}{c_{\text{Bruch}}} \tag{11.1}$$

In [14] werden zwei grundsätzliche Möglichkeiten zur φ-c-Reduktion beschrieben:

Methode 1: Die numerische Berechnung erfolgt mit den in-situ Scherparametern im Initialspannungszustand. Anschließend wird die Herstellung des geotechnischen Bauwerks simuliert. Zur Bestimmung der Standsicherheit werden dann die Scherparameter sukzessive reduziert, bis kein Gleichgewicht im System ermittelt werden kann $(\varphi_{Bruch}, c_{Bruch})$.

Methode 2: Die numerische Berechnung erfolgt von Beginn an mit reduzierten Scherparametern. Zur Bestimmung der Standsicherheit müssen bei dieser Methode mehrere Einzelberechnungen durchgeführt werden.

Beide Verfahren sind in Abbildung 11.1 schematisch dargestellt. Beide Methoden werden nachfolgend in für die Baupraxis typischen Beispielen untersucht.

11.2.2 Beispiel 1: Böschung ohne äußere Last

Für eine Verkehrstrasse wird ein Geländeeinschnitt hergestellt. Die Böschung ist 10 m hoch. Die Böschungsneigung beträgt 1:1,5, also rd. 33°. Der Baugrund wird als homogener, feinkörniger Boden angenommen. Die Scherparameter werden in Anlehnung an den Frankfurt Ton gewählt. Für die numerischen FE-Simulationen wird ein Materialgesetz mit Bruchkriterium nach Mohr-Coulomb und linearer Elastizität verwendet. Ver- und Entfestigung werden in diesem Beispiel nicht betrachtet. An der Böschungskrone wird keine äußere Last angesetzt. Es gibt keinen Einfluss aus der Grundwassersituation. Abbildung 11.2 zeigt das Böschungssystem mit den maßgebenden bodenmechanischen Parametern.

Das Versagenskriterium des Böschungssystems ist die horizontale Verschiebung der Böschungskrone. Abbildung 11.3 zeigt die ermittelten horizontalen Verschie-

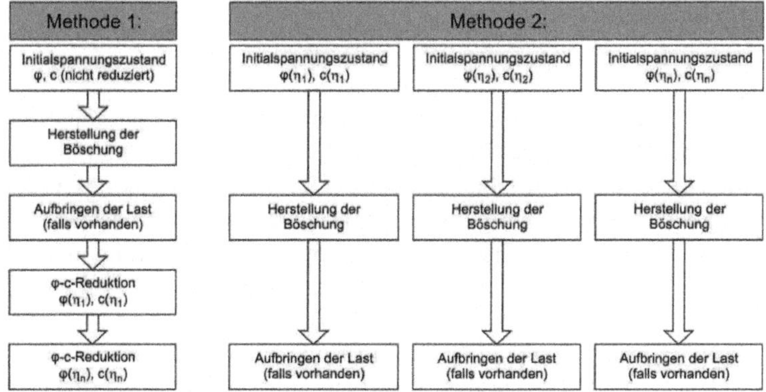

Abb. 11.1: Schematische Darstellung der beiden Methoden zur φ-c-Reduktion, hier exemplarisch für Böschungen.

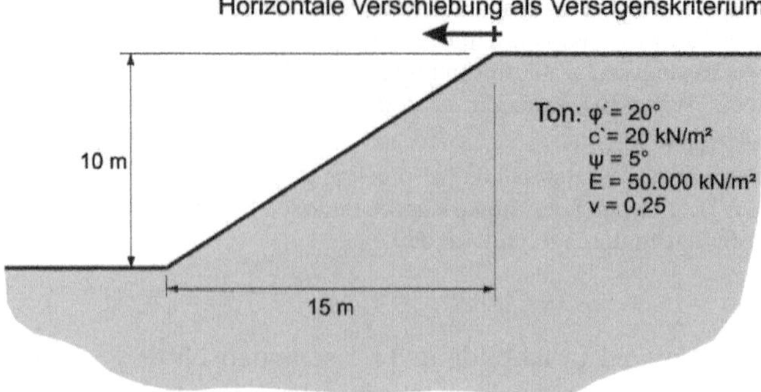

Abb. 11.2: Böschungssystem ohne äußere Last und maßgebende bodenmechanische Parameter.

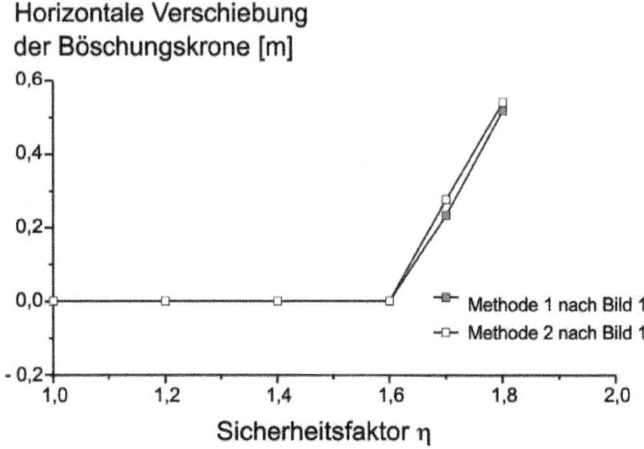

Abb. 11.3: Horizontale Verschiebung der Böschungskrone bei Variation des Sicherheitsfaktors für Beispiel 1.

bungen der Böschungskrone im Verhältnis zum gewählten Sicherheitsfaktor für die vorgenannten Methoden 1 und 2. Es zeigt sich, dass für das gewählte Beispiel beide Methoden die gleichen Ergebnisse liefern. Der Sicherheitsfaktor beträgt $\eta = 1{,}6$. Bei größeren Sicherheitsfaktoren und damit größerer Reduktion der Scherparameter beginnt sich die Böschungskrone deutlich in horizontaler Richtung, d.h. in Bildebene nach links, zu verschieben.

Die Abbildungen 11.4 und 11.5 zeigen für die Methoden 1 und 2 die Zonen hoher plastischer Dehnungen, die das Scherband eines Böschungsbruches andeuten. Beide Methoden liefern die gleiche Scherbandentwicklung. Der Maximalwert der plastischen Dehnungen ist nahezu gleich. Es wird aber deutlich, dass das Scherband, das mit Methode 1 berechnet wurde, diffuser ist als das Scherband, das mit

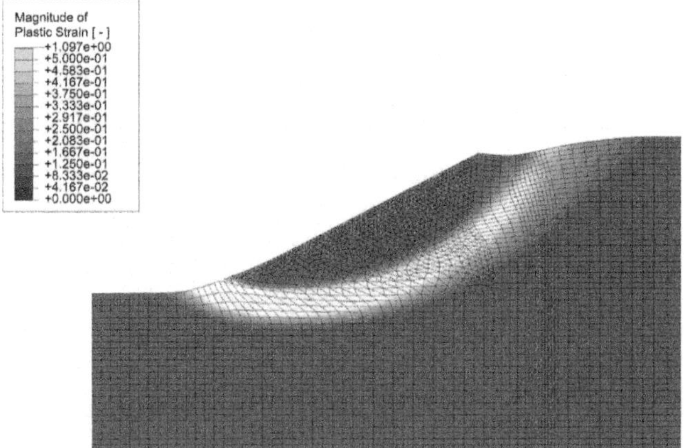

Abb. 11.4: Scherbandentwicklung einer Böschung ohne äußere Last (Methode 1 nach Abbildung 11.1).

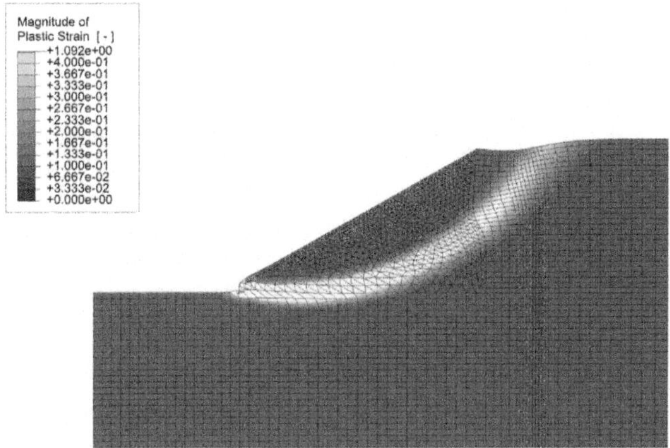

Abb. 11.5: Scherbandentwicklung einer Böschung ohne äußere Last (Methode 2 nach Abbildung 11.1).

Methode 2 berechnet wurde. Insgesamt sind die Verformungen in Abbildung 11.4 (Methode 1) größer als in Abbildung 11.5 (Methode 2). Dies ist in der Akkumulation der Deformationen während der einzelnen Berechnungsschritte von Methode 1 begründet.

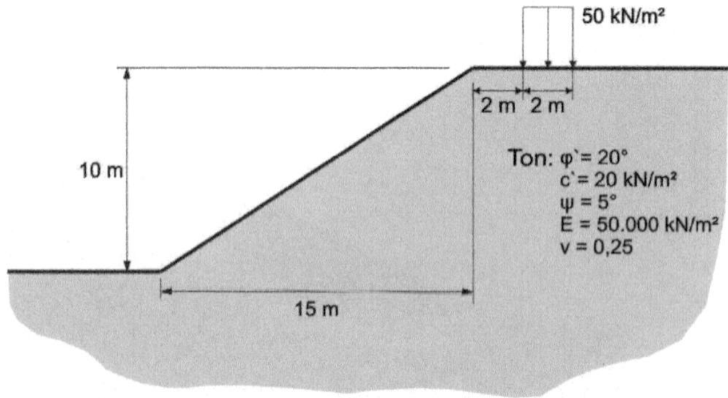

Abb. 11.6: Böschungssystem mit äußerer Last und maßgebenden bodenmechanischen Parametern.

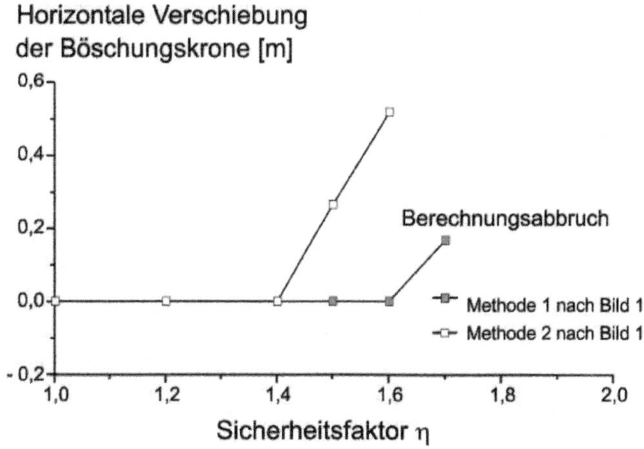

Abb. 11.7: Horizontale Verschiebung der Böschungskrone bei Variation des Sicherheitsfaktors für Beispiel 2.

11.2.3 Beispiel 2: Böschung mit äußerer Last

Grundsätzlich ist das Böschungssystem gleich dem System in Beispiel 1. Gegenüber Beispiel 1 wird aber an der Böschungskrone eine äußere Last angesetzt. Abbildung 11.6 zeigt das Böschungssystem mit den maßgebenden bodenmechanischen Parametern und der äußeren Last.

Als Versagenskriterium des Böschungssystems wird wieder die horizontale Verschiebung der Böschungskrone herangezogen. Abbildung 11.7 zeigt die ermittelten horizontalen Verschiebungen der Böschungskrone im Verhältnis zum gewählten Sicherheitsfaktor für die Methoden 1 und 2. Bei diesem Beispiel liefern die beiden Methoden unterschiedliche Ergebnisse. Die mit Methode 1 berechnete Sicherheit

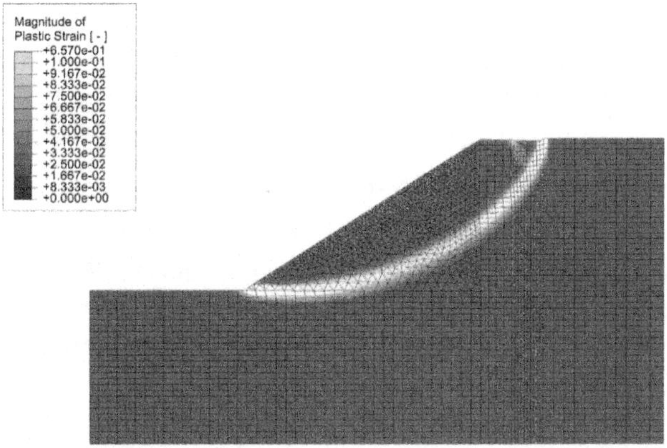

Abb. 11.8: Scherbandentwicklung einer Böschung mit äußerer Last (Methode 1 nach Abbildung 11.1).

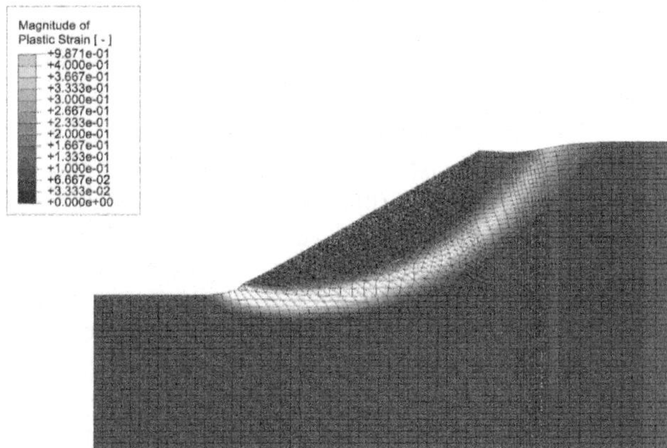

Abb. 11.9: Scherbandentwicklung einer Böschung mit äußerer Last (Methode 2 nach Abbildung 11.1).

ist mit η = 1,6 größer als die mit Methode 2 berechnete Sicherheit von η = 1,4. Die Verwendung von Methode 2 für dieses Beispiel liegt damit auf der sicheren Seite.

Die Abbildungen 11.8 und 11.9 zeigen für die Methoden 1 und 2 die Zonen hoher plastischer Dehnungen, die das Scherband eines Böschungsbruches andeuten. Der Vergleich beider Scherbänder zeigt deutliche Unterschiede. Das Scherband der Methode 1 ähnelt den Scherbändern von Modellversuchen, bei denen ein Böschungsbruch durch Belastung der Böschungskrone erzeugt wurde [15, 16]. Das Scherband der Methode 2 gleicht dem von Beispiel 1.

Es zeigt sich insgesamt, dass bei Verwendung der φ-c-Reduktion die Art der Belastung einen signifikanten Einfluss auf die Berechnungsergebnisse hat.

11.2.4 Diskussion der φ-c-Reduktion

Die φ-c-Reduktion ist eine inzwischen anerkannte und für die geotechnische Ingenieurpraxis gut anwendbare Methode zur numerischen Untersuchung der Standsicherheit von Böschungssystemen. Dabei können zwei unterschiedliche Methoden Verwendung finden:

Methode 1: Eine Berechnung mit schrittweiser Reduktion der Scherparameter.
Methode 2: Mehrere Berechnungen mit jeweils reduzierten Scherparametern.

Beide Methoden können für Böschungssysteme ohne äußere Last verwendet werden. Sind äußere Lasten zu berücksichtigen, so liefert Methode 2 geringere Sicherheiten als Methode 1.

Bei Verwendung von einfachen Festigkeitshypothesen wie z.B. nach Mohr-Coulomb ist die φ-c-Reduktion eine robuste Methode für numerische Untersuchungen [17]. Zwei Aspekte sind aber kritisch anzumerken:

- Die Gefahr von sich entwickelnden bzw. stetig fortschreitenden Bruchvorgängen (progressiver Bruch) eines Böschungssystems ist ein besonderes Phänomen [18, 19]. Dieses Phänomen tritt in Böden mit überkritischer Scherfestigkeit, z.B. in gleichförmigen, dichtgelagerten Sanden oder in überkonsolidierten Tonen mit hoher Kohäsion auf. Solche Böden neigen zu sprödem Materialverhalten. Progressive Bruchvorgänge beginnen mit einem lokal begrenzten Anstieg der Scherspannungen, bis lokales Versagen auftritt. Eine weitere Erhöhung der Scherspannungen ist nicht möglich, so dass sich auch in den benachbarten Bereichen dieser Auflockerungszone die Scherspannungen erhöhen. Die Auflockerungszone kann sich zu einem größeren Versagenskörper ausdehnen, der dann nur noch eine geringe Restscherfestigkeit hat (Abbildung 11.10) [20, 21, 22, 23, 24]. Zur vollständigen Ausbildung solcher Versagensmechanismen sind i.d.R. große Verformungen notwendig. Bei der Untersuchung der Standsicherheit von Böschungssystemen mit progressivem Bruchverhalten ist die Anwendung der φ-c-Reduktion daher mit den klassischen numerischen Programmsystemen nicht ohne weiteres möglich.
- Die Reduktion der Scherfestigkeit bedeutet einen erheblichen Eingriff in das Materialverhalten und damit eine Abkehr von der ursprünglichen Anwendung der FEM zur realistischen Simulation bodenmechanischer Vorgänge. Position und Geometrie des Scherbandes werden bekanntermaßen durch die Scherparameter maßgeblich bestimmt. Dies kann z.B. über den Coulomb'schen Ansatz mit dem

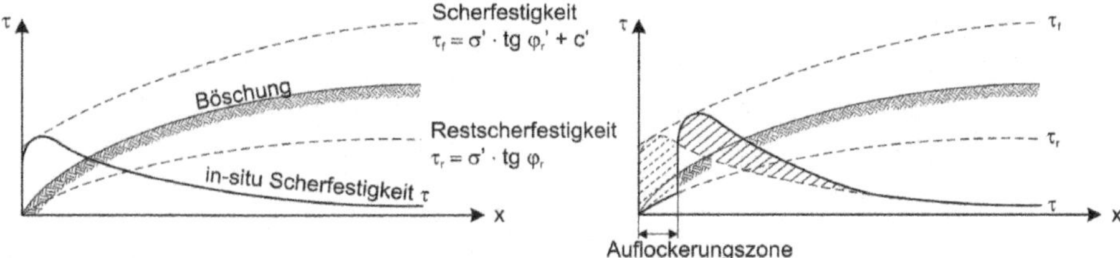

Abb. 11.10: Phänomen des progressiven Bruchs von Böschungen mit überkritischer Scherfestigkeit [24].

Reibungswinkel nach Gleichung (11.2) oder über den Ansatz von Roscoe [25] mit dem Dilatanzwinkel nach Gleichung (11.3) erfolgen. Der Anwender der φ-c-Reduktion muss sich daher bewusst sein, dass sein numerisches Modell von der physikalischen Realität abweicht.

$$\vartheta = 45^\circ + \frac{\varphi}{2} \tag{11.2}$$

$$\vartheta = 45^\circ + \frac{\psi}{2} \tag{11.3}$$

11.3 Numerische Probebelastungen zur Bestimmung der Standsicherheit

11.3.1 Grundlagen der numerischen Probebelastung

Im Gegensatz zur φ-c-Reduktion werden bei numerischen Probebelastungen geotechnischer Systeme charakteristische Materialparameter verwendet. Damit kann ein Gesamtwiderstand sowie dessen Entwicklung berechnet werden. Als Ergebnis der numerischen Probebelastung werden i.d.R. Lastverformungsbeziehungen zur Beurteilung der Standsicherheit, aber auch der Gebrauchstauglichkeit, ermittelt. Dies kann z.B. für einzelne Tiefgründungselemente erfolgen [26] oder aber auch für komplexe Gründungssysteme wie die Kombinierte Pfahl-Plattengründung (KPP) [10, 11, 12, 13].

Bei der numerischen Probebelastung wird z.B. für ein Gründungssystem die Einwir-kung solange gesteigert, bis ein Versagen eintritt, womit dann ein Sicherheitsfaktor bestimmt werden kann, Gleichung (11.4).

$$\eta = \frac{\text{Widerstand}}{\text{Einwirkung}} = \frac{R_k}{E_k} \tag{11.4}$$

Bei Beginn der Berechnungen werden die charakteristischen Lasten angesetzt. Der damit bestimmte, charakteristische Widerstand R_k ist somit eine Funktion der charakteristischen Einwirkungen und der charakteristischen Materialparameter des Bodens, Gleichung (11.5).

$$R_k = \int (E_k, \varphi_k, c_k, ...) \qquad (11.5)$$

11.3.2 Beispiel einer numerischen Probebelastung

Beispielhaft wird für einen Einzelpfahl eine numerische Probebelastung mit Hilfe der FEM durchgeführt. Das numerische Modell ist in Abbildung 11.11 dargestellt. Die Belastung erfolgt am Pfahlkopf in axialer Richtung. Der Baugrund wurde als Frankfurter Ton mit nicht-linearem Materialverhalten modelliert. Als Materialgesetz wurde ein modifiziertes Kappenmodell verwendet [27, 28]. Die wesentlichen bodenmechanischen Parameter sind in Tabelle 11.1 zusammengestellt [10, 29].

Wesentlicher Aspekt bei der Diskretisierung des numerischen Modells ist die Netzfeinheit. Dies gilt insbesondere für den Bereich der Mantelzone des Pfahles, wo relativ große Scherdehnungen auftreten. Die Netzfeinheit hat hier Einfluss auf die Berechnungsergebnisse [30].

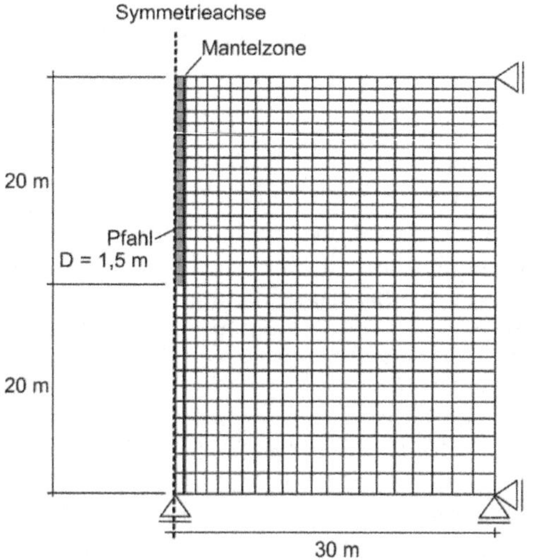

Abb. 11.11: Numerisches Modell eines Einzelpfahls.

Tab. 11.1: Bodenmechanische Parameter des Frankfurter Tons.

Materialparameter	Symbol	Dimension	Wert
Reibungswinkel	φ'	[°]	20,0
Kohäsion	c'	[kN/m²]	20,0
E-Modul	E	[MN/m²]	50
Querdehnzahl	ν	[-]	0,25
Wichte	γ	[kN/m³]	19,0

Dieser Aspekt wird durch eine Sensitivitätsanalyse erläutert. Die Abhängigkeit der Berechnungsergebnisse von der Breite b der Bodenelemente, die direkt an die Pfahlelemente grenzen, zeigt Abbildung 11.12. Dargestellt sind die Lastsetzungskurven für vom Pfahldurchmesser D abhängig variierende Breiten b der Mantelzonenelemente im Boden. Es zeigt sich, dass eine Breite von b = 0,1 D den geringsten Gesamtpfahlwiderstand R_k liefert, was der Empfehlung in [10] entspricht.

Für dieses Beispiel wurde ein Gesamtpfahlwiderstand von rd. R_k = 5,5 MN ermittelt. Dieser Gesamtpfahlwiderstand kann der Einwirkung gemäß Gleichung (11.4) in Relation gesetzt werden, um einen Sicherheitsfaktor η zu bestimmen.

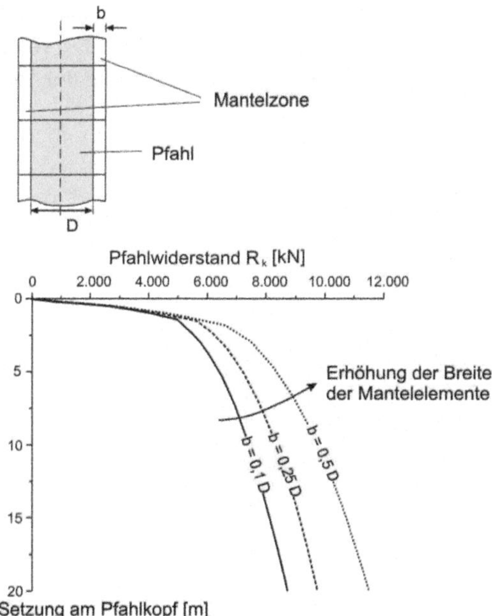

Abb. 11.12: Ergebnisse der Sensitivitätsanalyse der Mantelzone.

11.3.3 Diskussion der numerischen Probebelastung

Wenn das untersuchte System im Gegensatz zu Abbildung 11.12 keine Lastverformungsbeziehung mit deutlich erkennbarem charakteristischem Widerstand aufweist, muss ein modifizierter Ansatz gewählt werden. Dies ist z.B. bei komplexen Gründungssystemen wie der KPP der Fall.

In Abbildung 11.13 ist eine qualitative Widerstandssetzungsbeziehung dargestellt, die keinen signifikanten Grenzwert des Widerstandes aufweist. Mit steigender Belastung nimmt die Steifigkeit des Gesamtsystems kontinuierlich ab. In diesem Fall können die Einwirkungen E_k um einen globalen Sicherheitsfaktor η bzw. um die Teilsicherheitsfaktoren γ_F und γ_R erhöht werden, Gleichung (11.6).

$$R \geq \sum_{i=1}^{n} F_{i,k} \cdot \eta \qquad \text{bzw.} \qquad R \geq \sum_{i=1}^{n} F_{i,k} \cdot \gamma_{F,i} \cdot \gamma_R \tag{11.6}$$

Grundsätzlich bieten numerische Probebelastungen einige Vorteile. Sie orientieren sich an der physikalischen Realität und nutzen keine faktorisierten Materialparameter. Damit können auch Untersuchungen zur Gebrauchstauglichkeit und zu Verformungen im Bereich der Grenzwerte der Tragfähigkeit vorgenommen werden. Es wird daher empfohlen, die Untersuchung der Standsicherheit und der Gebrauchstauglichkeit von Gründungssystemen mit numerischen Probebelastungen durchzuführen.

Allerdings benötigt eine numerische Probebelastung eine äußere Einwirkung, die während der Untersuchungen gesteigert werden kann. Das Versagen des Systems ist damit von der Einwirkung abhängig. Eine Untersuchung der Stabilität von Böschun-

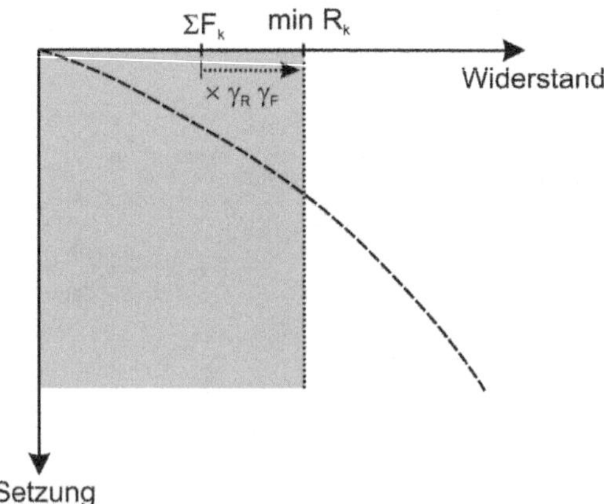

Abb. 11.13: Widerstand-Setzungs-Beziehung ohne signifikanten Grenzwert des Widerstandes

gen ohne äußere Einwirkungen ist damit nicht möglich. Hier muss die Wichte des Bodens sukzessive erhöht werden, wobei dieser Ansatz nur bei kohäsiven Böden sinnvoll ist [28, 31]. Bei Böden ohne Kohäsion ist der Scherwiderstand proportional zum Spannungsniveau, sodass bei Veränderung der Wichte keine Veränderungen im Sicherheitsniveau auftreten.

11.4 Kalibrierung numerischer Modelle

11.4.1 Grundlagen der Kalibrierung

Grundsätzlich sollen numerische Modelle die Realität so genau wie möglich abbilden. Zwar sind in den letzten Jahren die Computer und die Programmsysteme in ihrer Leistungsfähigkeit stark gewachsen, dennoch gibt es nach wie vor rechentechnische Einschränkungen. Darüber hinaus kann der meist inhomogene Baugrund nicht bis ins letzte Detail abgebildet werden. Zur Erzeugung beherrschbarer numerischer Modelle sind Simplifizierungen unumgänglich, dies ist Teil der Modellbildung.

Daher müssen zur Erzielung realitätsnaher Ergebnisse numerische Modelle kalibriert werden. Dies kann z.B. durch Nachrechnung von Labor- und Feldversuchen, von Modellversuchen bzw. von bereits durchgeführten Baumaßnahmen erfolgen [10, 32, 33, 34, 35].

11.4.2 Beispiel zur Kalibrierung numerischer Modelle

Für ein Hochhaus in sehr weichem Boden wurden zur Dimensionierung der Gründung umfangreiche numerische Untersuchungen durchgeführt, die nachfolgend zusammengefasst sind.

An der Küste von Westafrika wurde ein Hochhaus mit einer Höhe von 75 m gebaut. Das Hochhaus hat bis zu 16 Stockwerke und steht auf einer KPP. Die Anbauten sind bis zu 60 m hoch. Der gesamte Gebäudekomplex hat ein Untergeschoss. Die Gesamtlast beträgt rd. 700 MN. Aufgrund der Komplexität des Bauvorhabens wurde das Projekt in die Geotechnische Kategorie GK 3 gemäß EC 7 eingestuft. Damit gehen eine unabhängige Prüfung des Designs und die messtechnische ÃIJberwachung (Beobachtungsmethode) einher [36, 37].

Die Baugrunderkundung erfolgte bis in eine Tiefe von 80 m. An der Geländeoberfläche stehen tonige Sande an. Bis in eine Tiefe von 33 m unter Geländeoberfläche folgt eine Wechsellagerung von mitteldicht bis dicht gelagerten Sanden. Bis zur Tiefe von 80 m unter Geländeoberfläche steht eine Wechsellagerung von mitteldicht bis dicht gelagerten Sanden und Ton- und Schlufflagen mit geringer bis hoher Plastizität an. Der Grundwasserspiegel liegt knapp unter der Geländeoberfläche. Zur Bestimmung der notwendigen bodenmechanischen Materialparameter wurden Laborversuche an Probenmaterial, das aus Bohrkernen gewonnen wurde, durchgeführt. Außerdem wurde auf dem Projektareal eine Pfahlprobebelastung mit Osterberg-Zellen (O-Zellen) ausgeführt. Die Versuchsanordnung der Probebelastung ist in Abbildung 11.14 dargestellt.

Zur Ermittlung des Lastverformungsverhaltens und der inneren Kräfte der KPP wurden dreidimensionale FE-Simulationen durchgeführt. Dabei wurde das nichtlineare Materialverhalten des Bodens berücksichtigt. Zur Kalibrierung des eigentlichen Berechnungsmodells wurde eine Rückrechnung der Pfahlprobebelastung vorgenommen. Das numerische Modell mit homogenisiertem Baugrund ist in Abbildung 11.15 dargestellt.

Der Probepfahl besteht aus drei Segmenten: dem oberen Pfahlsegment 1, dem mittleren Pfahlsegment 2 zwischen der oberen und der unteren O-Zelle und dem unteren Pfahlsegment 3.

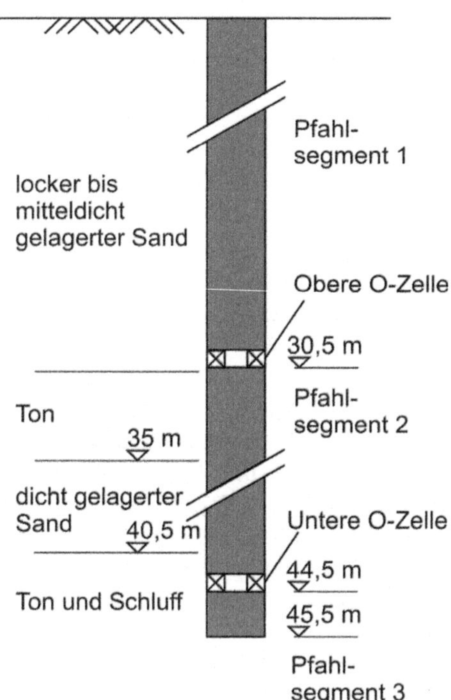

Abb. 11.14: Pfahlprobebelastung mit Osterberg-Zellen.

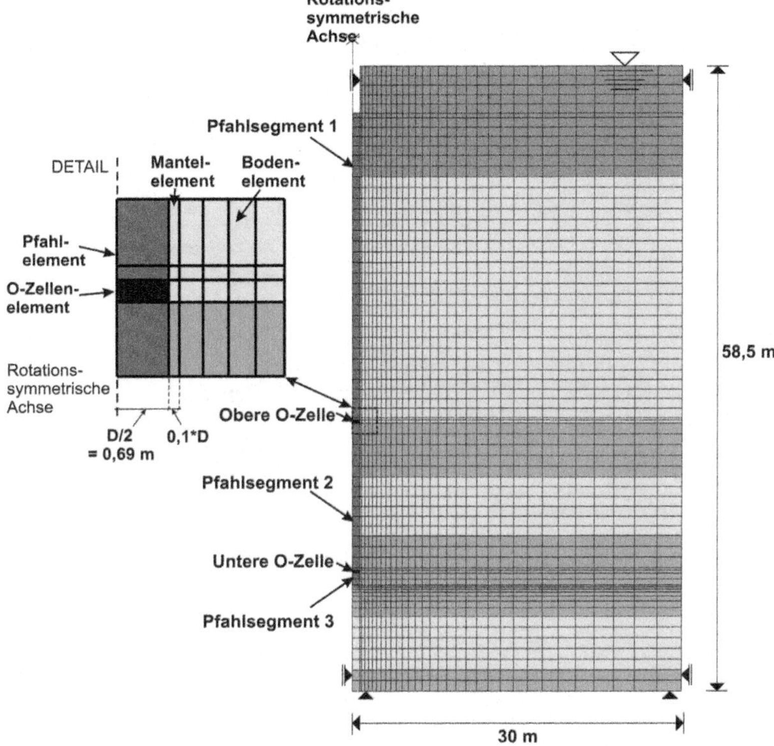

Abb. 11.15: Numerisches Modell zur Rückrechnung der Pfahlprobebelastung.

Zur Ermittlung des Pfahlfußwiderstandes und des Pfahlmantelwiderstandes wurden die O-Zellen unterschiedlich aktiviert. Zur Bestimmung des Pfahlfußwiderstandes und des Pfahlmantelwiderstandes von Pfahlsegement 3 wurde nur die untere O-Zelle aktiviert, wobei Pfahlsegment 2 als Widerlager dient. Zur Bestimmung des Pfahlmantelwiderstandes von Pfahlsegment 2 wurde die obere O-Zelle aktiviert und die untere O-Zelle drucklos geschaltet, wobei Pfahlsegment 1 als Widerlager für diese Testphase diente. Zur Bestimmung des Pfahlmantelwiderstandes von Pfahlsegment 1 wurde die obere O-Zelle aktiviert und die untere O-Zelle versteift, wobei dann die Pfahlsegmente 2 und 3 als Widerlager dienten.

Die Ergebnisse der Rückrechnung ermöglichen eine Verifizierung der labortechnisch ermittelten bodenmechanischen Parameter sowie des entwickelten Baugrundmodells. Der Vergleich der Ergebnisse der Pfahlprobebelastung und der Rückrechnung zeigt eine gute Übereinstimmung (Abbildung 11.16). Damit konnten das entwickelte Baugrundmodell sowie die verwendeten bodenmechanischen Parameter auf die eigentlichen Berechnungen zur Dimensionierung der KPP übertragen werden.

Die auf Basis der Kalibrierungsberechnungen durchgeführten numerischen Simulationen zur KPP ermöglichten eine Optimierung der Länge, der Durchmesser und der Anzahl der Pfähle. Abbildung 11.17 zeigt das finale Design der KPP. Der Pfahl-Plattenkoeffizient beträgt $\alpha_{KPP} = 0{,}8$.

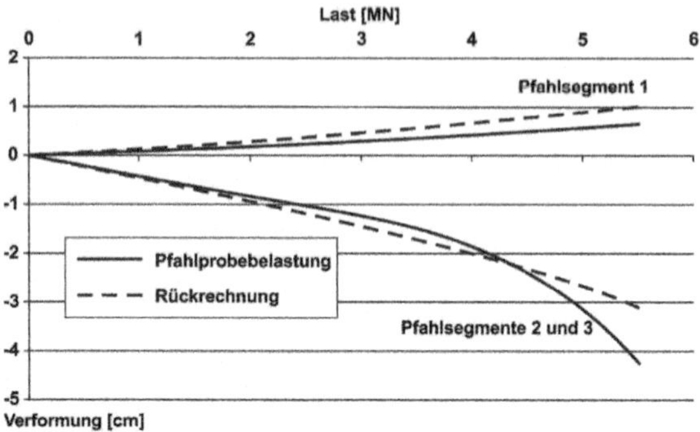

Abb. 11.16: Vergleich der Ergebnisse der Pfahlprobebelastung und der numerischen Rückrechnung.

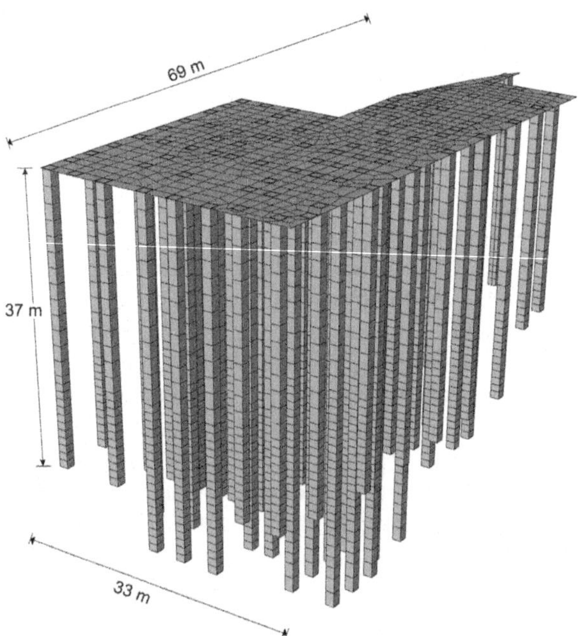

Abb. 11.17: Finales Design der KPP.

11.5 Zusammenfassung

Ein Vorteil numerischer Probebelastungen ist, dass diese ohne eine Abminderung der Materialparameter durchgeführt werden, was zu realistischen Berechnungsergebnissen führt. Im Rahmen einer numerischen Probebelastung erhält man eine kontinuierliche Information zum Last-Verformungsverhalten der untersuchten geotechnischen Konstruktion. Somit eignet sich diese Methode sehr gut für Untersuchungen sowohl der Standsicherheit als auch der Gebrauchstauglichkeit von Gründungssystemen.

Andererseits erfordert die numerische Probebelastung eine äußere Last, die sukzessive gesteigert werden kann. Demnach haben diese Untersuchungen z.B. bei Böschungen mit äußerer Last nichts mit dem eigentlichen Nachweis der Gesamtstandsicherheit (Böschungsbruch) nach Eurocode 7 zu tun.

Für Systeme ohne äußere Lasten, kann die Laststeigerung nur durch Erhöhung der Gravitation erfolgen [28, 31]. Dieser Ansatz ist aber nur dann sinnvoll, wenn ausgeprägt kohäsive Böden untersucht werden. Bei reinen Reibungsböden kann aufgrund des linearen Coulomb'schen Reibungsgesetzes keine Änderung des Sicherheitsniveaus erzielt werden.

Abschließend gilt festzuhalten, dass alle bodenmechanischen Modellbildungen, auch die numerischen Modelle, vor der Anwendung in der Baupraxis validiert werden müssen. Hierzu dienen Rückrechnungen von Labor- und Feldversuchen, von Modellversuchen bzw. von bereits durchgeführten Baumaßnahmen. Nur so kann gewährleistet werden, dass das entwickelte numerische Modell eine qualitativ und quantitativ zuverlässige Prognose ermöglicht und Berechnungsergebnisse auch für die Bemessung der geotechnischen Konstruktion herangezogen werden können.

Literaturverzeichnis

1. Keitel, H., Werner, F. (2013): Zur Bedeutung der Modellbildung für die Ingeni-eurpraxis. Bautechnik, Sonderdruck „Modellqualitäten", Ernst & Sohn Verlag, Berlin, 6-11.
2. Keitel, H., Stutz, H., Jung, B., Motra, H.B. (2013): Prognosequalität eines Ge-samtmodells - Einfluss verschiedener Kopplungsszenarien auf die Interaktion Struktur-Boden. Bautechnik, Sonderdruck „Modellqualitäten", Ernst & Sohn Verlag, Berlin, 19-25.
3. Grabe, J. (Hrsg.) (2013): Workshop Bemessen mit numerischen Methoden. Veröffentlichungen des Institutes Geotechnik und Baubetrieb der Technischen Universität Hamburg-Harburg, Heft 27.
4. Katzenbach, R., Gutberlet, C., Bachmann, G. (2007): Anforderungen an die Anwendung numerischer Standsicherheitsnachweise im Erd- und Grundbau. Bauingenieur 82, Heft 5, Springer VDI Verlag, Düsseldorf, 199-205.
5. Deutsche Gesellschaft für Geotechnik e.V. DGGT (2014): Empfehlungen des Arbeitskreises Numerik in der Geotechnik - EANG. Ernst & Sohn Verlag, Berlin.
6. Zienkiewicz, O.C., Humpheson, C., Lewis, R.W. (1975): Associated and non-associated viscoplasticity and plasticity in soil mechanics. Géotechnique 25, 671-689.

7. Lane, P.A., Griffiths, D.V. (1997): Finite element slope stability analysis - Why are engineers still drawing circles? 6th International Symposium on Numerical Models in Geomechanics, 2.-4. Juli, Montreal, Kanada, 589-593.
8. Dawson, E.M., Roth, W.H., Drescher, A. (1999): Slope stability analysis by strength reduction. Géotechnique 49, 835-840.
9. Barla, M., Barla, G., Semeraro, F., Aiassa, S. (2005): Slope stability analysis of an Italian case study with the strength reduction method. 11th International Conference of the International Association of Computer Methods and Ad-vances in Geomechanics, 19.-24. Juni, Turin, Italien, 473-480.
10. Reul, O. (2000): In-situ-Messungen und numerische Studien zum Tragverhal-ten der Kombinierten Pfahl-Plattengründung. Mitteilungen des Institutes und der Versuchsanstalt für Geotechnik der Technischen Universität Darmstadt, Heft 53.
11. Hanisch, J., Katzenbach, R., König, G. (2002): Kombinierte Pfahl-Plattengründungen. Ernst & Sohn Verlag, Berlin.
12. Katzenbach, R., Bachmann, G., Gutberlet, C. (2007): Soil-structure interaction of deep foundations and the ULS design philosophy. XIVth European Conference on Soil Mechanics and Geotechnical Engineering, 24.-27. September, Madrid, Spanien, Vol. 1, 55-59.
13. Katzenbach, R., Leppla, S., Ramm, H. (2013): Combined Pile-Raft Foundation - Theory and practice. Design and analysis of pile foundations, Dar Khettab Press, Boudouaou, Algerien, 262-291.
14. Schweiger, H.F. (2005): Application of FEM to ULS design (Eurocode) in sur-face and near surface structures. 11th International Conference of the Interna-tional Association of Computer Methods and Advances in Geomechanics, 19.-24. Juni, Turin, Italien, 419-430.
15. Garnier, J., Canepa, Y., Corte, J.F., Bakir, N.E. (1994): Etude de la portance de foundations en bord de talus. XIIIth International Conference on Soil Mechanics and Foundation Engineering, 5.-10. Januar, Neu Delhi, Indien, Vol. 2, 705-708.
16. Huang, C.-C., Tatsuoka, F., Sato, Y. (1994): Failure mechanisms of reinforced sand slopes loaded with a footing. Soils and Foundations 34, No. 2, 27-40.
17. Katzenbach, R., Bachmann, G., Gutberlet, C. (2008): Requirements on the application of numerical methods on ULS proofs in geotechnics. 12th Confer-ence of the International Association for Computer Methods and Advances in Geomechanics, 1.-6. Oktober, Goa, Indien, 513-523.
18. Skempton, A.W. (1964): Long-term stability of clay slopes. Géotechnique 14, 77-102.
19. Bjerrum, L. (1968): Progressive failure in slopes of overconsolidated plastic clay and clay shales. 3rd Terzaghi Lecture, Norwegian Geotechnical Institute, Oslo, Norwegen, No. 77.
20. Tatsuoka, F., Okahara, M., Tanaka, T., Tani, K., Morimoto, T., Siddiquee, M.S.A. (1991): Progressive failure and particle size effect in bearing capacity of a footing on sand. Geotechnical Engineering Congress, ASCE Geotechnical Special Publication 27, 788-802.
21. Gilbert, R.B., Long, J.H., Moses, B.E. (1996): Analytical model of progressive slope failure in waste containment systems. International Journal for Numerical and Analytical Methods in Geotechnics 20, 35-56.
22. Fang, Y.-S., Ho, Y.-C., Chen, T.-J. (2002): Passive earth pressure with critical state concept. Journal of Geotechnical and Geoenvironmental Engineering, Vol. 128, Issue 8, 651-659.
23. Gudehus, G. (2006): Eingeschränkt duktile geotechnische Tragsysteme. Vor-träge der Baugrundtagung 2006 in Bremen, VGE Verlag, Essen, 187-199.
24. Breth, H., Wanoschek, H.R. (1970): Der Einfluss der Restscherfestigkeit auf die Entstehung und den Ablauf von Rutschungen. Bauingenieur 45, Heft 9, Springer Verlag, Berlin, 318-322.
25. Roscoe, K.H. (1970): The influence of strains in soil mechanics. Géotechnique 20, 129-170.
26. Potts, D.M. (2003): Numerical analysis: a virtual dream or practically reality. Géotechnique 53, 535-573.
27. Drucker, D.C., Prager, W. (1952): Soil mechanics and plastic analysis or limit design. Quarterly of Applied Mathematics 10, 157-165.
28. Chen, W.F., Mizuno, E. (1990): Nonlinear analysis in soil mechanics - theory and implementation. Developments in Geotechnical Engineering 53, Elsevier, Rotterdam, Niederlande.

29. Katzenbach, R., Bachmann, G., Gutberlet, C. (2005): The importance of measurements for evaluating numerical analysis of foundations of high-rise buildings. 11th International Conference of the International Association of Computer Methods and Advances in Geomechanics, 19.-24. Juni, Turin, Ital-ien, 695-707.
30. de Borst, R. (2001): Some recent issues in computational failure mechanics. International Journal for Numerical Methods in Engineering 52, 63-95.
31. Swan, C.C., Seo Y.-K. (1999): Limit state analysis of earthern slopes using dual continuum/FEM approaches. International Journal for Numerical and Analytical Methods in Geomechanics 23, 1359-1371.
32. Katzenbach, R., Bachmann, G., Bergmann, C. (2013): Coupled Euler-Lagrange Berechnungen - Neue Simulationsmöglichkeiten in der Geotechnik. Mitteilungen des Institutes und der Versuchsanstalt für Geotechnik der Technischen Universität Darmstadt, Heft 92, 93-117.
33. Leppla, S. (2013): Salzmechanik - Modellierung des Materialverhaltens und ingenieurpraktische Anwendung. Aktuelle Forschung in der Bodenmechanik 2013 - 1. Deutsche Bodenmechanik Tagung, 7. Mai, Bochum, 113-127.
34. Katzenbach, R., Leppla, S., Krajewski, W. (2013): Innerstädtische Großbaumaßnahme und ihre Auswirkungen auf bestehende unterirdische U-Bahnbauwerke am Beispiel Frankfurt am Main: Verformungen und Auftrieb; baubegleitende Messprogramme. STUVA-Tagung 2013, 27.-29. November, Stuttgart, 181-185.
35. Katzenbach, R., Leppla, S. (2014): Deep foundation systems for high-rise buildings in difficult soil conditions. Geotechical Engineering Journal of the SEAGS & AGSSEA, Vol. 45, No. 2, 115-123.
36. Hanisch, J., Katzenbach, R., König, G. (2002): Kombinierte Pfahl-Plattengründungen. Ernst & Sohn Verlag, Berlin.
37. International Society of Soil Mechanics and Geotechnical Engineering (2013): Combined Pile-Raft Foundation Guideline. Ed. Katzenbach, R., Choudhury, D., Darmstadt.

Kapitel 12
Untersuchungen zum Ansatz der Baugrundsteifigkeit bei der gesamtdynamischen Berechnung von WEA

Arne Quast

Zusammenfassung Bei der Planung von Windenergieanlagen werden gesamtdynamische Berechnungen ausgeführt. Die Ermittlung der Turmeigenfrequenzen ist für die Auslegung der WEA entscheidend, da die Anregungsfrequenzen, wie die Rotorfrequenz und die Blattdurchgangsfrequenz, nicht mit der Eigenfrequenz zusammenfallen dürfen. Einen entscheidenden Einfluss auf die Turmeigenfrequenz hat die Turmhöhe bzw. die Turmsteifigkeit und die Turmmasse bzw. das Eigengewicht des Rotors und der Gondel sowie die Gründungssteifigkeit. Die Gründungssteifigkeit wird bei der gesamtdynamischen Berechnung in der Regel durch den Ansatz von Federn berücksichtigt. Zur Sicherstellung eines genügend großen Abstandes zwischen Erregerfrequenzen und Eigenfrequenz wird in den Typenprüfungen eine Mindestdrehfedersteifigkeit der Gründung gefordert, die in einem Baugrundgutachten für jeden Standort der WEA nachzuweisen ist. Die Drehfedersteifigkeit ist abhängig von der Fundamentgeometrie und der Baugrundsteifigkeit.

Der vorliegende Beitrag zeigt auf Basis von numerischen Berechnungen mit dem Verfahren der äquivalenten Bodensteifigkeit, dass der Ansatz des „dynamischen" Schubmoduls bei Onshore-WEA zu große Drehfedersteifigkeiten liefert. Aus den Ergebnissen einer Parameterstudie wurde ein Bemessungsdiagramm entwickelt, mit dem für die vorhandenen Gegebenheiten die Größe der Bodendrehfedersteifigkeit direkt ermittelt werden kann.

Dr.-Ing. Arne Quast
Grundbauingenieure Steinfeld und Partner GbR, Reimersbrücke 5, 20457 Hamburg, E-mail: a.quast@steinfeld-und-partner.de

12.1 Einleitung

Der Atomausstieg sowie die geforderte Reduzierung des Ausstoßes an Treibhausgasen bedingen einen weiteren Ausbau der regenerativen Energien. Hierzu gehört neben Wasserkraft und Solarenergie zunehmend die Windenergie.

Aufgrund der vergleichsweise geringen Stromgestehungskosten bei Windenergieanlagen an Land wird der weitere Ausbau gefördert. Auch in Zukunft werden daher zahlreiche neue Anlagen errichtet oder ältere durch größere Analgen ersetzt (Repowering).

Im Zuge der Planung der WEA werden gesamtdynamische Berechnungen von Rotor, Gondel, Turm und Fundament ausgeführt, bei denen in der Regel zur Berücksichtigung der Gründungseigenschaften lineare Federn angesetzt werden. Zur Ermittlung der in den Typenprüfungen geforderten Mindestdrehfedersteifigkeit wird üblicherweise der „dynamische“ Steifemodul angesetzt. Dieser Steifemodul gilt aber nur für sehr kleine Dehnungen, wie sie z. B. bei hochfrequenten Belastungen auftreten. Die wesentlichen Einwirkungsgrößen aus Wind sind aber zum Teil so niederfrequent, dass dieser Ansatz in Frage gestellt werden muss.

Im Folgenden wird die Wechselwirkung von WEA-Fundamenten an Land mit dem anstehenden Boden betrachtet und eine Methode vorgestellt, mit der ein realistischer Ansatz der Baugrundsteifigkeit für die Berechnung von WEA-Strukturen möglich ist. Auf diese Weise soll der bearbeitende Ingenieur schnell abschätzen können, welche Bodensteifigkeit in situ erforderlich ist, damit unter den zu erwartenden Einwirkungen die erforderliche Drehfedersteifigkeit der Gründung nicht unterschritten wird.

12.2 Generelle Grundlagen zur Auslegung von WEA-Strukturen

12.2.1 Anregung und Nachweise

Die dynamische Anregung des Turmes erfolgt maßgeblich durch die Drehfrequenz des Rotors (1P) oder durch die dreimal größere Blattdurchgangsfrequenz (3P). Die Anregung mit der einfachen Rotorumdrehung resultiert aus Massenunwuchten der einzelnen Rotorblätter, die bei der Herstellung nie ganz verhindert werden können. Die Anregung mit der Blattdurchgangsfrequenz entsteht durch eine unsymmetrische Anströmung des Rotors, wie z. B. durch den Turmvorstau. Vor dem Turm wird die Luftströmung abgebremst und um den Turm herum gelenkt. Bei jeder Blattpassage kommt es hierbei zu einem kurzzeitigen Einbruch der aerodynamischen Kräfte und somit zu einem Belastungsimpuls.

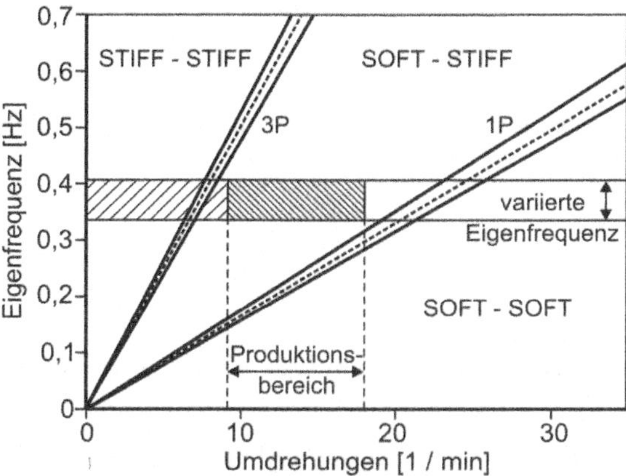

Abb. 12.1: Campbell Diagramm für eine WEA mit soft-stiff Auslegung [1]

Üblicherweise werden bei Stahlrohrtürmen aufgrund der grossen Materialersparnis weichere Türme (soft-stiff) verwendet. Deshalb muss beim Hochfahren der Anlage der Turmresonanzbereich kontrolliert durchfahren werden. Im Bereich der kritischen Rotordrehzahl wird der Generator für einen kurzen Moment vom Netz genommen, so dass die Anlage im Leerlauf den Resonanzbereich schnell durchlaufen kann [11]. Im Produktionsbetrieb muss stets ein Mindestabstand von 5 % zu den wesentlichen Anregungsfrequenzen gewährleistet sein. In Abbildung 12.1 ist beispielhaft ein Campbell-Diagramm für eine soft-stiff Anlage mit den entsprechenden Anregungen dargestellt.

Die Gründung einer Onshore-WEA besteht in der Regel aus einer massiven Stahlbetonplatte mit großen Abmessungen. Häufig werden kreisförmige (bzw. achteckige oder sechzehneckige und damit annähernd kreisförmige) oder quadratische Grundrissformen gewählt. Das Fundament ist entweder flach direkt auf einem ausreichend tragfähigen Baugrund gegründet oder die Bauwerkslasten werden über Pfähle tief in den Baugrund eingeleitet. Das Fundament kann zur Erhöhung der Kippsicherheit zusätzlich mit Boden überschüttet werden. Von einigen Herstellern wird dieses sogar gefordert, da eine definierte Überschüttung bereits in den Standsicherheitsnachweisen berücksichtigt wurde, um so Fundamentmasse einzusparen.

Bei einer Flachgründung muss der Baugrund i.d.R. abhängig von der Anlage eine bestimmte zulässige Kantenpressung aufnehmen können sowie eine statische und dynamische Mindestdrehfedersteifigkeit aufweisen.

Die Windeinwirkung auf den Rotor stellt die größte Einwirkung dar. In der Regel ist hierbei die Windeinwirkung bei Betrieb der Anlage unter Nennleistung am größten.

Die Gründungssteifigkeit wird in der Regel als Drehfeder des anstehenden Bodens berücksichtigt. Die Größe der Drehfedersteifigkeit hat einen entscheidenden Einfluss auf die Eigenfrequenz des Turmes. Damit zwischen der Erregerfrequenz und der Eigenfrequenz des Turmes ein genügend großer Abstand besteht, wird eine Mindestdrehfedersteifigkeit gefordert, die vom Bodengutachter zu überprüfen bzw. nachzuweisen ist. Falls der Baugrund zu weich ist, werden Baugrundverbesserungsmaßnahmen oder Pfahlgründungen erforderlich.

12.2.2 Angaben in den Regelwerken und Richtlinien

In Deutschland werden die Auslegungsanforderungen zur Sicherstellung der technischen Integrität von Windenergieanlagen in der DIN EN 61400-1 [7] geregelt. Die DIN EN 61400-1 beschränkt sich hierbei weitgehend auf die Bestimmung der Einwirkungen und auf die Festlegung der Auslegungsanforderungen.

Nach der DIBt-Richtlinie für Windenergieanlagen „Einwirkungen und Standsicherheitsnachweise für Turm und Gründung“ [5] ist für die gesamtdynamische Berechnung die Gründung mit den entsprechenden Bodeneigenschaften zu berücksichtigen. Hieraus folgt, dass die tatsächliche Bodensteifigkeit in die Berechnung mit einbezogen werden muss und nicht von einer Festeinspannung des Turmes ausgegangen werden darf.

Darüber hinaus erlaubt die DIBt-Richtlinie für Horizontalachsanlagen auch die Möglichkeit einer vereinfachten Berechnung. Hierbei muss jedoch für den dauernden Betrieb gewährleistet sein, dass zwischen den Eigenfrequenzen des Turmes $f_{0,n}$ und den Erregerfrequenzen f_R bzw. $f_{R,m}$ ein ausreichender Abstand nach den folgenden Gleichungen vorhanden ist.

$$\frac{f_R}{f_{0,1}} \leq 0,95 \tag{12.1}$$

$$\frac{f_{R,m}}{f_{0,n}} \leq 0,95 \quad \text{oder} \quad \frac{f_{R,m}}{f_{0,n}} \geq 1,05 \tag{12.2}$$

mit

f_R	max. Drehfrequenz des Rotors im normalen Betrieb
$f_{0,1}$	erste Eigenfrequenz des Turmes
$f_{R,m}$	Durchgangsfrequenz der m Rotorblätter
$f_{0,n}$	n-te Eigenfrequenz des Turmes .

Auch bei der vereinfachten Berechnung ist der Einfluss der Gründung zu berücksichtigen. Wie dieses im Einzelnen zu erfolgen hat, wird in der Richtlinie jedoch nicht angeben.

In der von Det Norske Veritas herausgegebene Richtlinie „Guidelines for Design of Wind Turbines“ [3] wird als typischer Wert der Schubdehnung für Anregungen

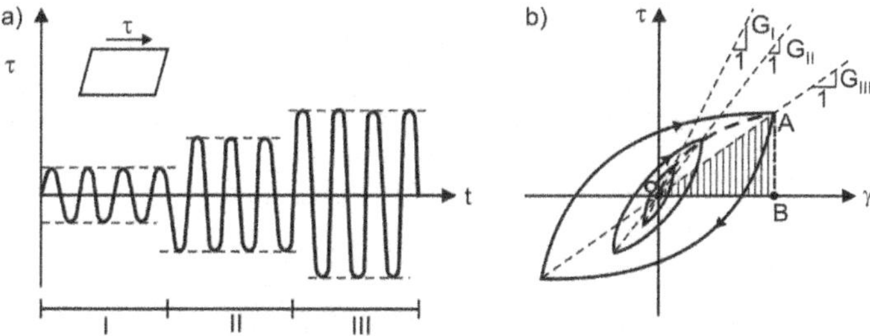

Abb. 12.2: Harmonische Belastung: a) Lastamplituden; b) zugehörige Hystereseschleifen [14]

durch Wind und Wellen ein Wert von 10^{-3} angegeben. In der Richtlinie DNV [3] bleibt offen, für welchen Federtyp dieser Wert gilt.

Die durch Wind erzeugte Anregung von Onshore-Windenergieanlagen ist hierbei von so geringer Frequenz, dass nach der Richtlinie DNV [3] die statische Federsteifigkeit verwendet werden kann.

12.2.3 Bodenkennwerte

Bei der Auswertung von Laborversuchen mit Ottawa Sand haben Drnevich [8] und später auch Hardin [10] festgestellt, dass der Schubmodul mit wachsender Dehnung abnimmt. Wie in Abbildung 12.2 dargestellt, erhöht sich mit steigender Lastamplitude τ die Dehnungsamplitude, wobei sich gleichzeitig der mittlere Schubmodul verringert (Sekantenmodul, GI > GII > GIII). Der Sekantenmodul kann hierbei als äquivalente Steifigkeit des Systems betrachtet werden. Die Fläche unter der Hysteresekurve zeigt den Energieverlust pro Zyklus, welcher mit steigender Dehnung zunimmt. Mit größerer Schubdehnung nimmt also der Schubmodul ab und die Materialdämpfung steigt an.

Dieses Phänomen setzt ab einer Schubdehnung oder Schubverzerrung von $\gamma \approx 5 \times 10^{-6}$ bis 5×10^{-6} ein. Vorher verhält sich der Boden weitgehend linear elastisch und es gilt der Schubmodul bei kleinen Dehnungen G_{max}. Bei entsprechend großer dynamischer Verformung kann der Schubmodul unter 20 % von G_{max} absinken [9]. Für baupraktische Zwecke muss also immer der zur auftretenden Dehnung gehörige Schubmodul angesetzt werden.

Anstatt als Ergebnis der zyklischen Laborversuche die Hystereseschleifen anzugeben, werden in der Regel Kurven mit der Abnahme des Schubmoduls und der Zunahme der Dämpfung gezeigt (siehe Abb. 12.3). Hierbei wird die Beziehung zwischen Sekantenmodul bzw. Dämpfungskapazität und Scherdehnung aufgetra-

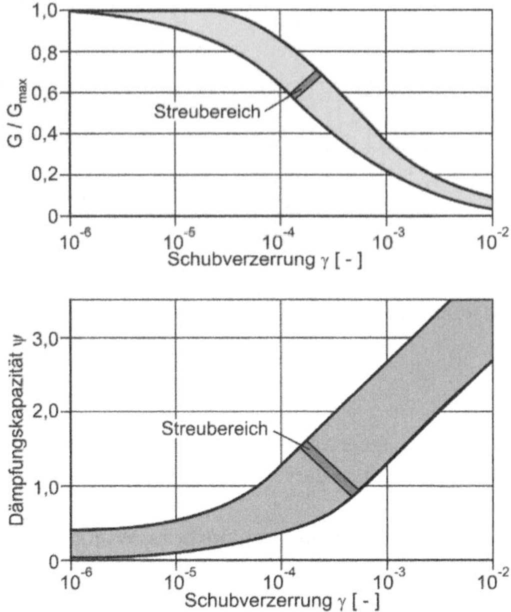

Abb. 12.3: Abhängigkeit des Schubmoduls und der Dämpfung von der auftretenden Schubverzerrung [15]

gen, wobei der Sekantenmodul auf den Anfangsschubmodul, also den Schubmodul bei kleinen Dehnungen, G_{max}, normiert wird.

Der Schubmodul ist der wichtigste Parameter zur Beschreibung des dynamischen Verhaltens des Bodens. Für die meisten Berechnungsgleichungen und insbesondere zur Bestimmung der Feder- und Dämpfersteifigkeiten ist der Schubmodul als Eingangsparameter erforderlich.

Der statische Steifemodul beschreibt zusammen mit der Querkontraktionszahl das Verformungsverhalten des Bodens unter bautechnisch „üblichen“ Belastungen. Wie aus Abbildung 12.4 ersichtlich, steht der statische Steifemodul Es in einem direkten Verhältnis zum Steifemodul Es,max für sehr kleine Dehnungen.

12.2.4 Übliches Vorgehen in der Praxis

Windenergieanlagen sind überwiegend Serienprodukte, die weitgehend gleichbleibende Eigenschaften besitzen. Für jede einzelne Anlage ist es deshalb nicht erforderlich, eine spezielle Statik zu erstellen. Die statischen Berechnungen erfolgen

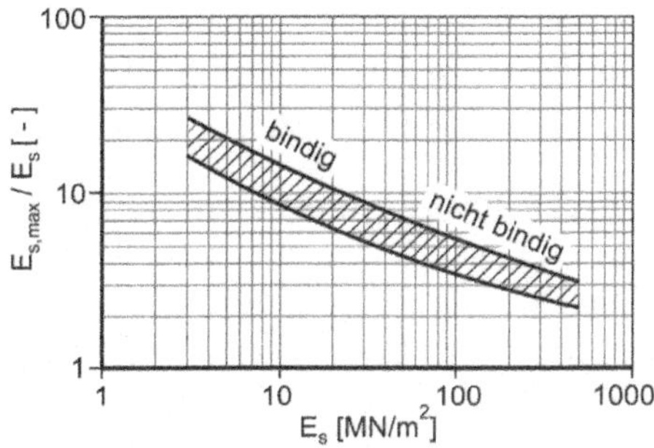

Abb. 12.4: Verhältnis des „dynamischen“ Steifemoduls zum statischen Steifemodul [4]

in der Regel in Form einer Typenstatik. Sie gilt für alle Anlagen gleichen Typs bzw. gleicher Bauart, d.h. mit gleicher Leistung, Nabenhöhe, Einbindetiefe, Fundamentform und gleichem Rotordurchmesser sowie für eine spezielle Windzone. Für die speziellen standortbezogenen Baugrundeigenschaften werden in der Typenstatik zunächst Annahmen getroffen, die später für jeden Aufstellungsort durch ein Baugrundgutachten zu bestätigen sind. Im Einzelnen werden in der Typenstatik Mindestanforderungen an den statischen und dynamischen Steifemodul oder direkt an die statische und dynamische Drehfedersteifigkeit sowie an die zulässige Sohlnormalspannung und die Kantenpressung gestellt.

Mit der geforderten Bodensteifigkeit werden im Zuge der Typenprüfung gesamtdynamische Berechnungen durchgeführt und es wird somit nachgewiesen, dass die Turmeigenfrequenzen nicht im Bereich der Anregungsfrequenzen liegen. Üblicherweise wird zur Ermittlung der dynamischen Mindestdrehfedersteifigkeit von kreisförmigen Fundamenten die folgende Formel verwendet

$$K_\varphi = \frac{8 \times G_{\max} \times r^3}{3(1-\nu)} \tag{12.3}$$

oder es wird direkt ein „dynamischer“ Mindeststeifemodul nach folgender Formel gefordert

$$E_{s,\max} = K_\varphi \times \frac{3}{4} \times \frac{1}{r^3} \times \frac{(1+\nu) \times (1-\nu)^2}{1-\nu-2\nu^2} \tag{12.4}$$

mit K_φ Drehfedersteifigkeit
$E_{s,\max}$ Steifemodul bei kleinen Dehnungen
r Fundamentradius
ν Querkontraktionszahl.

Anhand der o.g. Formel können dann in Abhängigkeit der Querkontraktionszahl Tabellen für die Mindestwerte der dynamischen Steifemoduln erstellt werden, die im Baugrundgutachten zu bestätigen sind.

Mit der Formel für die Drehfedersteifigkeit (Gl. 12.3) wird die statische Steifigkeit von masselosen starren Fundamenten auf einem homogenen elastischen Halbraum berechnet. Die Einbindetiefe und somit die seitliche Stützung sowie die Fundamentmasse und das Eigengewicht der Anlage wird vernachlässigt. Auf die Anwendung von Impedanzfunktionen wird ebenfalls verzichtet, da davon ausgegangen wird, dass der dynamische Einfluss auf die Größe der Federsteifigkeit von untergeordneter Bedeutung ist.

In den erforderlichen Baugrundgutachten wird der „dynamische" Schubmodul häufig nur für kleine Dehnungen angegeben. Die Ermittlung erfolgt basierend auf dem statischen Wert in Verbindung mit z. B. einem Umrechnungsfaktor nach dem Korrelationsdiagramm in Abbildung 12.4 Die Durchführung von Labor- und Feldversuchen zur Bestimmung der genauen „dynamischen" Bodensteifigkeit bildet die Ausnahme. Für nicht bindige Böden wird oft vereinfachend der statische Wert mit dem Faktor 3 multipliziert. Eine explizite Berücksichtigung der auftretenden Schubdehnungen erfolgt also nicht.

12.3 Numerisches Modell zur Berechnung der Boden-Bauwerkinteraktion

12.3.1 Modellaufbau

Für die Untersuchung der Boden-Bauwerkinteraktion ist es ausreichend nur das Fundament mit den zugehörigen Einwirkungen sowie den umgebenden Baugrund zu betrachten. Da es sich um ein symmetrisches System mit symmetrischer Belastung handelt, braucht nur eine Hälfte des Systems modelliert werden (vgl. Abbildung 12.5).

Die Tiefe des Bodenkörpers wurde für alle Modelle mit 108,5 m angesetzt. Der gesamte Bodenkörper hat einen Radius von 320,0 m, wobei die infiniten Elemente in einem Abstand von 160,0 m vom Mittelpunkt mit einer seitlichen Ausdehnung von ebenfalls 160,0 m beginnen. Die Abmessungen wurden so groß gewählt, dass zum einen an den Rändern keine nennenswerten Verformungen auftreten und zum anderen bei der späteren Durchführung des Verfahrens der äquivalenten Steifigkeit mit dem Anpassungsbereich der Steifigkeiten tatsächlich die gesamten auftretenden Schubverzerrungen erfasst werden können.

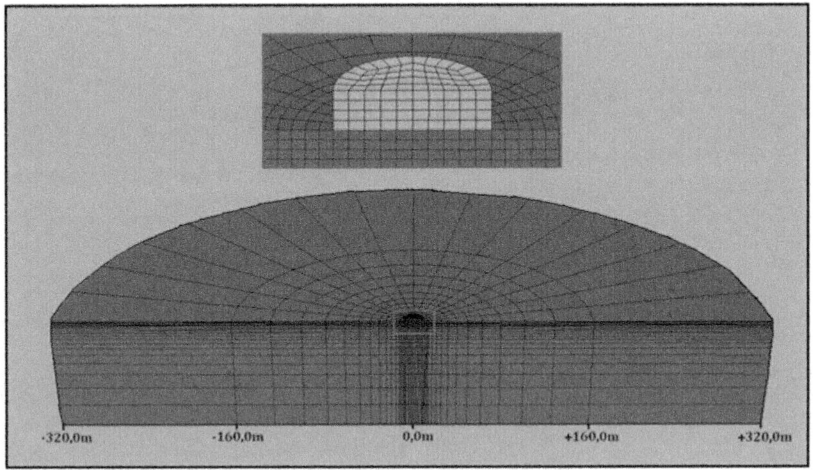

Abb. 12.5: Abmessung und Aufbau des Referenzmodells

Da für die dynamische Berechnung zunächst sehr kleine Dehnungen unterstellt werden, erfolgt der Ansatz eines linear elastischen Stoffgesetzes. Im Nahbereich des Fundamentes, wo größere Dehnungen auftreten, wird die Bodensteifigkeit nach dem Verfahren der äquivalenten Steifigkeit iterativ angepasst. Das linear elastische Stoffgesetz hat den Vorteil, dass dynamische Modelle sehr schnell berechnet werden können. Andererseits werden Widerstände, wie z. B. der passive Erddruck, bei eingebundenen Fundamenten zu groß und mögliche Plastifizierungen im Nahbereich der Fundamentkanten nicht erfasst. Dieses ist für die ausgeführten Untersuchungen aufgrund der vorhandenen großen Fundamentabmessungen jedoch von geringer Bedeutung, zumal durch die Anpassung der Steifigkeit in den stark belasteten Bodenbereichen die beschriebenen Fehler sehr stark reduziert werden.

12.3.2 Verfahren der äquivalenten Steifigkeit

Das Verfahren der äquivalenten Steifigkeit zählt zu den elastischen Bodenmodellen. Es berücksichtigt jedoch das nichtlineare Verhalten des Bodens bei großen Schubdehnungen. Ziel des Verfahrens ist, den progressiven Abfall des Schubmoduls bei zunehmender Schubdehnung mit in die Berechnung einfließen zu lassen. Auf diese Weise wird mit einem eigentlich linear elastischen Modell durch iterative Anpassung der Steifigkeit ein nichtlineares Verhalten des Bodens abgebildet. Die iterative Anpassung des Schubmoduls kann z. B. über die hyperbolische Beziehung nach Ramberg [13] oder über die in der Praxis häufig verwendete Beziehung nach Hardin [10] erfolgen.

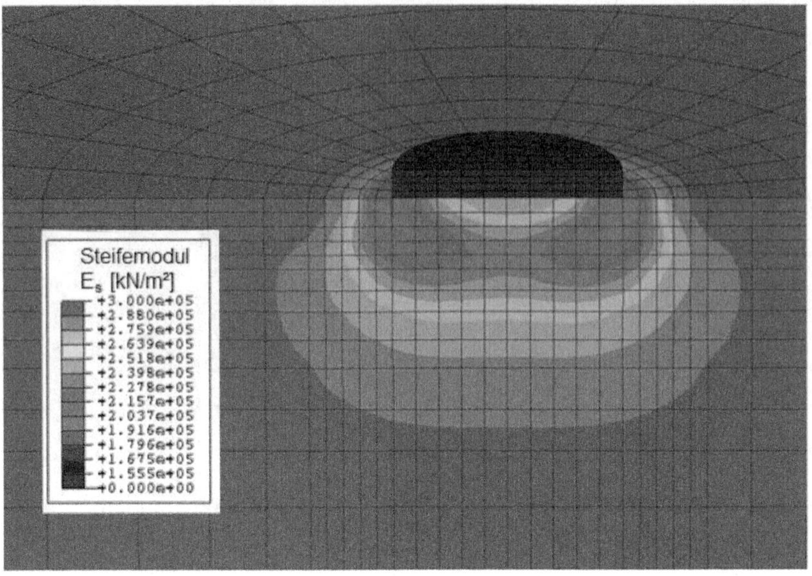

Abb. 12.6: Verteilung der „tatsächlichen“ Bodensteifigkeit

Die Iteration startet mit dem Schubmodul für sehr kleine Dehnungen G_{max}. Für jedes Element wird die Scherdehnungsamplitude γ^{ampl} aus der zugehörigen Schubspannung τ^{ampl} berechnet.

$$\gamma^{\text{ampl}} = \frac{\tau^{\text{ampl}}}{G_{\text{ampl}}} \tag{12.5}$$

Mit der aufgetretenen Schubdehnung γ^{ampl} kann für den folgenden Iterationsschritt der verbesserte Schubmodul bestimmt werden. Die Iteration wird bis zur Konvergenz der Verformungen fortgeführt.

12.3.3 Einfluss der Steifigkeitsreduktion

Für das hier betrachtete Referenzmodell mit den Eigenschaften gemäß der grau hinterlegten Zellen in Tabelle 12.1 konvergiert das System nach fünf Iterationen. Die im letzten Iterationsschritt vorhandene Bodensteifigkeit ist in Abbildung 12.6 dargestellt. Unter den seitlichen Fundamentkanten hat sich der Steifemodul fast um die Hälfte reduziert. In einiger Entfernung vom Fundament ist der ursprüngliche Steifemodul von 300 MN/m^2 erhalten geblieben.

Durch Rückrechnung mit

$$K_\varphi = \frac{M}{\varphi} \left[\frac{\text{MNm}}{\text{rad}}\right] \tag{12.6}$$

ergibt sich für das Modell ohne Anpassung der Steifigkeit eine Bodendrehfedersteifigkeit von rd. $K_{\varphi,\text{init}} = 151.008\,\text{MNm/rad}$. Nach der letzten Iteration ergibt sich dagegen ein Wert von nur noch rd. $K_\varphi = 116.127\,\text{MNm/rad}$. Das heißt, die Bodendrehfedersteifigkeit hat tatsächlich nur noch einen Wert von rd. 77 % der ursprünglichen Drehfedersteifigkeit.

12.4 Parameterstudie

12.4.1 Drehfederabnahmefaktor

Um die Drehfedersteifigkeitsabnahme qualitativ zu beschreiben, wird ein Drehfederabnahmefaktor I_k eingeführt. Er ist definiert als das Verhältnis der Bodendrehfedersteifigkeit nach Abschluss der Iteration zur ursprünglichen Bodendrehfedersteifigkeit

$$I_k = \frac{K_\varphi}{K_{\varphi,\text{init}}} \tag{12.7}$$

Für das Referenzmodell ergibt sich somit ein Drehfederabnahmefaktor von 0,77.

In der folgenden Parameterstudie wird mit dem zuvor vorgestellten numerischen Modell überprüft, welche Einflüsse sich auf die Größe der Bodendrehfedersteifigkeit und auf den Drehfederabnahmefaktor bei Windenergieanlagen auswirken.

12.4.2 Untersuchte Systeme

Ausgehend vom Referenzmodell wurden verschiedene Parameter variiert, um deren Einfluss auf die Abnahme der Bodensteifigkeit zu erfassen. So wurden verschiedene Anfangsbodensteifigkeiten, Momenteneinwirkungen, Fundamentabmessungen, Einbindetiefen, Querkontraktionszahlen, verschieden große Vertikalkräfte und Fundamente, die zusätzlich durch Horizontalkräfte belastet sind, untersucht (siehe Tabelle 12.1). Bei den untersuchten Fundamenten handelt es sich jeweils um Kreisfundamente mit einer Fundamentdicke von 2,0 m. Die Kenngrößen des Referenzmodells sind in Tabelle 12.1 grau hinterlegt.

Neben dem Referenzmodell mit einem Ausgangssteifemodul $E_{s,\max}$ von 300 MN/m^2 wurden weitere Steifemoduln von 100 bis 600 MN/m^2 untersucht, was einer

Tab. 12.1: Untersuchte Parameter (Kenngrößen des Referenzmodells sind grau hinterlegt)

$E_{s,max}$	100 MN/m²	200 MN/m²	300 MN/m²	400 MN/m²	500 MN/m²	600 MN/m²
Moment	10 MNm	15 MNm	20 MNm	25 MNm	30 MNm	
Fundament-durchmesser	12.5 m	15 m	17.5 m			
Einbindetiefe	0.0 m	1.0 m	2.0 m			
Querkontrak-tionszahl	0.3	0.4				
Vertikalkraft	1400 kN	2400 kN	4700 kN			
Horizontalkraft	0	100 kN	200 kN	300 kN	400 kN	

Bandbreite von einem lockeren Sand oder einem weichem Lehm (untere Grenze) bis zu einem dicht gelagerten sandigen Kies oder einem halbfesten bis festen Ton (obere Grenze) entspricht. Die untere Grenze wurde bewusst tief gewählt, da gerade hier durch große Verzerrungen eine beträchtliche Abnahme der Bodensteifigkeit zu erwarten ist.

12.5 Empfehlung für die Ermittlung der Gründungssteifigkeit

Aus der ausgeführten Parameterstudie ergibt sich, dass kein pauschaler Wert für die auftretende Schubverzerrung, so wie in der Richtlinie des DNV [3] empfohlen, angegeben werden kann. Ferner ergibt sich, dass die auftretende Schubverzerrung stark von der Anfangsbaugrundsteifigkeit, der Fundamentabmessung und der Größe der Momenteneinwirkung abhängt. Die Einbindetiefe des Fundamentes hat dagegen einen geringeren Einfluss auf die Schubverzerrung. In Bezug auf die Horizontalkraft und die Vertikalkraft ist festzustellen, dass diese nahezu keinen Einfluss auf die auftretende Schubverzerrung haben, wenn sie in der für WEA typischen Größenordnung auftreten.

Auf Grundlage von mehreren tausend einzelnen Finite Elemente-Berechnungen wurde ein Bemessungsdiagramm entwickelt, dass die oben genannten maßgeblichen Einflüsse berücksichtigt und mit dem eine einfache Bestimmung eines Drehfederabnahmefaktors I_k möglich ist (siehe Abb. 12.7). Mit dem Bemessungsdiagramm kann für jede WEA individuell die Anpassung der Drehfedersteifigkeit der Gründung in Abhängigkeit der Anfangsbaugrundeigenschaften, der Fundamentabmessungen und der Größe der Momenteneinwirkung näherungsweise bestimmt werden.

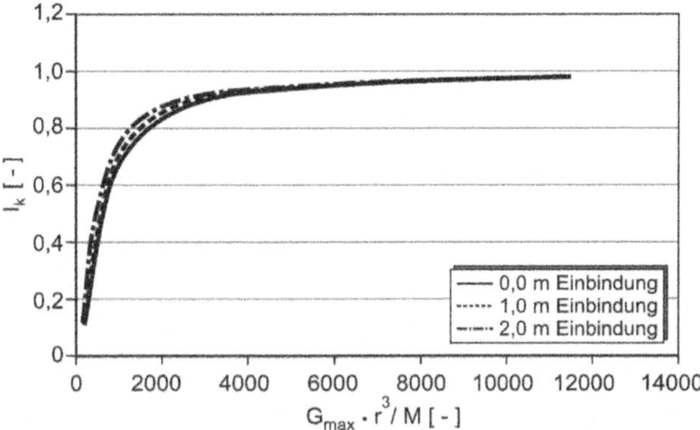

Abb. 12.7: Bemessungsdiagramm für den Drehfederabnahmefaktor

In Anlehnung an die Richtlinie des DNV [3] wird auf Grundlage der hier vorgestellten Untersuchungsergebnisse folgende Vorgehensweise zur Bestimmung der Bodendrehfedersteifigkeit für die anschließende Eigenfrequenzanalyse des Turmes empfohlen:

1. Ermittlung der maximalen Einwirkungen auf das Fundament für den Produktionsbetrieb der Windenergieanlage.
2. Ermittlung der Fundamentabmessungen durch z. B. Nachweis der Sicherheit gegen Kippen, Nachweis der Grundbruchsicherheit gemäß EC 7 und Nachweis der zulässigen Setzungsdifferenz zwischen den Außenkanten des Fundamentes bzw. der zulässigen Schiefstellung des Turmes gemäß DIBt-Richtlinie. Für die Ermittlung der Fundamentabmessungen können andere Einwirkungskombinationen maßgebend werden als nach 1. bestimmt.
3. Bestimmung des Schubmoduls für kleine Dehnungen G_{max}.
4. Berechnung der Drehfedersteifigkeit $K_{\varphi,\mathrm{init}}$ in Abhängigkeit des ermittelten Schubmoduls G_{max} für die nach 1. ermittelte Einwirkung und nach 2. ermittelte Fundamentabmessung.
5. Bestimmung des Drehfederabnahmefaktors I_{k} für die nach 1. ermittelte Momenteneinwirkung, für die nach 2. ermittelte Fundamentabmessung und für den nach 3. bestimmten Schubmodul nach Abbildung 12.7
6. Berechnung der tatsächlichen Drehfedersteifigkeit durch

$$K_{\varphi} = K_{\varphi,\mathrm{init}} \times I_{\mathrm{k}}. \tag{12.8}$$

Mit der so ermittelten realistischen Drehfedersteifigkeit kann anschließend die Eigenfrequenzanalyse des Turmes durch eine gesamtdynamische Berechnung oder mittels einer vereinfachten Berechnung durchgeführt werden.

Hinsichtlich der bisherigen Vorgehensweise stellt dieser Ansatz eine deutliche Verbesserung dar. Die Genauigkeit ist allerdings nicht überzubewerten. Weitere Angaben zur Genauigkeit der ausgeführten Untersuchungen können [12] entnommen werden.

Literaturverzeichnis

1. Dahlhoff, P.: Internationale Projektentwicklung aus Sicht eines technischen Gutachters. 7. Flensburger Windenergieforum, 2007.
2. DAS, B.M.: Fundamental of Soil Dynamics. Elvesier, New York, Amsterdam, Oxford 1983.
3. Det Norske Veritas: Guidelines for Design of Wind Turbines. Kopenhagen 2002.
4. Deutsche Gesellschaft für Geotechnik e.V. (DGGT).: Empfehlungen des Arbeitskreises Baugrunddynamik. Eigenverlag: Grundbauinstitut der Technischen Universität Berlin 2002.
5. Deutsches Institut für Bautechnik, DIBt: Richtlinie für Windenergieanlagen. Einwirkungen und Standsicherheitsnachweise für Turm und Gründung. Fassung Oktober 2012. Schriften des DIBt, Heft 8. 2012.
6. DIN EN 1997-1: Eurocode 7 - Entwurf, Berechnung und Bemessung in der Geotechnik. Beuth-Verlag, 2014.
7. DIN EN 61400-1:2005: Windenergieanlagen - Teil 1: Auslegungsanforderungen. Beuth-Verlag, 2005.
8. Drnevich, V.P., Hall, J.R., Richart, F.E.: Effects of amplitude of vibration on the shear modulus of sand. Proc. Int. on Wave Propag. and Dyn. Properties of Earth Mat., Albuquerque, N.M., 1967.
9. Hardin, B.O., Drnevich, V.P.: Shear modulus and damping in soils: Measurement and parameter effects. Journal of the Soil Mechanics and Foundation Division, ASCE, Vol. 98, No. SM6, 1972a.
10. Hardin, B.O., Drnevich, V.P.: Shear modulus and damping in soils: Design Equations and curves. Journal of the Soil Mechanics and Foundation Division, ASCE, Vol. 98, No. SM7, 1972b.
11. Hau, E.: Windkraftanlagen - Grundlagen, Technik, Einsatz, Wirtschaftlichkeit. Springer, 4. Auflage, 2008.
12. Quast, A.: Zur Baugrundsteifigkeit bei der gesamtdynamischen Berechnung von Windenergieanlagen. Mitteilungen Institut für Grundbau, Bodenmechanik und Energiewasserbau (IGBE) der Leibniz Universität Hannover, Heft 69, 2010.
13. Ramberg, W., Osgood, W. R.: Description of stress-strain curve by three parameters. Technical Note 902, National Advisory Committee for Aeronautics, Washington DC 1943.
14. Studer, J.A., Koller, M.G.: Bodendynamik - Grundlagen, Kennziffern, Probleme. Springer-Verlag, 1997.
15. Witt, K. J.: Grundbau-Taschenbuch Teil 1: Geotechnische Grundlagen. Siebte Auflage, Ernst & Sohn, 2008.

Kapitel 13
Unterwasserböschungen in kohäsionslosen Böden unter Wellenbeanspruchung

Julian Bubel & Jürgen Grabe

Zusammenfassung Künstliche Unterwasserböschungen in sandigen Böden sind oftmals Bestandteil von Unterwasserbauarbeiten, doch ihr Verhalten und ihre temporäre Stabilität ist kaum bekannt. Bisherige Untersuchungen beziehen sich zumeist auf bindige Böden [11] oder beschreiben die Auswirkungen [23], beschränken sich dabei jedoch zumeist auf das Verhalten eines ebenen Meeresbodens unter Wellenlast [12, 15] oder das grundsätzliche Versagensmuster von Unterwasserböschungen [24], welches zum Beispiel auch während des Aushubs (per Saugbagger oder Schaufelbagger) auftritt.

Eine mathematisch-physikalische Modellierung der Wellenbelastung auf eine gesättigte Unterwasserböschung mittels gekoppelter Porenwasser-Feststoff Finite-Elemente-Methode (FEM) ermöglicht eine erste Analyse der Vorgänge. Die hier vorgestellten Simulationen sind jedoch in ihrer Aussagekraft noch limitiert, zeigen allerdings eine Stabilität relativ steiler Böschungen unter bestimmten Bedingungen. Eine Weiterentwicklung der Simulationen zur Berücksichtigung größerer Netz- und somit Bodenverformungen wie auch physikalische Versuche im Wellenkanal dienen der künftigen Analyse des Böschungsverhaltens.

13.1 Einführung

Künstliche Unterwasserböschungen sind das Resultat von Aushubarbeiten am Meeresgrund, welche zur Meeresbodenvorbereitung für Gründungsbauwerke, Fahrrinnenanpassungen, Schlickdepots oder zur Sandgewinnung durchgeführt werden.

Dipl.-Ing. Julian Bubel
TU Hamburg-Harburg, Institut für Geotechnik und Baubetrieb, E-mail: julian.bubel@tuhh.de

Univ.-Prof. Dr.-Ing. Jürgen Grabe
TU Hamburg-Harburg, Institut für Geotechnik und Baubetrieb, E-mail: grabe@tuhh.de

Ihre Stabilität ist nicht nur von der Gravitation sondern auch von der vorherrschenden hydrodynamischen Belastung abhängig.

Sofern bauseits keine Böschungsgeometrie vorgegeben wird, ist aus ökologischen und ökonomischen Gesichtspunkten eine stabile, möglichst steile Unterwasserböschung erstrebenswert. Bereits während des Aushubs spielt die Dynamik bei der sich einstellenden Neigung der Unterwasserböschung eine wesentliche Rolle. Das Aushubverfahren bzw. die gewählte Aushubtiefe je Arbeitsschritt entscheiden über die maximal mögliche anfängliche Böschungsneigung. Dies ergaben kleinmaßstäbliche Versuche an der Technischen Universität Hamburg-Harburg (TUHH). In der Praxis werden jedoch zumeist Böschungen mit deutlich flacherer Geometrie hergestellt, welche sich erfahrungsgemäß als stabil erwiesen haben. Ziel der laufenden Forschung am Institut für Geotechnik und Baubetrieb der TUHH ist die Beurteilung, ob und wie lange auch steilere Böschungen in kohäsionslosen Böden stabil sind.

13.2 Beanspruchung

Gemäß [23] ist die Standsicherheit von Böschungen über und unter Wasser solange dieselbe, wie ausschließlich die Gravitation einwirkt. Tatsächlich hängt die Neigung bzw. die Stabilität von Unterwasserböschungen neben den Bodeneigenschaften und Dränagebedingungen von der Gravitation sowie von hydrodynamischen Einwirkungen ab. Meeresströmungen, insbesondere Tideströmungen, sind maßgeblich für äußere Erosionsprozesse am Meeresboden verantwortlich, werden in den durchgeführten Untersuchungen jedoch vorerst zurückgestellt. Oberflächenwellen bewirken Orbitalbewegungen des Wassers, die bis zum Meeresgrund durchschlagen können, sowie eine periodische Änderung des Wasserdrucks bis hin zur Grenzfläche Wasser/Meeresboden und eine periodische Änderung des Porenwasserdrucks im horizontalen oder geneigten Meeresboden, siehe Abbildung 13.1. Im Bereich des horizontalen Meeresbodens können Erosionsprozesse, im Bereich von natürlichen oder künstlichen Unterwasserböschungen kann eine allmähliche oder spontane Abflachung der Böschung eintreten. Je nach Wellencharakteristik und Durchlässigkeit des Meeresbodens kann es zudem zu einer Akkumulation des Porenwasserdrucks kommen. Im Gegensatz dazu kann eine Scherbeanspruchung im Böschungskörper dilatanzbedingten Porenwasserunterdruck erzeugen, der sich stabilisierend auf die Böschung auswirkt und ein Versagen zeitlich verzögert oder gänzlich verhindert. Dieser Rückschluss lässt sich aus den Messungen von Bubel et al. [2] an einer steilen Unterwasserböschung im Versagenszustand ziehen. Von hoher Relevanz ist daher nicht nur die Wellenhöhe H bzw. die Druckamplitude p_0 am Meeresboden, sondern insbesondere auch die Periodendauer T der Welle.

Wellen verursachen lokale Porenwasserdruckänderungen im Meeresboden. Bezogen auf den mittleren Wasserdruck entsteht unterhalb eines Wellenberges ein

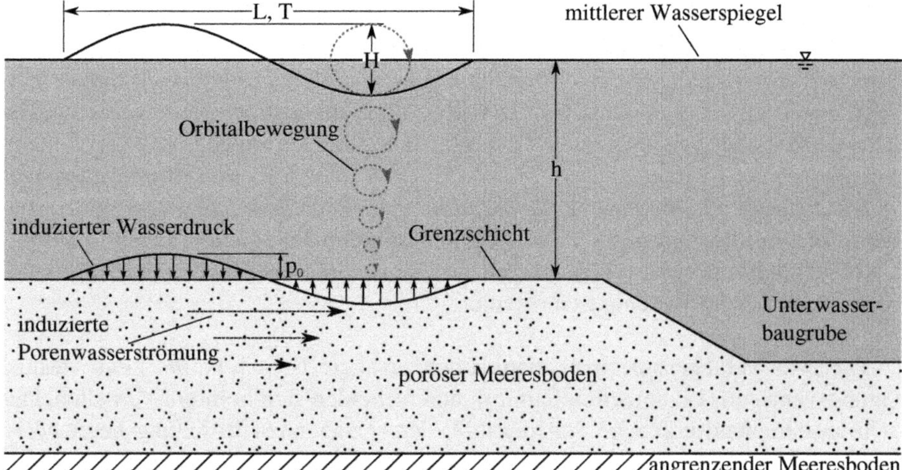

Abb. 13.1: Wellenbeanspruchung auf den Meeresboden

Überdruck, während unterhalb eines Wellentales ein Unterdruck entsteht. Die Druckdifferenz lässt sich mittels linearer Wellentheorie hinreichend genau abschätzen [12, 19]. Beträchtliche Sturmereignisse können nach Henkel [11] Böschungsversagen in einer Wassertiefe von bis zu 120 m verursachen. Neben der temporären Druckänderung wird durch die induzierten Druckdifferenzen auch eine Porenwasserströmung innerhalb des Meeresbodens hervorgerufen, welche zu einer inneren Erosion bzw. Kornumlagerung führen kann. Von Relevanz bei der Beurteilung der entstehenden Druckdifferenz sind Dauer (Periode) und der Abstand (Strecke) zwischen Minimum (Wellental) und Maximum (Wellenberg).

13.3 Versagens- und Verhaltensmechanismen infolge Wellenbeanspruchung

Auf den Meeresgrund durchschlagende Orbitalbewegungen des Wassers können, analog zur Meeresströmung, Erosions- und Sedimentationsvorgänge hervorrufen. Diese langsame Versagensform kann kontinuierlich oder diskontinuierlich auftreten. Daneben können Erosions- und Sedimentationsvorgänge auch spontanes Böschungsversagen initiieren. Infolge eines Sedimentabtrages können Böschungen übersteilen und bzw. oder lokal instabil werden. Es kommt zu einer rückschreitenden Erosion der Böschung, welche auch als Bruchversagen bezeichnet wird. Im Gegensatz dazu beschreiben Terzaghi [23] wie auch Canals et al. [3] plötzliches Versagen von Unterwasserböschungen, welche durch stetigen Sedimentzutrag hervorgerufen wurden. Sedimente, welche beispielsweise durch Flussmündungen eingetragen werden, lagern sich in sehr lockerem Zustand am Meeresboden ab und erzeugen infolge der Gravitation eine zunehmende Auflast. Ein auslösendes Ereignis (z.B. Sturm oder kleines Erdbeben) kann zu einer plötzlichen Verdichtung des Bodens und somit zu Porenwasserüberdruck führen, welcher die Scherfestigkeit temporär herabsetzt. Bei ungünstiger Geometrie oder ungünstigen Bodenschichtungen kann es zu einem Versagen durch Bodenverflüssigung kommen.

Meereswellen können nicht nur die zuvor genannten Prozesse unterstützen, sondern üben mit der induzierten Porenwasserströmung selbst einen Einfluss auf das Verhalten der Unterwasserböschungen aus. Sie sind darüber hinaus oftmals Auslöser von spontanem Böschungsversagen.

Die zwei Versagensmechanismen, Bruchversagen (Breach Failure) und Verflüssigungsversagen (Liquefaction Failure), unterscheiden sich in ihrem Verhalten. Das sich anschließend ergebene Schadensbild der versagenden Böschungsbereiche ist bei beiden Versagensformen identisch. Dennoch ist die sich zeitgleich bewegende Bodenmasse in der Regel beim Bruchversagen geringer. Der transportierte Boden lagert sich schneller wieder ab, weshalb die Ausbreitungsentfernung zumeist geringer ist.

13.3.1 Bruchversagen

Ein Bruchversagen bezeichnet eine rückschreitende Erosion, vgl. Abbildung 13.2, links. Diese verläuft sukzessive in Teilabschnitten (aktive Bodenfront), wobei nicht bloß einzelne Bodenpartikel in Bewegung sind, sondern sich nahezu der gesamte Teilabschnitt sowie Partikelagglomerationen bewegen. Bruchversagen tritt typischerweise bei unkontrolliertem Unterwasseraushub (z. B. mittels Saugbagger) auf. Der Versagensprozess wird durch eine Störung des Gleichgewichts, vornehmlich am Böschungsfuß, ausgelöst. Diese Störung kann beispielsweise durch lokale Strömungsprozesse (äußere oder innere Erosion) infolge aktueller Arbeiten, Grundwasseraustritt, großer Wellen oder starker Tideströmungen ausgelöst werden. Der Versagensvorgang ist deutlich langsamer als bei einem Verflüssigungsversagen. Die sich auf einer temporären Scher- bzw. Versagensfläche bewegenden Bodenpartikel, insbesondere jedoch Partikelagglomerationen, erzeugen einen Porenwasserunterdruck im Nahbereich des noch stabilen Bodenkörpers. Diese Druckdifferenz wirkt haltend auf den noch stabilen Bereich und bremst den Versagensprozess. Entsprechende Messungen von Bubel et al. [2] bestätigen dies.

13.3.2 Verflüssigungsversagen

Neben Versagenszuständen mit abschnittsweiser vollständiger Verflüssigung gehören hierzu auch Versagensformen auf Grund von herabgesetztem Scherwiderstand.

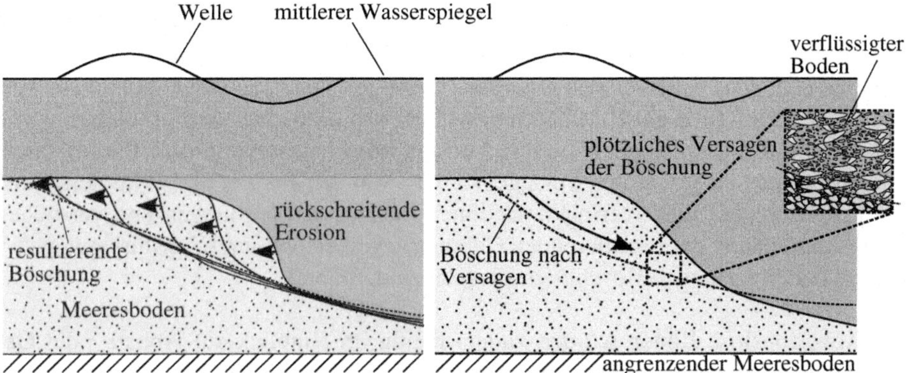

Abb. 13.2: Versagensmechanismen einer Unterwasserböschung infolge Wellenbeanspruchung: links - Bruchversagen, rechts - Verflüssigungsversagen

Bedingt durch Porenwasserdrücke in der Unterwasserböschung, die den umgebenden Wasserdruck deutlich übersteigen, werden die effektiven Spannungen und einhergehend der Korn-zu-Korn-Kontakt im Boden herabgesetzt. Infolge der verminderten haltenden Kräfte (Scherwiderstand) kommt es zu einem Kräfteungleichgewicht und die vormals stabile Böschung versagt, vgl. Abbildung 13.2, rechts. Der in Bewegung geratene Boden verhält sich wie eine viskose Flüssigkeit (density flow) und verteilt sich über den Meeresboden. Hierbei nimmt die Viskosität infolge des Austreibens des Wassers zu [23] bis schließlich die transportierten Bodenpartikel wieder vollständig sedimentiert sind. Die hierbei zurückgelegte Entfernung ist deutlich größer als beim Versagen von Böschungen über Wasser. Das Böschungsversagen tritt plötzlich ein, der Versagensvorgang ist jedoch deutlich langsamer als beim Versagen einer trockenen Böschung. Die auslösende Druckdifferenz kann aus einzelnen großen Wellen, aus besonders niedrigen Tideständen, aber auch aus einer Akkumulation des Porenwasserdrucks infolge sich wiederholender Wellenbelastung resultieren. Die Bodeneigenschaften spielen eine wesentliche Rolle bei der Anfälligkeit für ein solches Versagensmuster. Sehr locker gelagerte Sande sind anfällig für spontane, das heißt kurzzeitige, durch einzelne Wellen hervorgerufene Verflüssigungen. Diese oberflächennahen Verflüssigungen können ausreichend sein, um ein Böschungsversagen zu initiieren oder die Böschung sukzessive oberflächennah zu verändern.

13.3.3 Stand der Forschung

Die Stabilität von natürlichen Unterwasserböschungen wurde in der Vergangenheit von einigen Autoren untersucht [11, 23]. Hance [10] gibt eine statistische Auswertung von Böschungswinkel, Bodenart und auslösendem Prozess weltweit erfasster

Versagen natürlicher Böschungen wieder. Henkel [11] untersucht den Einfluss von Meereswellen auf die Stabilität von seichten Unterwasserböschungen in weichen bindigen Böden, wobei er von einer kreisförmigen Scherfuge und spontanem Versagen ausgeht. Terzaghi [23] betrachtet Unterwasserböschungen in kohäsiven wie auch kohäsionslosen Böden und ihre Versagensmechanismen infolge Porenwasserüberdrucks an ausgewählten Versagensfällen. Van den Berg et al. [24] untersuchen insbesondere das Bruchversagen sandiger Unterwasserböschungen und versuchen eine Abgrenzung der resultierenden Geometrie von einem durch Verflüssigungsversagen hervorgerufenen Böschungsversagen zu definieren.

Kohäsionslose Böden wurden zudem häufig im Hinblick auf Abbau- oder Gewinnungsprozesse während Saug- oder Baggerarbeiten mit dem Ziel einer einfachen Grubenherstellung und eines maximalen Ertrags untersucht [5, 21]. Hydrodynamische Belastungen aus Wellen und Tideströmung wurden dabei nicht berücksichtigt. Das Verhalten der nach Abschluss der Arbeiten resultierenden Böschung wurde nur in seltenen Fällen analysiert. Richwien [22] gibt eine Übersicht über Empfehlungen und Beobachtungen in der Literatur zur Böschungsneigung von Tagebauseen, welche mit 1:2 bis 1:10 stark variieren. Die praktische Anwendung von Unterwasserbaugruben für Offshore-Schwerkraftgründungen in der belgischen Nordsee wird in Peire et al. [17] beschrieben. Die ausgeführten Baugruben hatten eine Tiefe von ca. 7 m. Die aus der Baupraxis stammenden Böschungsneigungen von 1:8 und 1:5 waren zumindest für die Dauer der Bauarbeiten stabil. Weiterhin berichten De Jager et al. [4] vom Verhalten einer Unterwassergrube zum Zwecke eines Schlickdepots (Hollandsch Diep). Die geplante Neigung betrug 1:4 bis 1:5 im schluffigen Feinsand. Hier versagte die Böschung abschnittsweise, hervorgerufen oder begünstigt durch lokale Böschungsneigungen von bis zu 1:1,7 infolge nicht eingehaltener Vorgaben.

13.4 Numerische Simulationen

Die Modellierung hydrodynamisch bedingter Veränderungen von Unterwasserböschungen erfolgt auf der Basis der Kontinuumstheorie mit einem Zweiphasenmodell für den wassergesättigten Boden. Sowohl Verflüssigungsversagen als auch Bruchversagen führen zu einer Änderung der Lagerungsdichte. Erhöhter Porenwasserdruck kann zu einer Vergrößerung wie auch zu einer Verkleinerung des Porenvolumens führen. Ersteres tritt bei dichter Lagerung auf, während Letzteres bei lockerer Lagerung auftreten kann. Infolge einer Verdichtung des Korngefüges bei Abnahme des Porenvolumens steigt der Porenwasserüberdruck und die effektiven Spannungen nehmen ab, was zum vollständigen Verlust der Scherfestigkeit (Bodenverflüssigung) führen kann. Sofern keine vollständige Verflüssigung, sondern lediglich eine verminderte Scherfestigkeit zum Bruchversagen führt, verhält sich der Boden in der Scherfuge der aktiven Böschung dilatant. Die Vergrößerung des Porenvolumens infolge dieses Verhaltens führt zu einer Minderung des Porenwasserdrucks und generiert somit eine stabilisierende Kraft. Diese ist maßgebend für die Modellierung eines Böschungsbruchversagens unter Wasser.

Erosionsprozesse, welche an der Grenzschicht Wasser-Boden infolge freier Fluidströmung oder auch Orbitalbewegungen auftreten können, werden nachfolgend vernachlässigt. Die hier gezeigten numerischen Untersuchungen dienen der Analyse induzierter Porenwasserdruckänderungen und ihrer Auswirkungen. Die welleninduzierte Belastung wird als Ersatzdrucklast auf das Porenwasser an der Grenzschicht aufgebracht. Für diesen speziellen Fall kann auf die Modellierung des freien Wassers, und somit auf ein entsprechendes Kontinuumsmodell, verzichtet werden. Unberücksichtigt bleiben dabei auch eventuelle nachrangige Erosionen infolge Dichteströmung.

Die Simulationen werden mit dem kommerziellen FE-Programm Abaqus/Standard 6.13 durchgeführt. Hierbei handelt es sich um eine Lagrange'sche Formulierung der FE-Methode mit impliziter Zeitintegration. In Abhängigkeit von der Belastungsgeschwindigkeit (quasi-statische oder dynamische Belastung) kann nach Zienkiewicz [26] abgeschätzt werden, ob die vereinfachte (lineare) Konsolidierungstheorie für die Kopplung von Feststoff und Fluid angesetzt werden kann oder ob die vollständige (lineare) Biot-Theorie anzuwenden ist. Diese qualitative Abschätzung kann auch für die Anwendung entsprechender nichtlinearer Modelle verwendet werden [26]. Welleninduzierte Druckbelastungen sind hiernach eine langsame, quasi-statische Belastung. Die Kopplung von Feststoff und Fluidphase erfolgt programmintern auf Basis der Konsolidierungstheorie mit dem Fließgesetz nach Darcy für das Porenwasser. Für die Feststoffphase wird ein hypoplastisches Stoffmodell gewählt. Dieses ist in der Lage Steifigkeit und Scherfestigkeit des Bodens in Abhängigkeit vom Druckniveau (Barotropie) und von der Dichte (Pyknotropie) zu berücksichtigen.

13.4.1 Geometrie, Netz und Stoffmodell

Analysiert wird eine fiktive, einseitige Böschung einer Unterwasserbaugrube. Vereinfacht wird ein zweidimensionaler Querschnitt verwendet, wobei von einer ebenen Verformung ausgegangen wird. Die Anfangsböschungsneigung nach Herstellung beträgt 1 : 2 ($26,6^\circ$), die Böschungshöhe 10 m. Das gesamte Untersuchungsgebiet hat eine Breite von 120 m und eine Tiefe von 40 m bzw. 30 m in der Baugrube, vgl. Abbildung 13.3. Das Gebiet wird mit 16.455 Knoten und 16.231 Elementen diskretisiert. Verwendet werden dabei 4-Knoten-Elemente mit Porenwasserfreiheitsgrad (CPE4P).

Entgegen der tatsächlichen, heterogenen, mikroskopischen Struktur des Bodens wird dieser vereinfacht als abschnittsweise homogenes, kontinuierlich verteiltes Material abgebildet. Das Verhalten des oberflächennahen Nordseesands (fS,u',

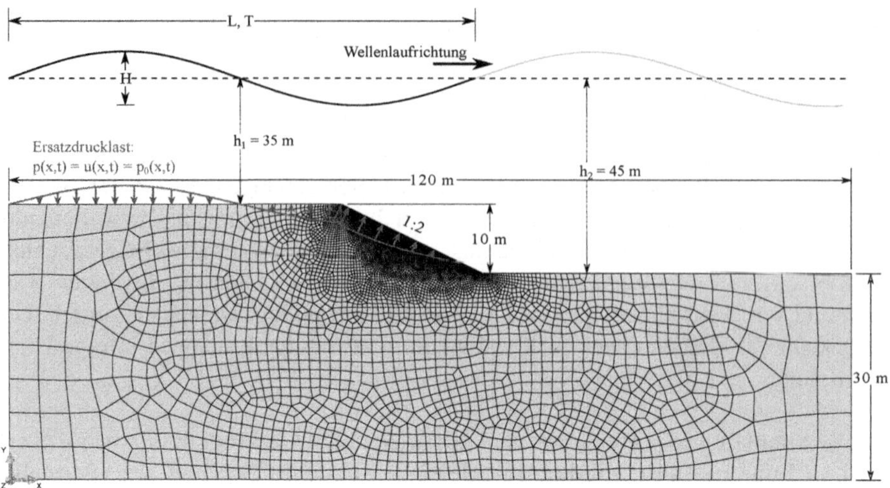

Abb. 13.3: Simulationsmodell mit Abmessungen, Diskretisierung und Belastung

$\varphi_c = 33°$) wird durch ein ratenunabhängiges hypoplastisches Stoffmodell nach von Wolffersdorff [25] und Gudehus [6] mit der Erweiterung um das Konzept der intergranularen Dehnung [16] nachgebildet. Das Konzept der intergranularen Dehnung berücksichtigt neben den Verformungen des Korngerüstes auch die Verformungen in den Kontaktbereichen der einzelnen Körner. Die hypoplastischen Stoffparameter aus Tabelle 13.1 werden in Bubel und Grabe [1] anhand von Laborversuchen verifiziert. Die Permeabilität des Bodens hängt von der vorhandenen Lagerungsdichte ab. Sie zeigt einen nahezu linearen Bezug. Der Durchlässigkeitskoeffizient beträgt für eine mitteldichte Lagerung ($I_n = 0,45$) $k_f = 2,5 \cdot 10^{-5}$ m/s und für eine lockere Lagerung ($I_n = 0,27$) $k_f = 3,5 \cdot 10^{-5}$ m/s [1].

Hierbei ist φ_c der kritische Reibungswinkel, h_s die Granularhärte, e_{d0} die Porenzahl bei dichtester Lagerung, e_{c0} die Porenzahl bei kritischer Lagerung, e_{i0} die Porenzahl bei lockerster Lagerung sowie n, α und β Exponenten des hypoplastischen Stoffmodells. Die Parameter m_T, m_R, R, β_R und χ sind für die intergranulare Dehnung erforderlich.

Tab. 13.1: Hypoplastische Stoffparameter für Cuxhavener Nordseesand

φ_c [°]	h_s [MPa]	n [–]	e_{d0} [–]	e_{c0} [–]	e_{i0} [–]	α [–]	β [–]	m_T [–]	m_R [–]	R [–]	β_R [–]	χ [–]
33	4767	0.116	0.600	1.22	1.403	0.147	1.360	2.0	6.304	9.458×10^{-4}	0.936	1.485

13.4.2 Lasten, Rand- und Anfangsbedingungen

Die Lagerungsdichte wird mittels anfänglich konstant über die Tiefe verteilter Porenzahl vorgegeben. Die welleninduzierte Druckbelastung auf den Meeresboden $p_0(x,t)$ wird nach linearer Wellentheorie in Abhängigkeit der Wellenparameter und der Wassertiefe berechnet [19] und als Ersatzdrucklast auf das Porenwasser aufgebracht [1]. Hierfür wird die Belastung synchron sowohl als Drucklast als auch als Porenwasserrandbedingung (zusätzlich zum hydrostatischen Druck) am oberen Modellrand vorgegeben. Diese Aufgabe wird mittels zweier Subroutinen für Abaqus/Standard realisiert. Somit ist sichergestellt, dass die Belastung zunächst vollständig auf das Porenwasser einwirkt. Die seitlichen Modellränder sind in x-Richtung unverschieblich und undurchlässig. Der untere Modellrand ist festgehalten und ebenfalls undurchlässig. Diese Ränder sind von der betrachteten Böschung weit genug entfernt um keinen Einfluss auszuüben. Der obere Modellrand ist grundsätzlich frei verschieblich und durchlässig, wird jedoch im ersten Berechnungsschritt festgehalten um einen ebenen Spannungszustand analog zum Zustand vor Baugrubenaushub zu erzeugen.

13.4.3 Simulationsabfolge

Der Ausgangsspannungszustand wird zunächst nach Jaky (1948) als K_0-Zustand für den ebenen Meeresboden vorgegeben, wobei der laterale Spannungskoeffizient $K_0 = 0,46$ entsprechend des kritischen Reibungswinkels des betrachteten Sandes ($\varphi_c = 33°$) gesetzt wurde. Gleichzeitig wird der obere Modellrand festgehalten. Anschließend wird die obere Verschiebungsrandbedingung gelöst und die effektiven Spannungen infolge des Aushubs stellen sich ein, siehe Abbildung 13.4. Hierbei treten geringe Verformungen der Böschung auf, siehe Abbildung 13.5. Im Anschluss beginnt die Belastung durch die welleninduzierte Druckbelastung am oberen Modellrand mit Einlauf der Belastung von der linken oder rechten Seite. Die Verformungen infolge des Aushubs werden abschließend zur besseren Analyse der Ergebnisse von den Gesamtverformungen abgezogen.

13.4.4 Ergebnisse

In Abhängigkeit der Lagerungsdichte des Meeresbodens, der Wellenparameter sowie der Wassertiefe nehmen kleine Verformungsinkremente zu und akkumulieren langsam zu einer Geometrieänderung. Keine nennenswerten Verformungen treten bei Wellen auf, die nach Ishihara and Yamazaki [13] unter Tiefwasserbedingungen einzuordnen sind. Hierzu zählen die üblichen täglichen Wellenbedingungen in der Nordsee.

Die Hauptrichtung der Bodenverformung ist der Wellenrichtung entgegengesetzt (Abbildung 13.7 und Abbildung 13.8). Dies führt dazu, dass, je nach Böschungsaus-

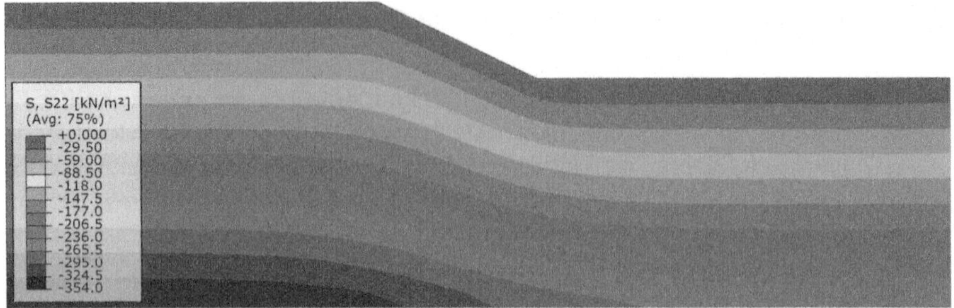

Abb. 13.4: Effektive Spannungen nach dem Aushub und vor der Wellenbelastung

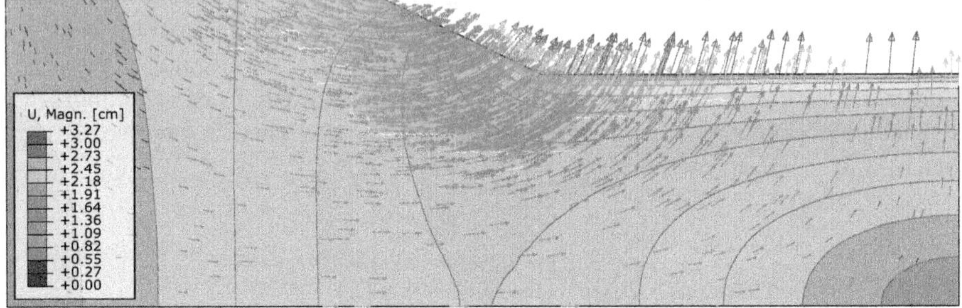

Abb. 13.5: Verformungen (Konturen und Vektoren) infolge des Aushubs

richtung, eine langsame Abflachung oder eine Übersteilung eintritt. Bewegen sich die Wellen aus der Richtung des ungestörten Meeresbodens über die Böschung, so erfährt diese in der unteren Hälfte eine Drehung der Verformungsrichtung. Die Böschung flacht mit zunehmender Wellenbelastung langsam ab, ohne dass es zu einem Versagenszustand kommt. Bei entgegengesetzter Wellenrichtung kommt es hingegen zu einem langsamen Aufsteilen der Böschung. Die Verformung ist gleichbleibend über die gesamte Höhe der Böschung entgegen der Wellenrichtung gerichtet, wobei sie im oberen Bereich der Böschung betragsmäßig größer als im unteren Abschnitt ist. Ein Versagenszustand wird jedoch nicht erreicht, die Anzahl der betrachteten Wellen ist zu gering und der Berechnungsansatz hierfür ungeeignet (siehe Abschnitt 13.4.5).

Während der zyklischen Wellenbelastung kann in dem untersuchten Fall keine beeinträchtigende Akkumulation des Porenwasserdrucks festgestellt werden. Abbildung 13.9 zeigt den Verlauf der Porenwasserdruckänderungen in unterschiedlichen Tiefen unterhalb der Böschungsschulter. Die Druckänderung ist normalisiert mit dem hydrostatischen Druck des Ruhewasserstandes dargestellt. Die Druckamplitude infolge der Wellenbelastung wird zur besseren Lesbarkeit nur jeweils für einen kleinen Abschnitt aufgezeigt, ansonsten ist der Mittelwert abgebildet. N20 entspricht der welleninduzierte Druckbelastung auf den Meeresboden $p_0(x,t)$.

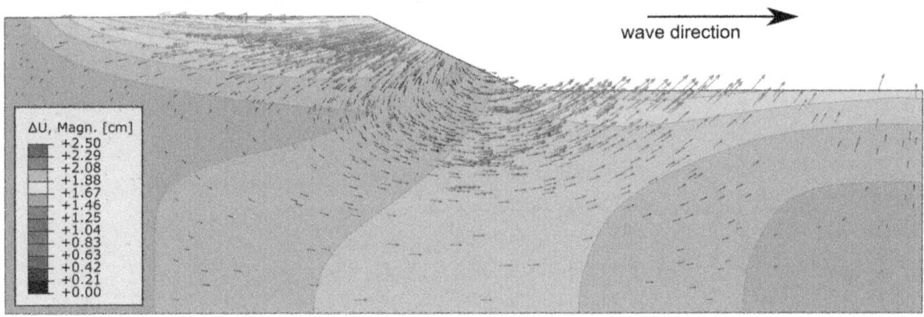

Abb. 13.6: Verformungen (Konturen und Vektoren) infolge von 80 Wellen, Wellenlaufrichtung von links nach rechts, $I_n = 0.45, T = 9.4$ s, $H = 8.1$ m, $h_1 = 35$ m

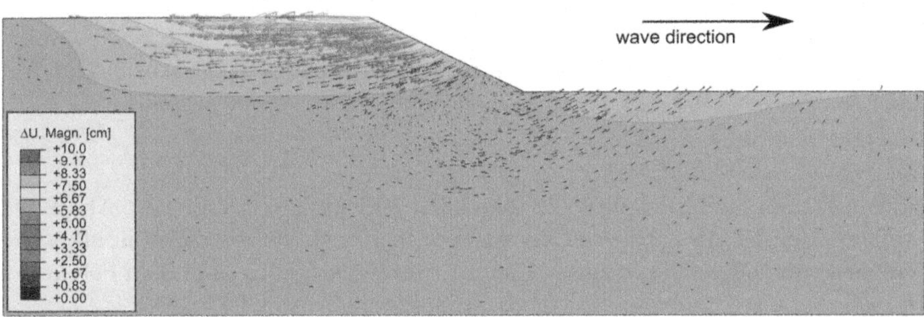

Abb. 13.7: Verformungen (Konturen und Vektoren) infolge von 400 Wellen, Wellenlaufrichtung von links nach rechts, $I_n = 0.45, T = 9.4$ s, $H = 8.1$ m, $h_1 = 35$ m

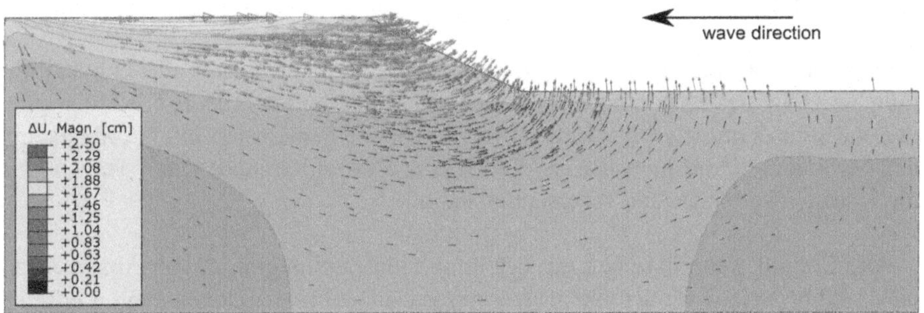

Abb. 13.8: Verformungen (Konturen und Vektoren) infolge von 80 Wellen, Wellenlaufrichtung von rechts nach links, $I_n = 0.45, T = 9.4$ s, $H = 8.1$ m, $h_1 = 35$ m

Während der ersten Wellenzyklen nimmt der mittlere residuale Porenwasserdruck ab, wobei die Anzahl der notwendigen Zyklen bis zum Erreichen des Minimums wie auch der betragsmäßig kleinste Wert mit der Tiefe zunehmen. Hiernach nimmt der Druck wieder zu, bis nach ca. 210 Wellenzyklen der hydrostatische Ausgangsdruck in allen Tiefenlagen erreicht ist. Darüber hinaus akkumuliert der re-

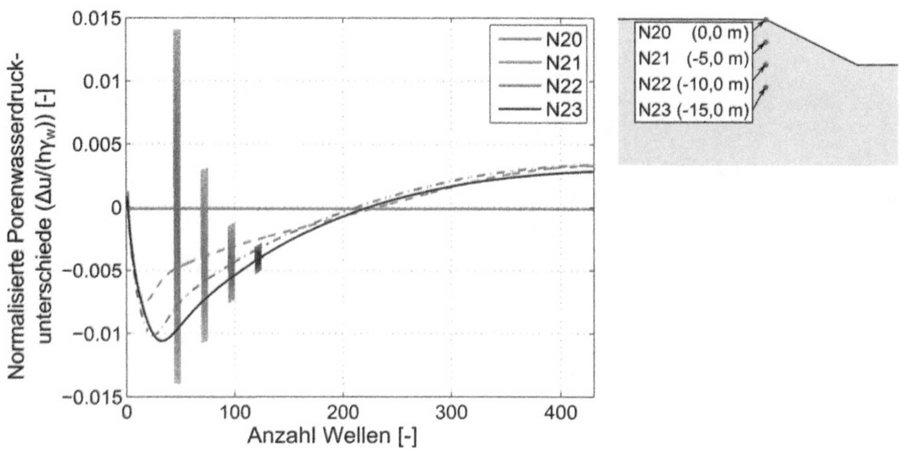

Abb. 13.9: Normalisierte Porenwasserdruckunterschiede über die Anzahl der Wellen, $I_n = 0.45, T = 9.4$ s, $H = 8.1$ m, $h_1 = 35$ m

siduale Porenwasserdruck über die folgenden 200 Wellenzyklen leicht. Ab ca. 400 Wellenzyklen ist ein annähernd konstanter Überdruck von ca. 0,3% in allen Tiefenlagen vorhanden. Die erfassten Porenwasserdrücke geben in diesem Fall keinen Hinweis auf ein absehbares Versagen, die Böschung ist stabil.

13.4.5 Diskussion

Gleichwohl die untersuchten Böschungen stabil sind, verursacht die Druckamplitude auf Höhe des Meeresbodens eine zyklische temporäre teilweise Verflüssigung der obersten Zentimeter des Meeresbodens, welche gemeinsam mit oberflächennahen Strömungen, die nicht Bestandteil dieser Simulation sind, einen Transport in die Unterwasserbaugruben verursachen kann.

Die Computersimulationen mit der impliziten Zeitintegration von Abaqus/Standard sind bei relativ großen Netzverfomungen schnell numerisch instabil. Lediglich kleine Verformungsinkremente je Zeitschritt duldet der Berechnungsalgorithmus. Dieser Umstand führt dazu, dass Simulationen vorzeitig abbrechen. Ein Versagenszustand kann sich hierdurch ankündigen. Es ist jedoch auch möglich, dass die zum Abbruch führenden Verformungen noch keine Beeinträchtigung der Stabilität der Böschung bedingen. Lockere Lagerungszustände führen häufig innerhalb weniger Wellenzyklen zu zu großen Netzverformungen und sind daher schwer zu analysieren. Da jedoch in-situ zumeist oberflächennah lockere Sande vorkommen, ist ihre Betrachtung von besonderem Interesse.

Größere Verformungen werden hingegen bei einem expliziten Lösungsalgorithmus, wie er von Abaqus/Explicit verwendet wird, zugelassen. Eine programminterne Kopplung von Porenwasser und Feststoff ist für dieses Programmpaket nicht verfügbar. Eine Kopplung kann jedoch mit dem von Hamann and Grabe [8] und Hamann et al. [9] vorgestellten u-p-Formulierung erfolgen. Berücksichtigt wird hierbei zudem die Massenträgheit, welche einen geringen aber eventuell entscheidenden Einfluss auf das zeitliche Verformungsverhalten ausübt [7]. Verwendet wird zudem ebenfalls das Fließgesetz nach Darcy. Die relative Beschleunigung zwischen Korngerüst und Wasser wird, wie auch in Abaqus/Standard, vernachlässigt. Dies ist für den Fall, dass keine hochdynamischen Prozesse simuliert werden, ausreichend genau [14].

Die Umsetzung der Berechnungen mit Abaqus/Explicit sind deutlich rechenintensiver. Eine höhere Diskretisierungsgenauigkeit ist erforderlich und die explizite Zeitintegration erfordert sehr kleine Zeitschritte. Weiterhin muss beachtet werden, dass numerische Fehler bei zyklischen Belastungen und expliziter Zeitintegration sich stärker aufsummieren können als bei impliziter Zeitintegration. Dennoch zeigen erste Vergleichsrechnungen mit Abaqus/Explicit die Simulationsfähigkeit von tatsächlichen Versagensmechanismen.

13.5 Modellversuche im Wellenkanal

Das tatsächliche Verhalten von Unterwasserböschungen unter Wellenbelastung, insbesondere die zeitlichen Zusammenhänge und die versagensauslösenden Vorgänge, können bislang nicht eindeutig berechnet werden. Analytische Ansätze basieren auf zu großen Vereinfachungen und sind in der Regel von permanenten Grundwasserströmungen abgeleitet. Das komplexe Verhalten eines (überwiegend) gesättigten, teildränierten Bodenkörpers unter zyklischer Wellenbelastung bedarf zum weiteren Verständnis der Vorgänge und einer Validierung der Berechnungsansätze physikalischer Versuche. Diese werden derzeit vorbereitet und in naher Zukunft an der TUHH durchgeführt. Nachfolgend werden Versuchsaufbau und -durchführung vorgestellt.

13.5.1 Versuchsstand

Der Wellenkanal ist insgesamt 15,0 m lang, 1,45 m breit und 1,50 m hoch. Die Wellenmaschine (flap-type) befindet sich an einem Ende und kann reguläre Wellen von bis zu 0,5 m Höhe (Doppelamplitude) erzeugen. Ihr gegenüber befindet sich ein poröser „Strand“zur Absorption der Wellenenergie. Einseitig hat der Betrachter die Möglichkeit auf ca. 3,80 m Länge über die gesamte Höhe des Kanals in den Kanal

Abb. 13.10: Wellenkanal im Bauzustand

zu sehen, darüber hinaus sind über die restliche Länge die oberen 75 cm in Glas ausgeführt.

Zum Zwecke der hier vorgestellten Untersuchungen wurde der Kanal mit einem Zwischenboden versehen. Dieser dient der Rohrleitungsführungen für Bewässerungs- und Dränageschichten, die nachfolgend vorgestellt werden. Außerdem hebt er das Bodenniveau von der Wellenmaschine bis zum Beginn des Untersuchungsbereiches linear auf 0,5 m über Unterkante Sandkammer an. Das entspricht der Oberkante des vorgesehenen Sandeinbaus. Abbildung 13.10 zeigt die Bodeneinbauten und die Versorgungs- und Filterrohre in den beiden Sandkammern. Die Sandkammern werden mittels temporärer Trennwände zunächst vom restlichen Kanal getrennt. Die Trennwände sind in Abbildung 13.10 noch nicht zu sehen.

Die Versorgungs- und Filterrohre der Sandkammern binden in eine Kiesschicht ein, welche eine gleichmäßige Wasserverteilung in der Filterschicht gewährleisten soll. Die Filterschicht ist vom darüber befindlichen Sand mittels feinem Edelstahlgewebe (Maschenweite = 0,063 mm) abgetrennt. Im Sandkörper befinden sich jeweils 5 Porenwasserdruck- und zwei Totaldrucksensoren, die auf unterschiedlichen Positionen in der Nähe der künftigen Böschung angeordnet sind.

13.5.2 Versuchsdurchführung

Abbildung 13.11 zeigt die Erzeugung des Anfangszustands und die anschließende Belastungsabfolge schematisch. Der Wellenkanal wird zunächst geflutet. Anschließend wird der Modellboden in die zwei abtrennbaren Sandkammern von jeweils 1,2 m Länge 0,5 m hoch eingefüllt. Anschließend werden diese Abschnitte gezielt von unten über eine Filterschicht bewässert bis der Boden vollständig verflüssigt. Das hierfür benötigte Wasser wird im Kanal zirkular geführt. Der Volumenstrom der einzelnen Filterrohre lässt sich separat einstellen. Nach der gezielten Verflüssigung konsolidiert der Sand und erreicht zügig eine gleichbleibende Lagerung. Diese entspricht einer sehr lockeren Lagerung [18]. Werden dichtere Lagerungszustände untersucht, so wird die Filterschicht zur Dränage genutzt, wobei der Boden stets vollständig unter Wasser bleibt.

Im Anschluss werden die inneren Trennwände gezogen. Es stellen sich automatisch beidseitig Böschungen ein, die zusammen mit dem Mittelteil eine Unterwasserbaugrube ergeben. Somit lassen sich gleichzeitig in Richtung der Wellenfortschreitung wie auch entgegengesetzt untersuchen. Die Böschungsgeometrie kann durch gezieltes Absaugen verändert werden. Die eigentliche Wellenbelastung beginnt hiernach. Untersucht werden die Einflüsse aus anfänglicher Böschungsgeometrie, Lagerungsdichte, Wellenparametern, Wassertiefe und Wellenanzahl.

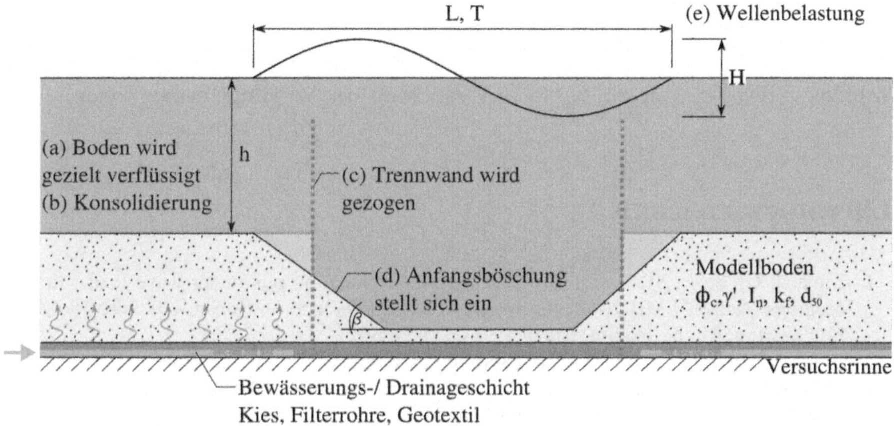

Abb. 13.11: Erzeugung des Anfangszustands und Belastungsabfolge im Wellenkanal

13.6 Zusammenfassung und Ausblick

Unterwasserböschungen zeigen gegenüber Böschungen an Land ein deutlich abweichendes Verhalten und weisen unterschiedliche Stabilitätskriterien auf. Die theoretischen Ansätze, beispielsweise nach Rhee und Bezuijen [20], welche an physikalischen Modellen mit stetigem hydraulischem Gradienten verifiziert wurden, decken den Fall zyklischer Wellenlasten nicht ab und sind daher zu ungenau. Verbleiben keine residualen Porenwasserdrücke im Boden, so stellt sich auf Grund der Wellenfortschreitung kein stetiger, sondern vielmehr ein zyklisch wechselnder hydraulischer Gradient ein, der sowohl haltende wie auch treibende Auswirkungen auf die Böschung hat. Offen ist weiterhin die Frage des Einflusses möglicher, zeitlich begrenzter Porenwasserunterdrücke infolge dilatanten Bodenverhaltens in der Böschung. Von nachrangiger Bedeutung, aber dennoch von Interesse, ist die Auswirkung einer langsamen Geometrieänderung durch akkumulierte Kornumlagerung in der Grenzschicht Wasser-Boden infolge der Welleneinwirkungen.

Die durchgeführten numerischen Berechnungen mit Abaqus/Standard zeigen die Limitation der bisher zur Verfügung stehenden numerischen Ansätze. Dennoch ist festzuhalten, dass zumindest bei einer mitteldichten oder dichten Lagerung die Gefahr eines Böschungsversagens gering ist und der untersuchte 10-Jahres-Sturm kein Versagen der mit 1:2 recht steilen Unterwasserböschung hervorgerufen hat.

Künftige Berechnungen mit der gekoppelten Analyse nach Hamann und Grabe [8] bieten das Potential bisherige Limitationen zu überwinden und das Verhalten bis zum Versagen zu simulieren. Gemeinsam mit den physikalischen Versuchen im Wellenkanal werden sie ein besseres Verständnis der Vorgänge ermöglichen.

Literaturverzeichnis

1. Bubel J, Grabe J (2012) Stability of submarine foundation pits under wave loads. In: Proceedings of the ASME 2012 31st International Conference on Ocean, Offshore and Arctic Engineering, Rio de Janeiro, Brazil, oMAE2012-83027
2. Bubel J, Rudolph C, Grabe J (2011) Stability of temporary submarine slopes. In: Proceedings of the ASME 2011 30th International Conference on Ocean, Offshore and Arctic Engineering, Rotterdam, The Netherlands, oMAE2011-50157
3. Canals M, Lastras G, Urgeles R, Casamor J, Mienert J, Cattaneo A, Batistd MD, Haflidasone H, Imbod Y, Labergb J, Locatf J, Longg D, Longvah O, Massoni D, Sultanj N, Trincardic F, Brynk P (2004) Slope failure dynamics and impacts from seafloor and shallow sub-seafloor geophysical data: case studies from the costa project. Marine Geology 213(2004):9-72
4. De Jager R, Mathijssen F, Molenkamp F, Nooy van der Kolff A (2011) Static liquefaction analysis using simplified modified state parameter approach for dredged sludge depot hollandsch diep. In: Proc. of 12th Int. Conf. of the Int. Ass. for Computer Methods and Advances in Geomechanics (IACMAG), Goa/India, pp 4748-4756
5. Entenmann W, Boley C (2001) Abbau von Ton und Sand unterhalb des Grundwasserspiegels; aktuelle geotechnische und hydrogeologische Aspekte, dargestellt an Fallbeispielen aus Niedersachsen. Zeitschrift für Angewandte Geologie 47(1):23-28

6. Gudehus G (1996) A comprehensive constitutive equation for granular materials. Soils and Foundations 36(11):1-12
7. Hamann T (2015) Zur modellierung gesättigter böden unter dynamischen belastungen und groSSen bodenverformungen. PhD thesis, Technische Universität Hamburg-Harburg (TUHH), Institut für Geotechnik und Baubetrieb
8. Hamann T, Grabe J (2013) A simple dynamic approach for the numerical modelling of soil as a two-phase material. Geotechnik 36(3):180-191
9. Hamann T, Qiu G, Grabe J (2015) Application of a coupled eulerian-lagrangian approach on pile installation problems under partially drained conditions. Computers and Geotechnics 63:279-290
10. Hance JJ (2003) Submarine slope stability. Tech. Rep. OTRC Library Number: 8/03B121, University of Texas at Austin
11. Henkel DJ (1970) The role of waves in causing submarine landslides. Géotechnique 20(1):75-80
12. Henkel OS (1978) Wave-induced pore pressures and effective stresses in a porous bed. Géotechnique 28(4):377-393
13. Ishihara K, Yamazaki A (1984) Wave-induced liquefaction in seabed deposits of sand. In: Denness B (ed) Seabed mechanics, Graham & Trotman, London, UK, pp 139-148
14. Lewis R, Schrefler B (1998) The finite element method in the static and dynamic deformation and consolidation of porous media, 2nd ed. John Wiley & Sons, Chichester, UK
15. Magda W (1998) Wave-induced pore pressure oscillations in sandy seabed sediments. PhD thesis, Technical University of Gdańsk, Marine Civil Engineering Department
16. Niemunis A, Herle I (1997) Hypoplastic model for cohesionless soils with elastic strain range. Mechanics of frictional and cohesive materials 2(4):279-299
17. Peire K, Nonneman H, Bosschem E (2009) Gravity base foundations for the thornton bank offshore wind farm. Terra et Aqua 115:19-29
18. Petereit RA (1988) The static and cyclic pullout behavior of plate anchors in fine saturated sand, master Thesis, Oregon State University
19. Poulos HG (1988) Marine Geotechnics. Unwin Hyman, London
20. Rhee CV, Bezuijen A (1992) Influence of seepage on stability of sandy slope. Journal of Geotechnical Engineering 118(8):1236-1240
21. Rhee CV, Bezuijen A (1998) The breaching of sand investigated in large-scale model tests. In: Proc. of Int. Coastal Eng. Conf. in Copenhagen, Am. Soc. Civ. Eng., vol 3, pp 2509-2519
22. Richwien A (2005) Untersuchungen zur Standsicherheit von Unterwasserböschungen aus nichtbindigen Bodenarten. PhD thesis, Technische Universität Clausthal, Institut für Geotechnik und Markscheidewesen
23. Terzaghi K (1956) Varieties of submarine slope failures. Publication of Norwegian Geotechnical Institute 25:1-16
24. Van den Berg J, van Gelder A, Mastbergen D (2002) The importance of breaching as a mechanism of subaqueous slope failure in fine sand. Sedimentology 49(1):81-95
25. von Wolffersdorff PA (1996) A hypoplastic relation for granular material with a predefined limit state surface. Mechanics of cohesive-fractional materials 1:251-271
26. Zienkiewicz OC, Chang CT, Bettess P (1980) Drained, undrained, consolidating and dynamic behaviour assumptions in soil. Géotechnique 30(4):385-395

Kapitel 14
Geologische CO_2-Speicherung: Vergleich unterschiedlicher Kopplungsansätze für die hydraulische Reaktivierung von Störzonen

Markus Adams, Martin Feinendegen, Elena Tillner, Thomas Kempka & Martin Ziegler

Zusammenfassung Die numerische Simulation einer geologischen CO_2-Speicherung stellt aufgrund ihrer Formulierung als Mehrphasenflussproblem einen erheblichen Aufwand in der Modellierung dar. Bei der Kopplung von Ergebnissen aus geomechanischen Verformungsberechnungen und hydraulischen Simulationen kommen hydro-mechanische Einweg- und Zweiwegkopplungen zum Einsatz. Einwegkopplungen liefern häufig zu ungenaue Ergebnisse. Zweiwegkopplungen hingegen sind aufgrund ihres iterativen Charakters für Risikoanalysen, in denen mehrere hundert Szenarien betrachtet werden, sehr aufwändig. In diesem Beitrag wird basierend auf einer breit angelegten Parameterstudie ein Kriterium für die Notwendigkeit der Anwendung einer Zweiwegkopplung dargestellt und ein neuer Ansatz für eine hydro-mechanische quasi-Zweiwegkopplung von Störzonen erläutert.

14.1 Einleitung

CCS (Carbon Capture and Storage) stellt eine Möglichkeit dar, den anthropogenen Anteil am Klimawandel zu reduzieren. Hierbei wird CO_2, das aus den Abgasen von

Dipl.-Ing. Markus Adams
Geotechnik im Bauwesen, RWTH Aachen, E-mail: adams@geotechnik.rwth-aachen.de

Dipl.-Ing. Martin Feinendegen
Geotechnik im Bauwesen, RWTH Aachen, E-mail: feinendegen@geotechnik.rwth-aachen.de

Dipl.-Geol. Elena Tillner
Deutsches GeoForschungsZentrum (GFZ), Sektion 5.3 - Hydrogeologie, Potsdam, E-mail: elena.tillner@gfz-potsdam.de

Dr.-Ing. Thomas Kempka
Deutsches GeoForschungsZentrum (GFZ), Sektion 5.3 - Hydrogeologie, Potsdam, E-mail: thomas.kempka@gfz-potsdam.de

Univ.-Prof. Dr.-Ing. Martin Ziegler
Geotechnik im Bauwesen, RWTH Aachen, E-mail: ziegler@geotechnik.rwth-aachen.de

Kohlekraftwerken abgeschieden wurde, in tiefen geologischen Gesteinsformationen gespeichert. Anforderungen an einen potentiellen Standort sind insbesondere eine poröse Speicherformation mit einer hohen Permeabilität und einer abdichtenden Deckschicht. Durch eine hohe Porosität kann eine große Speicherkapazität erzielt werden, während sich eine hohe Permeabilität zudem mindernd auf den erforderlichen Injektionsdruck auswirkt. Die Deckschicht wirkt als geologische Barriere und hindert das CO_2 daran, in flachere Systeme zu gelangen.

Durch die Injektion von CO_2 in das Reservoir kann der Initialspannungszustand des Untergrunds infolge erhöhter Porendrücke erheblich verändert werden. Hierdurch können die Integrität des Deckgesteins negativ beeinträchtigt und eventuell vorhandene Störzonen hydraulisch reaktiviert werden. Um Aussagen treffen zu können unter welchen Voraussetzungen solch unerwünschte Ereignisse tatsächlich eintreten, ist eine Risikobetrachtung erforderlich. Im Rahmen des interdisziplinären Forschungsprojektes CO_2RINA (Integrierte Risikoanalyse für die CO_2-Speicherung im geologischen Untergrund) wird von den Lehrstühlen für Geotechnik im Bauwesen (GiB), Ingenieurgeologie und Hydrologie (LIH) und Geologie, Geochemie und Lagerstätten des Erdöls und der Kohle (LEK) der RWTH-Aachen University in Zusammenarbeit mit den Projektpartnern GEOS Ingenieurgesellschaft, Deutsches GeoForschungsZentrum (GFZ) und DMT GmbH & Co. KG (DMT) eine allgemein anwendbare Methodik für die Durchführung von standortunabhängigen Risikoanalysen zur CO_2-Speicherung entwickelt.

Die Notwendigkeit einer hydro-mechanischen Kopplung bei der Simulation von Porendruckänderungen im Rahmen der Untergrundnutzung wird von einer Vielzahl von Autoren [3, 4, 7, 8, 9, 10, 11, 12] beschrieben. Für eine 3D-Modellierung von Einphasenflusssimulationen existiert kommerzielle FE-Software für eine vollständige Kopplung („full coupling"), jedoch kann die Interaktion zwischen mechanischer Deformation und hydraulischem Mehrphasenfluss nur entweder als sequentielle Einweg- oder als Zweiwegkopplung simuliert werden. Hierfür sind zurzeit zwei unterschiedliche Simulatoren erforderlich. Im Rahmen von Risikoanalysen, in denen breit angelegte Parameterstudien mit mehreren hundert Szenarien betrachtet werden, ist eine Einwegkopplung leicht zu realisieren. Durch eine fehlende Rückkopplung kann es hierbei jedoch zu einer Über- bzw. Unterschätzung der Deformationen und der Porenzahl kommen, da die Störzonenpermeabilität nicht als Funktion der volumetrischen Dehnungen angepasst wird. Eine Zweiwegkopplung, die auf der wiederholten Interaktion zwischen einem mechanischen und einem hydraulischen Simulator basiert, ist möglich, aber extrem rechenintensiv und somit für Parameterstudien nur bedingt praktikabel.

In diesem Beitrag wird exemplarisch die Notwendigkeit einer Zweiwegkopplung für Einphasenflusssimulationen verdeutlicht, indem die zeitliche Porendruckentwicklung einer Einwegkopplung mit den Ergebnissen einer vollständigen hydromechanischen Kopplung verglichen wird. Des Weiteren wird ein neuer Ansatz für eine hydro-mechanische quasi-Zweiwegkopplung von Störzonen für zukünftige Risikoanalysen von Mehrphasenflusssimulationen vorgestellt.

14.2 Beschreibung des Speichermodells

Für die folgenden Simulationen wurde das in Abbildung 14.1 dargestellte fiktive Speichermodell, das aus acht horizontal liegenden geologischen Einheiten besteht, definiert. Die Gesamthöhe des Modells beträgt 1000 m, wobei sich das Reservoir in einer Tiefe von -630 m bis -700 m befindet. Im Zentrum des Modells liegt die Injektionsbohrung in einer Entfernung von 260 m von einer 40 m breiten Störzone.

Das Reservoir besteht aus einem porösen Sandstein mit einer intrinsischen Permeabilität von $K_x = K_y = 1 \cdot 10^{-13}\,\mathrm{m}^2$ bzw. $K_z = 0,33 \cdot 10^{-14}\,\mathrm{m}^2$. Die Störzone wird analog zu [4, 6, 7] als homogenes und isotropes Kontinuum modelliert. Das Materialverhalten der Störzone und der Formationen wurde als linear elastisch, ideal plastisch angenommen und das Mohr-Coulombsche Bruchkriterium angesetzt, analog zu [1, 2]. Als initialer Spannungszustand wurde ein Abschiebungsregime $(\sigma_\mathrm{v}^{'} > \sigma_\mathrm{H}^{'} > \sigma_\mathrm{h}^{'})$ definiert.

Die in den Berechnungen angesetzten Kennwerte Trockenwichte γ_d, E-Modul E, Querkontraktionszahl ν, Reibungswinkel φ, Kohäsion c, Dilatanzwinkel ψ, Porenanteil n und intrinsische Permeabilität K sind in Tab. 14.1 aufgelistet.

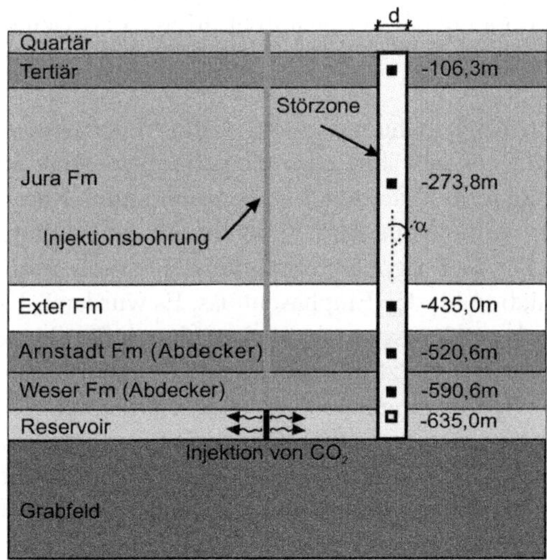

Abb. 14.1: Synthetisches Speichermodell (schematisch)

Tab. 14.1: Verwendete Materialparameter

Formation	Tiefe	γ_d	E	ν	φ	c	ψ	n	K
	[m]	[kN/m^3]	[MPa]	[-]	[°]	[MPa]	[°]	[-]	[m^2]
Quartär	0 bis -50	18	50	0.3	35	0	5	0.1	1E-11
Tertiär	-50 bis -150	21	200	0.2	20	0.5	0	0.05	1E-20
Jura Fm	-150 bis -390	25	400	0.2	30	10	10	0.05	1E-20
Exter Fm	-390 bis -470	25	500	0.2	25	10	8.3	0.01	1E-20
Arnstadt Fm	-470 bis -560	25	500	0.2	25	10	8.3	0.01	1E-20
Weser Fm	-560 bis -630	25	500	0.2	30	10	10	0.01	1E-20
Reservoir	-630 bis -700	19	400	0.2	25	10	8.3	0.25	-
Grabfeld Fm	-700 bis -1000	25	1000	0.2	30	10	10	0.01	1E-20
Störzone	-50 bis -700	25	80	0.2	20	0	15	0.01	-

In [2] konnte gezeigt werden, dass eine Zweiwegkopplung erforderlich wird, wenn die Permeabilität K infolge einer Plastifizierung der Störzone signifikant ansteigt. Die acht in Abbildung 14.2 dargestellten zeitlichen Permeabilitätsverläufe stellen Szenarien mit verschiedenen Störzonenbreiten zwischen d = 0,75 m und d = 40 m und variierten Neigungen zwischen $\alpha = 0°$ und $\alpha = 20°$ dar. Alle Simulationen wurden mit identischen Randbedingungen und Materialparametern durchgeführt. Eine Plastifizierung der Störzone trat nur bei drei Szenarien mit Störzonenbreiten von d = 0,75 m auf. Dies ist an dem Knick der Kurven in Abbildung 14.2 zu erkennen. Im Fall der übrigen fünf Szenarien ist trotz identischem Injektionsdruck maximal eine Verdopplung der Permeabilität infolge elastischer Dehnungen zu beobachten.

Für die weiteren Untersuchungen wurden die Materialparameter und das Verhältnis $\sigma'_H/\sigma'_v = 0.5$ so gewählt, dass sich die Festigkeit der Störzone bereits zu Beginn der Simulation nahe dem Grenzzustand zum Bruchkriterium befindet. Die Berechnungen wurden mit dem Finite Elemente-Programm Abaqus®/Standard durchgeführt. Dieses Programm ermöglicht eine vollständig gekoppelte hydromechanische Simulation für den Einphasenfluss. Es wurden 8-Knoten-Rechteckelemente (CPE8RP) mit quadratischen Ansatzfunktionen für die mechanischen Deformationen und bilinearen Ansatzfunktionen für die Porendruckformulierung verwendet. Um ungestörte Randbedingungen zu erreichen, beträgt die Breite des Modells 50 km. Die im Folgenden vorgestellten Simulationen wurden zweidimensional unter der Annahme eines ebenen Dehnungszustands durchgeführt. Der Wasserdruck an der Geländeoberkante ist gleich Null und nimmt hydrostatisch mit der Tiefe zu. An der Oberkante des Reservoirs beträgt der initiale Porendruck 6,7 MPa. Die Salinität des Reservoirs beträgt 25%. Insgesamt wurden ein Injektionszeitraum von 30 Jahren und eine anschließende 20-jährige Postinjektionsphase simuliert.

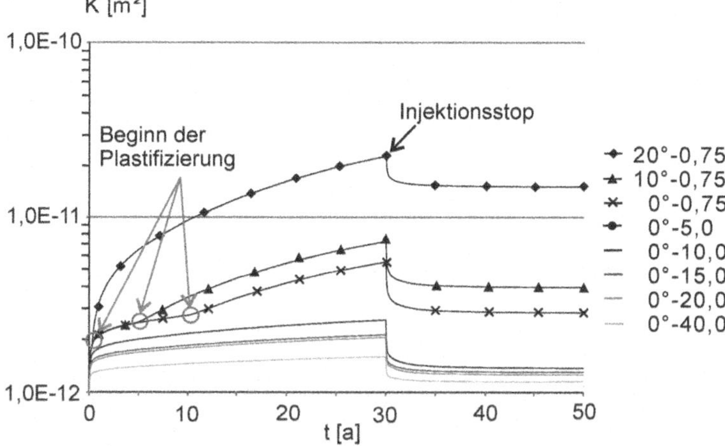

Abb. 14.2: Zeitliche Entwicklung der Permeabilität unter Berücksichtigung von plastischen und elastischen Verformungen [2]

14.3 Vergleich unterschiedlicher hydro-mechanischer Kopplungen

Bei der numerischen Simulation von CO_2-Speichern kommen zwei unterschiedliche hydro-mechanische Kopplungsansätze zur Anwendung. In Abbildung 14.3 ist schematisch eine hydro-mechanische Zweiwegkopplung dargestellt. Hierbei wird zunächst mithilfe eines hydraulischen Simulators eine Mehrphasenflusssimulation durchgeführt. Der Porendruck und die Sättigung werden dann knotenweise an das mechanische Simulationsmodell übergeben, mit dem in einer geomechanischen Simulation die volumetrischen Dehnungen ε_V der einzelnen Elemente ermittelt (s. Gleichung 14.1) werden.

$$\varepsilon_V = \varepsilon_V^{el} + \varepsilon_V^{pl} \tag{14.1}$$

Mithilfe von Gleichung 14.2 kann aus der initialen Porenzahl e_0 und den volumetrischen Dehnungen die aktuelle Porenzahl e berechnet werden, die sich wiederum über Gleichung 14.3 als Porenanteil n ausdrücken lässt.

$$e = e_0 - (-\varepsilon_V) \cdot (e_0 + 1) \tag{14.2}$$

$$n = \frac{e}{1+e} \tag{14.3}$$

Durch die in Gleichung 14.4 gegebene Beziehung nach Kozeny-Carman [5, 8] kann die intrinsische Permeabilität der einzelnen Elemente nach jedem Berechnungszeitschritt aktualisiert und an den hydraulischen Simulator übergeben werden. Die Kozeny-Konstante wurde hierbei zu $C = 5$ angenommen [14]. S_0 entspricht der inneren Oberfläche des porösen Materials.

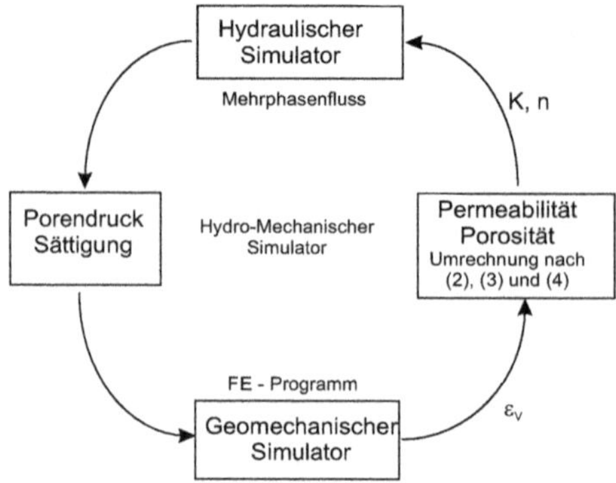

Abb. 14.3: Schematische Darstellung einer Zweiwegkopplung [nach 4]

$$K = \frac{1}{C} \cdot \frac{1}{S_0^2} \cdot \frac{n^3}{(1-n)^2} \tag{14.4}$$

Die Schleife wird für jeden gewählten Zeitschritt einmal durchlaufen.

Bei Verwendung einer Einwegkopplung findet diese iterative Schleife nicht statt und die Porosität und die Permeabilität bleiben über den gesamten Simulationszeitraum hinweg konstant.

Um die quantitativen Abweichungen der Porendruckverläufe im Speicher und in der Störzone bei einer Einweg- und einer Zweiwegkopplung zu veranschaulichen, werden in diesem Abschnitt exemplarisch die Ergebnisse einer Parameterstudie präsentiert. Hierzu wurden Einphasenflusssimulationen mit einer während der Simulation konstant bleibenden Permeabilität der Störzone einerseits (Einwegkopplung) und andererseits mit einer vollständigen Kopplung, bei der die Porenzahl e iterativ aktualisiert wurde, durchgeführt. Der Durchlässigkeitsbeiwert k_f wurde hierbei durch Anwendung von Gleichung 14.5 in Abhängigkeit der intrinsischen Permeabilität aktualisiert.

$$k_f = K \cdot \frac{\rho_F}{\eta} \cdot g \tag{14.5}$$

mit		
	K	intrinsische Permeabilität $\left[m^2\right]$
	ρ_F	Fluiddichte $\left[kg/m^3\right]$
	η	dynamische Viskosität $[Pa \cdot s]$
	g	Erdbeschleunigung $\left[m/s^2\right]$

Die initiale intrinsische Permeabilität K der Störzone wurde zwischen $1 \cdot 10^{-16}$ und $1 \cdot 10^{-12}\,m^2$ variiert. Ab einer Tiefe von -630 m weist die Störzone die Porosität und die Permeabilität des Reservoirs auf. Exemplarisch sind in den Abbildungen 14.4 bis 14.6 die zeitlichen Porendruckentwicklungen für eine initiale Permeabilität $K = 1 \cdot 10^{-15} / 1 \cdot 10^{-14} / 1 \cdot 10^{-13}\,m^2$ dargestellt. Um eine Vergleichbarkeit der

Ergebnisse zu gewährleisten, wurde für alle Simulationen die gleiche zeitliche Entwicklung des Injektionsdrucks an der Injektionsstelle (Zweipunkt-Strichlinie) verwendet.

Für jeweils fünf Tiefen der Störzone sind die Porendruckverläufe in schwarz dargestellt. Hierbei stellen die gepunkteten Linien die Ergebnisse einer Einwegkopplung mit konstant bleibender Permeabilität ($K = \text{const}$) und die kontinuierlichen Linien die Ergebnisse der vollständigen Kopplung ($K(e)$) dar. Die Lage der betrachteten Tiefen ist Abbildung 14.1 zu entnehmen. Die Verläufe beider Kopplungen für die Tiefe -635 m im Bereich des Reservoirs sind grau. Die gestrichelten Linien (K(H-M_neu)) repräsentieren die Ergebnisse der später in 14.4 erläuterten neuen H-M-Kopplung.

Generell ist zu erkennen, dass der Porendruckabfall im Reservoir gegenüber dem Injektionsdruck (Zweipunkt-Strichlinie) mit zunehmender initialer Permeabilität der Störzone (vgl. Tiefe -635 m) größer ausfällt. Ferner sind die absoluten Porendrücke der einzelnen Tiefen in Abbildung 14.6 generell höher als in den Szenarien mit höherer Permeabilität. Des Weiteren lässt sich feststellen, dass es in den Szenarien $K = 1 \cdot 10^{-13}\,\mathrm{m}^2$ und $K = 1 \cdot 10^{-14}\,\mathrm{m}^2$ im Fall der Einwegkopplung ($K = const$) in den betrachteten Tiefen zu höheren Porendrücken als bei der vollständigen Kopplung $K(e)$ kommt. Ab einer initialen Permeabilität von $K = 1 \cdot 10^{-15}\,\mathrm{m}^2$ verhält es sich umgekehrt. Dies lässt sich damit erklären, dass in den ersten beiden Fällen die Störzone bereits zu Beginn ausreichend permeabel ist, um den erhöhten Porendruck abzubauen und es somit frühzeitig zu einer Verringerung der effektiven Spannungen

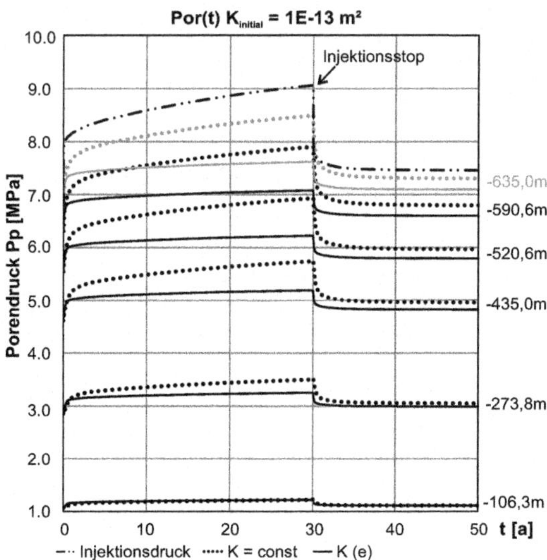

Abb. 14.4: Zeitliche Porendruckverläufe in der Störzone für $K_{\text{Störzone}} = 1 \cdot 10^{-13}\,\mathrm{m}^2$

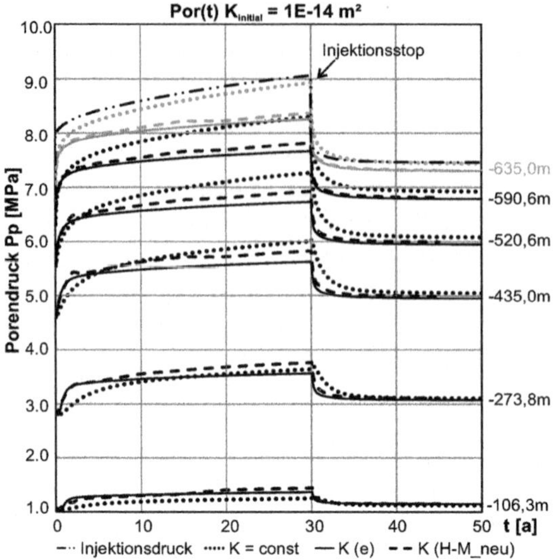

Abb. 14.5: Zeitliche Porendruckverläufe in der Störzone für $K_{\text{Störzone}} = 1 \cdot 10^{-14}\,\text{m}^2$

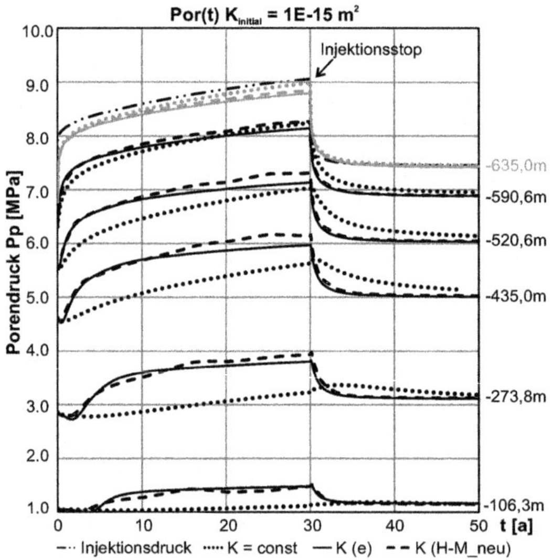

Abb. 14.6: Zeitliche Porendruckverläufe in der Störzone für $K_{\text{Störzone}} = 1 \cdot 10^{-15}\,\text{m}^2$

und somit eher zu einer Plastifizierung kommt. Die dadurch ansteigende Permeabilität $K(e)$ führt wiederum dazu, dass die Transmissivität größer wird und somit infolge Kontinuitätsbedingung und Gesetz nach Darcy den Porendruck verringert. Im Fall von Szenario $K = 1 \cdot 10^{-15}\,\mathrm{m}^2$ muss erst ein höherer Druck im Reservoir aufgebaut werden, damit sich ein ausreichend großer Gradient ergibt, der eine Strömung in die Störzone bewirkt, die dann wiederum die effektiven Spannungen innerhalb der Störzone verringert.

Dieser Sachverhalt ist durch die Darstellung der Porenzahl e in Abhängigkeit des Porendrucks $\mathrm{Pp_{ref}}$ in den Abbildungen 14.7 und 14.8 veranschaulicht. Hier wurden die Verläufe der Porenzahl in den unterschiedlichen Tiefen auf den Porendruckverlauf in der Tiefe -635 m, der als Referenzporendruck $\mathrm{Pp_{ref}}$ für die neue hydromechanische Kopplung dient, dargestellt. Zum besseren Verständnis sind nur die Verläufe in den Tiefen -590,6 m, -520,6 m und -273,8 m dargestellt.

Dadurch, dass die Verläufe der Porenzahl auf einen Referenzdruck im Reservoir bezogen werden, lässt sich gut veranschaulichen, dass bei geringeren initialen Permeabilitäten ein höherer Druck im Reservoir erforderlich ist, damit die Störzone plastifiziert. Der Beginn der Plastifizierung ist hierbei durch einen steilen Anstieg der Kurvenverläufe gekennzeichnet. Beispielsweise korrespondiert der Beginn der Plastifizierung der Störzone in einer Tiefe von -273,8 m für $K = 1 \cdot 10^{-14}\,\mathrm{m}^2$ mit einem Druck von ungefähr 7,5 MPa (Abbildung 14.7) bzw. für $K = 1 \cdot 10^{-15}\,\mathrm{m}^2$ mit 8,0 MPa (Abbildung 14.8). Innerhalb eines Szenarios verlaufen die $e(\mathrm{Pp_{ref}})$-Kurven der vollständigen Kopplung $K(e)$ steiler als im Fall einer Einwegkopplung. Die Pla-

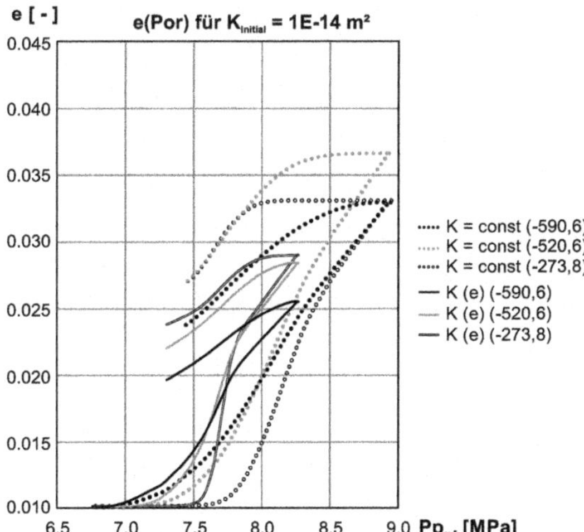

Abb. 14.7: Porenzahl e in Abhängigkeit des Referenzporendrucks für $K_{\text{Störzone}} = 1 \cdot 10^{-14}\,\mathrm{m}^2$

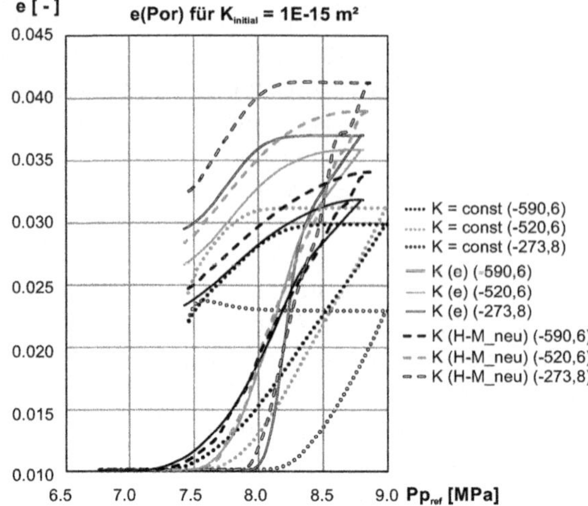

Abb. 14.8: Porenzahl e in Abhängigkeit des Referenzporendrucks für $K_{\text{Störzone}} = 1 \cdot 10^{-15}\,\text{m}^2$

stifizierung hingegen beginnt bei etwa dem gleichen Porendruck.

Des Weiteren ist erkennbar, dass eine iterative Aktualisierung der Permeabilität einen erheblichen Einfluss auf die Entwicklung der Porenzahl und somit auf den Porendruckverlauf hat. Beispielsweise wird der maximale Werteunterschied der Porendrücke zwischen beiden Kopplungsansätzen in Höhe von ungefähr 0,9 MPa für eine initiale Permeabilität von $K = 1 \cdot 10^{-13}\,\text{m}^2$ (Abbildung 14.4) in der Tiefe -590,6 m erreicht. Für die beiden größeren initialen Störzonenpermeabilitäten nimmt diese Differenz zwischen beiden Kopplungen mit abnehmender Tiefe ab. Im Gegensatz dazu fallen für $K = 1 \cdot 10^{-15}\,\text{m}^2$ die Abweichungen im oberen Bereich der Störzone größer aus. Aufgrund der zunehmenden Permeabilität infolge vollständiger Kopplung reduziert sich der für eine nach oben gerichtete Strömung erforderliche Gradient und es kommt hier zu dem beschriebenen Druckanstieg im oberen Teil der Störzone. Die Notwendigkeit einer Zweiwegkopplung oder einer vollständigen Kopplung in Szenarien, in denen die Störzone plastifiziert, konnte somit anschaulich dargestellt werden.

14.4 Neuer Ansatz für eine H-M Kopplung

Im Folgenden wird ein neuer Ansatz für eine H-M-Kopplung vorgestellt. Aus den bereits angeführten Gründen ist eine Zweiwegkopplung für räumliche Mehrphasenflusssimulationen äußerst zeit- und rechenintensiv und im Hinblick auf Risikoanalysen nur bedingt geeignet.

Eine neue, optimierte hydro-mechanische quasi-Zweiwegkopplung soll die bisher erforderliche ständige Iteration zwischen dem geomechanischen und dem hydraulischen Simulator (vgl. Abbildung 14.3) ersetzen. Hierzu ist es erforderlich, die bei hydraulischen Simulationen aufgrund unterschiedlicher Permeabilitäten und wechselnder Eigenschaften des strömenden Fluides unweigerlich auftretende Zeitkomponente $t(K, \eta, \rho_F)$ durch eine geeignete Approximation zu eliminieren.

Betrachtet man die Kurvenverläufe $e(\mathrm{Pp}_{\mathrm{ref}})$ in Abbildung 14.7 und 14.8, so fällt auf, dass die Verläufe der Funktionen $K(e)$ für die initiale Permeabilität von K^n qualitativ ähnlich denen von $K = \mathrm{const.}$ für K^{n+1}, also in diesem Fall einer um eine Zehnerpotenz höheren Permeabilität, sind. In Abbildung 14.9 ist dieser Zusammenhang exemplarisch für die Szenarien $K(e)$ mit $K_{\mathrm{initial}} = 1 \cdot 10^{-15}\,\mathrm{m}^2$ und $K = \mathrm{const}$ mit $K_{\mathrm{initial}} = 1 \cdot 10^{-14}\,\mathrm{m}^2$ in der Tiefe -590,8 m dargestellt.

Hier entspricht die graue durchgezogene Linie der Porenzahlentwicklung der vollständigen Kopplung für eine initiale Permeabilität von $K = 1 \cdot 10^{-15}\,\mathrm{m}^2$ und die graue gepunktete Linie der einer Einwegkopplung für das Szenario mit einer initialen Permeabilität von $K = 1 \cdot 10^{-14}\,\mathrm{m}^2$. Es ist gut zu erkennen, dass beide qualitativ ähnlich verlaufen. Die Plastifizierung der Störzone wird durch die vollständige Kopplung im ersten Fall berücksichtigt, was dazu führt, dass sich die aktualisierte Permeabilität, der initialen von Szenario $K = const.$ annähert. Allerdings wird bei der Einwegkopplung aufgrund der zum Ende der Simulation relativ niedrigeren Störzonenpermeabilität und des daraus resultierenden höheren Porendrucks im Reservoir auch ein größerer Maximalwert für die Porenzahl e erreicht.

Unter der Annahme, dass eine Zweiwegkopplung notwendig wird, wenn die Störzone plastifiziert [2], kann die Funktion für K^{n+1} durch Einführung der kritischen Porendrücke $\mathrm{Pp}_{\mathrm{krit1}}$ und $\mathrm{Pp}_{\mathrm{krit2}}$ parametrisiert und durch die Steigungen S_1, S_2 und S_3 linearisiert werden. S_1 ist hierbei als Sekante durch das Maximum des ansteigenden Astes und den Wendepunkt definiert. Der Schnittpunkt mit der x-Achse definiert die Lage von $\mathrm{Pp}_{\mathrm{krit1}}$, der als Startbedingung (Plastifizierung von diskreten Bereichen der Störzone) für den neuen Ansatz definiert ist. Nimmt der Referenzporendruck ab, wird der Entlastungsast durch S_2, S_3 und $\mathrm{Pp}_{\mathrm{krit2}}$ definiert. S_2 und S_3 sind hierbei als Tangenten an die Entlastungsfunktion definiert. $\mathrm{Pp}_{\mathrm{krit2}}$ ergibt sich als Schnittpunkt der beiden Tangenten. Für den Fall, dass bei der Belastung vor Erreichen von $\mathrm{Pp}_{\mathrm{krit2}}$ entlastet wird, wird der Entlastungsast ausschließlich durch S_3 beschrieben. Diese Parametrisierung ermöglicht es, die Porenzahlentwicklung in unterschiedlichen Tiefen ausschließlich in Abhängigkeit des Referenzporendrucks $\mathrm{Pp}_{\mathrm{ref}}$ zu definieren. Hierdurch entsteht ein Zwischenplateau unter der Neigung S_2, das darauf zurückzuführen ist, dass die oberen Bereiche nach dem Injektionsstop aufgrund der geringeren Permeabilität länger zum Abbau von Porendruck benötigen, als der Bereich des Referenzdrucks. Ein solches Zwischenplateau, das diese Zeitkomponente als eine Art Dämpfer abbildet, tritt ausschließlich bei sehr niedrigen Permeabilitäten und gleichzeitig großen Druckerhöhungen, wie sie exemplarisch in Abbildung 14.7 und 14.8 zu sehen sind, auf. Durch diese Approximation des Problems wird für eine bestimmte Initialpermeabilität und einen Satz von Materialparametern die Zeitkomponente $t(K, \eta, \rho_F)$ eliminiert, wodurch eine direkte Kopplung der Porenzahlfunktionen mit dem hydraulischen Simulator über einen Referenzdruck möglich ist. Eine aufwendige Interaktion zwischen beiden Simulatoren entfällt somit.

Die lineare Approximation der Porenzahlentwicklung Pp_{ref}, wie sie exemplarisch in Abbildung 14.9 dargestellt ist, wurde für alle Szenarien in den einzelnen Tiefen durchgeführt und in den Berechnungsalgorithmus des Simulators implementiert. Ein Abgleich mit dem Referenzdruck wurde hierbei nach jedem Berechnungsschritt durchgeführt. Ab Erreichen des kritischen Porendrucks Pp_{krit1}, wird die Porenzahlentwicklung in Abhängigkeit des Referenzporendrucks über die Steigung S_1 gesteuert und durch Gleichung 14.4 als aktualisierte Permeabilität berücksichtigt.

In der Parameterstudie wurde eine leichte Zunahme der Neigung S_1 mit abnehmender initialer Permeabilität beobachtet. Für Abweichungen in Höhe von einer Zehnerpotenz betrug diese zwischen drei und fünf Grad. Dieser Parameter reagiert somit nicht sehr sensitiv gegenüber einer Änderung der relativen Durchlässigkeit infolge von wechselnden Viskositäten und Dichten der Fluide, wie sie bei Mehrphasenflusssimulationen auftreten. Deshalb ist der neue Ansatz hierfür ebenfalls anwendbar.

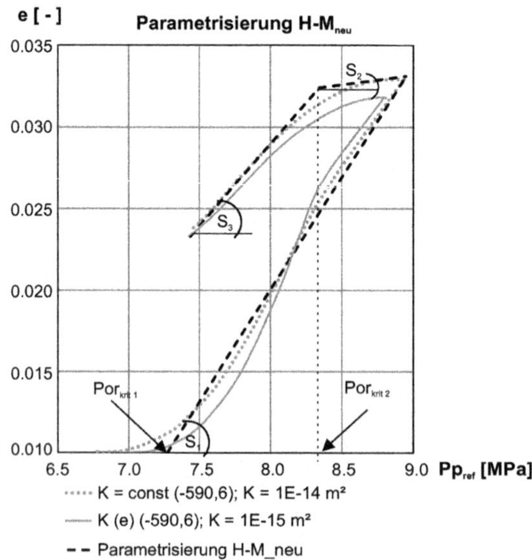

Abb. 14.9: Parametrisierung der $e(\mathrm{P_p})$-Verläufe für neuen Ansatz einer H-M-Kopplung

Damit bei einer späteren Anwendung des neuen hydro-mechanischen Ansatzes die Anzahl von Tiefenpunkten möglichst gering gehalten werden kann, wurde für die Verifizierung, wie in Abbildung 14.10 dargestellt, die Entwicklung der Permeabilität bereichsweise konstant (gestrichelte Linie) angenommen. Die einzelnen betrachteten Tiefen repräsentieren hierbei jeweils den Bereich eines Schichtpakets der überlagernden Formationen. Da die Tiefenpunkte jeweils in der Mitte des Schichtpaketes liegen, wird die Permeabilität gegenüber einer beispielsweise linearen Verteilung (durchgezogene Linie) in den oberen Bereichen über- und in den unteren Bereichen unterschätzt.

In Abbildung 14.5 und 14.6 ist gut zu erkennen, dass der neue hydro-mechanische Ansatz K(H-M_neu) die Verläufe der zeitlichen Porendruckentwicklung der Szenarien mit vollständiger Kopplung $K(e)$ sehr gut annähert. Die Ergebnisse sind als gestrichelte Linie dargestellt. Die geringen Abweichungen von maximal 0,1 MPa erklären sich durch das Konstantsetzen der Permeabilität auf teilweise große Bereiche der Störzone (vgl. Abbildung 14.10). Hierbei ist vor allem der Tiefenbereich -273,8 m zu nennen. Eine Verfeinerung liefert deutlich geringere Abweichungen zur vollständigen Kopplung. Wie in Abbildung 14.8 dargestellt, lassen sich die Porenzahl-Porendruck-Pfade (gestrichelte Linie) ebenfalls gut abbilden. Sie verlaufen mit denen der vollständigen Kopplung $K(e)$ nahezu deckungsgleich. Die Abweichungen im Verlauf der Porenzahl bei höheren Drücken lassen sich ebenfalls mit dem etwas größeren Druckanstieg aufgrund der groben Konstantsetzung der Permeabilität erklären. Hierdurch wird die Zunahme der Permeabilität in den unteren Bereichen etwas unterschätzt, was dazu führt, dass es zu höheren Drücken in der Störzone kommt, weshalb die Verformungen und damit die Porenzahl größer ausfallen.

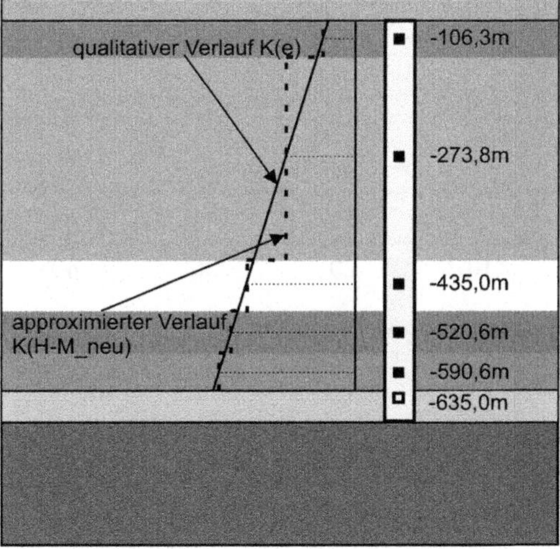

Abb. 14.10: Verteilung der Permeabilität K im neuen hydro-mechanischen Ansatz

Abschließend sollen in diesem Zusammenhang die Ergebnisse von Mehrphasenflusssimulationen des Projektpartners GFZ dargestellt werden. Diese wurden mit den identischen Randbedingungen wie die obigen Szenarien durchgeführt. Es ist zu erkennen, dass eine Variation der Initialpermeabilität der Störzone auch hier zu erheblichen Differenzen im Porendruck führt und folglich eine hydro-mechanische Zweiwegkopplung angewendet werden muss, um die Verformung und die daraus resultierende Porenzahl nicht zu unterschätzen. In Abbildung 14.11 ist die Porendruckentwicklung im Referenzpunkt -635 m für vier unterschiedliche initiale Permeabilitäten der Störzone, die während der Simulation konstant gehalten wurden, und eine CO_2-Injektionsrate von 1 kg/s dargestellt.

Für eine initiale Permeabilität von $5 \cdot 10^{-15}$ wurde ein maximaler Porendruckanstieg auf ungefähr 8,3 MPa beobachtet. Die größte Porendruckdifferenz von ca. 0,4 MPa tritt zwischen den Szenarien mit einer Störungspermeabilität von $5 \cdot 10^{-15}\,m^2$ und $5 \cdot 10^{-14}\,m^2$ auf. Die Abbildung verdeutlicht, dass die Druckdifferenz zwischen zwei Szenarien mit einer Störzonenpermeabilität, die sich um den Faktor 10 unterscheidet, nicht konstant bleibt, sondern mit abnehmender Permeabilität der Störzone größer wird. Die Notwendigkeit einer hydro-mechanischen Zweiwegkopplung wird hier ebenfalls deutlich.

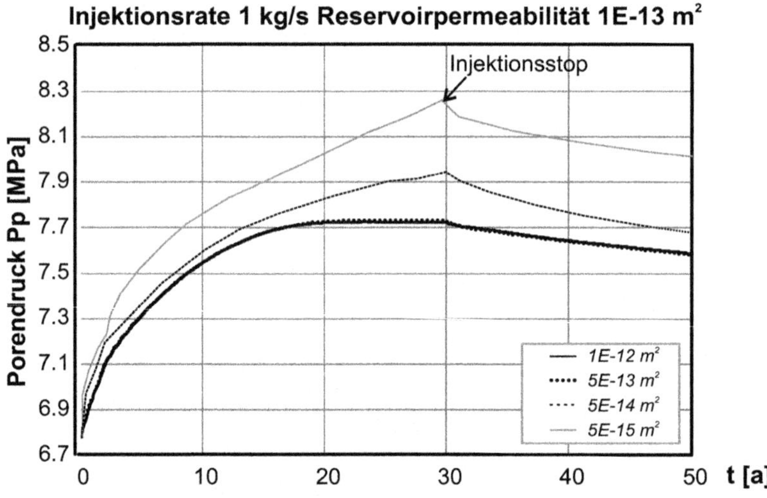

Abb. 14.11: Zeitliche Porendruckverläufe in der Tiefe -635 m für eine Injektionsrate von 1 kg/s CO_2

14.5 Fazit und Ausblick

In diesem Beitrag konnte anhand eines zweidimensionalen Modells ein neuer Ansatz für eine hydro-mechanische quasi-Zweiwegkopplung von Störzonen hergeleitet werden. In einem ersten Schritt wird hierbei eine geomechanische Simulation eines Speichermodells durchgeführt. Durch eine Parametrisierung und Linearisierung lässt sich daraus für definierte Initialpermeabilitäten und Materialkennwerte die Porenzahlentwicklung in Abhängigkeit eines Referenzporendrucks für ausgewählte Tiefen ableiten. Hierdurch konnte die einer hydraulischen Simulation inhärente Zeitkomponente eliminiert werden. Dieser hydro-mechanische Ansatz lässt sich anschließend direkt über den Referenzporendruck in den hydraulischen Simulator implementieren. Aufgrund der geringen Sensitivität des Parameters S1 hinsichtlich wechselnder Transmissivitäten ist auch eine Übertragung auf Mehrphasenflusssimulationen möglich. Im Hinblick auf Risikoanalysen sind zukünftig Parameterstudien als quasi-Zweiwegkopplung möglich.

Zukünftig ist es vorgesehen, den hier gezeigten Ansatz mit einem 3D-Mehrphasenflussmodell zu verifizieren. Des Weiteren sollen auch Anisotropien der Störzone und über die Höhe der Störzone variierende Permeabilitäten berücksichtigt werden.

Die Untersuchungen zum vorliegenden Beitrag GEOTECH-2225 wurden im Rahmen des interdisziplinären Forschungsprojektes CO_2RINA durchgeführt. Dem BMBF und der DFG als Träger des Sonderprogramms GEOTECHNOLOGIEN sei an dieser Stelle für die finanzielle Unterstützung gedankt. Darüber hinaus sei den Projektpartnern für die wissenschaftliche Diskussion und die Unterstützung gedankt.

Literaturverzeichnis

1. Adams, M., Feinendegen, M., Ziegler, M., Kempka, T. 2014. Geomechanical simulation of the injection of CO_2 into saline aquifers with respect to risk assessment. Rock engineering and rock mechanics: structures in and on rock masses; proceedings of Eurock 2014, ISRM European Regional Symposium, Vigo, Spain, 26 - 28 May 2014 / Leandro R. Alejano (eds.), Leiden, CRC Press/Balkema, 2014, S. 1305, ISBN 978-1-138-00149-7.
2. Adams, M 2014: Geomechanische Simulation von CO_2 - Injektionen in salinare Aquifere vor dem Hintergrund der Reaktivierung von Störzonen. 33. Baugrundtagung: Forum für junge Geotechnik-Ingenieure; Beiträge der Spezialsitzung; Estrel Convention Center Berlin, 23. - 26.9.2014 / Hrsg.: Deutsche Gesellschaft für Geotechnik e.V., Essen, DGGT, 2014, S. 159-166; ISBN: 978-3-9813953-7-2.
3. Altmann, J.B., Müller, B.I.R., Müller, T.M., Heidbach, O., Tingay, M.R.P., Weißhardt, A., 2014. Pore pressure stress coupling in 3D and consequences for reservoir stress states and fault reactivation. Geothermics (2014), http://dx.doi.org/10.1016/j.geothermics.2014.01.004
4. Cappa, F., Rutquist, J. 2011. Modeling of coupled deformation and permeability evolution during fault reactivation induced by deep underground injection of CO_2. International Journal of Greenhouse Gas Control, 5, S. 336-346.

5. Carman, P.C., 1956. Flow of gases through porous media. / P. C. Carman. - London: Butterworths Scientific Publ., 1956. - IX, 182 S.
6. Faulkner, D.R., Jackson, C.A.L., Lunn, R.J. 2010. A review of recent developments concerning the structure, mechanics and fluid flow properties of fault zones. Journal of Structural Geology 32.
7. Gudmundsson, A., Simmenes, T.H., Larsen, B., Philipp, S.L. 2010. Effects of internal structure and local stresses on fracture propagation, deflection and arrest in fault zones. Journal of Structural Geology 32.
8. Kozeny, J., 1953. Hydraulik : Ihre Grundlagen und praktische Anwendungen. Wien : Springer, 1953. - 588 S.
9. Lautenschläger, C.E.R., Righetto, G.L., Albuquerque, R.A.C., Inoue, N., Fontoura, S.A.B. 2014. Effects of reservoir development on the well casing behavior. Rock engineering and rock mechanics: structures in and on rock masses; proceedings of Eurock 2014, ISRM European Regional Symposium, Vigo, Spain, 26 - 28 May 2014 / Leandro R. Alejano (eds.), Leiden, CRC Press/Balkema, 2014, S. 1385, ISBN 978-1-138-00149-7.
10. Rutqvist, J. & Tsang, C.-F., 2002. A study of caprock hydromechanical changes associated with CO_2 injection into a brine aquifer. Environ. Geol. 42, 296-305. Rutqvist, J. et al. 2002. Modeling approach for analysis of coupled multiphase fluid flow, heat transfer and deformation in fractured porous rock. Int. J. RocMech. Min. Sci. 39, 429-442.
11. Rutqvist, J. et al 2007. Estimating maximum sustainable injection pressure during geological sequestration of CO_2 using coupled fluid flow and geomechanical fault-slipanalysis. Energy Convers. Manage. 48, 1798-1807.
12. Rutqvist, J. et al. 2008. Coupled reservoir geomechanical analysis of the potential for tensile and shear failure associated with CO_2 injection in multilayered reservoir-caprock systems. Int. J. Rock Mech. Min. Sci. 45, 132-143.
13. Rutqvist, J. 2010, Coupled reservoir-geomechanical analysis of CO_2 injection and ground deformations at In Salah, Algeria. Int. J. Greenhouse Gas Control, 4, 225-230.
14. Samingan, A.S. 2005. An experimental study on hydro-mechanical characteristics of compacted bentonite-sand mixtures. Dissertation. Bauhaus-Universität Weimar Schriftenreihe Geotechnik Heft 14, Weimar.

Printed by Printforce, the Netherlands